Frank Eßmann, Jürgen Gänßmantel, Gerd Geburtig

Energetische Sanierung von Fachwerkhäusern

Die richtige Anwendung der EnEV

2., überarb. und erw. Aufl.

Frank Eßmann, Jürgen Gänßmantel, Gerd Geburtig

Energetische Sanierung von Fachwerkhäusern

Die richtige Anwendung der EnEV

2., überarbeitete und erweiterte Auflage

Bibliografische Information der Deutschen Nationalbibliothek

Die Deutsche Bibliothek verzeichnet diese Publikation in der Deutschen Nationalbibliografie; detaillierte bibliografische Daten sind im Internet über <http://dnb.ddb.de> abrufbar.
ISBN 3-8167-8085-4

Lektorat: Sigune Meister
Layout: Georgia Zechlin
Herstellung: ren medien, 70794 Filderstadt
Satz: Fotosatz H. Buck, Kumhausen
Umschlaggestaltung: Martin Kjer unter Verwendung eines Bildes von Dipl.-Ing. (FH) Harald Schopp-Leypoldt †, Stuttgart. Die anderen Bilder stammen von den Autoren.
Produktion: ren medien 70794 Filderstadt

Fraunhofer-Informationszentrum Raum und Bau IRB
Postfach 80 04 69, 70504 Stuttgart
Telefon (07 11) 970-25 00
Telefax (07 11) 970-25 08
E-Mail: irb@irb.fraunhofer.de
http://www.irbbuch.de

Inhalt

1 Einleitung

Fachwerkgebäude vermitteln oftmals durch ihre ästhetische Ausstrahlung und ihre bauliche Detailausbildung räumliche Geborgenheit und örtliche Lebensqualität: Sie tragen zu einem positiven Standortimage bei. Die Erhaltung Stadtbild prägender Fachwerkgebäude sowie die Bewahrung interessanter Stadt- und Ortsbildkerne besitzen damit eine herausragende Bedeutung. Auf den zweiten Blick konfrontieren Fachwerkgebäude die mit der Instandsetzung und Umnutzung Beschäftigten mit dem Spannungsfeld der zu berücksichtigenden Normungsvielfalt.

Neben den Chancen, die durch die Nutzung bzw. Umnutzung vorhandenen Gebäudebestandes gegeben sind, gilt es aber auch die Gefahren, die insbesondere bei der Nichtbeachtung der anerkannten Regeln der Technik ins Gewicht fallen, zu würdigen. In Anbetracht zu beobachtender Klimaveränderungen, des lange genug anhaltenden Raubbaus an den nicht reproduzierbaren Rohstoffvorkommen und des oftmals unbedachten, gedankenlosen Energieverbrauchs, liegt es klar auf der Hand, dass eine Reduzierung des energetischen Aufwands bei der Betreibung von Gebäuden ein sinnvolles Ziel beim Bauen im Bestand verkörpert.

Doch gilt es, den Primärenergieaufwand um jeden Preis zu vermindern? Auch in der unüberlegten Herangehensweise bei der Beantwortung dieser Fragestellung liegen Gefahren, die, nicht konsequent beachtet, häufig eine Beeinträchtigung wertvoller, u. U. denkmalgeschützter Gebäudesubstanz nach sich ziehen.

Bricht zugleich ein gegebener Denkmalschutz die Zielstellung des heute zeitgemäßen Strebens nach einer Reduzierung des Primärenergieverbrauchs auch beim Gebäudebestand? Denkmalrechtlich sicherlich, denn jede Änderung an denkmalgeschützter Bausubstanz stellt in diesem Sinne eine Beeinträchtigung dar und ist somit zu verhindern. Doch ein nachhaltig ausgerichteter Denkmalschutz sollte sich einer sinnvollen energetischen Ertüchtigung, die Möglichkeiten und Grenzen gleichermaßen berücksichtigt, nicht verschließen.

Neben den bereits vorgenannten Aspekten zum Bauen im Bestand ist die volkswirtschaftliche Dimension der Zunahme von Modernisierungs- und Instandsetzungsmaßnahmen im Gebäudebestand ausschlaggebend dafür, dass sich für Unternehmen, die sich auf dieses Segment konzentrieren, auch zukünftig gute Geschäftsaussichten bieten. Nach Berechnungen [1] besteht für Fachwerkbauten in der Bundesrepublik Deutschland ein kurzfristiger Instandsetzungsbedarf von ca. 13 Mrd. Euro und für den mittel- und langfristigen Instandsetzungsbedarf von ungefähr weiteren 16 Mrd. Euro.

Bild 1-1 Geschädigtes Fachwerkgebäude

Diese Fakten belegen, dass eine verstärkte Auseinandersetzung mit geeigneten Sanierungsmethoden für die Fachwerkinstandsetzung auch in energetischer Hinsicht unabdingbar ist. Die Forderung nach einer Gewichtung aller zeitgemäßen Anforderungen, die unterschiedlich, gleichzeitig und sich auch widersprechend zu berücksichtigen sind, stellt dabei den richtigen Umgang mit den aktuellen Anforderungen der Energieeinsparverordnung (EnEV) [2] in den Vordergrund.

Die gestiegenen Komfortansprüche der Nutzer ziehen auch eine Anpassung des wärmetechnischen Standards bei bestehenden Gebäuden nach sich. Grundsätzlich gilt, dass z. B. die energetische Qualität der Außenbauteile eines bestehenden Fachwerkgebäudes durch eine Instandsetzung nicht verschlechtert werden soll. Des Weiteren sind die gesundheitlich erforderlichen Mindestvorgaben zum Wohl des Nutzers und des Gebäudes einzuhalten.

Mit der Änderung der EnEV soll die Reduzierung des Ausstoßes von CO_2-Emissionen sowohl im Neubau- als auch im Sanierungsbereich weiter vorangebracht werden, so auch mit Verschärfungen der Anforderungen an den Heizenergiebedarf von bestehenden Gebäuden. Für diese Gebäude und Anlagen erfolgen dementsprechende Regelungen im Abschnitt 3 (§§ 9–11 und Anlage 3) der Energieeinsparverordnung.

Eine unbedachte Anwendung der Verordnung an bestehenden Gebäuden kann insbesondere bei Innendämmungen an Außenwänden zu schwerwiegenden Sanierungsfehlern führen. Vielmehr sind die örtliche Situation, die Feuchtebelastungen und die einzusetzenden Materialien in die Gesamtbeurteilung einzubeziehen. Grundlage einer jeden Beurteilung sollte dabei eine Materialbeprobung der kritischen Bauteile sein, um eine größtmögliche Genauigkeit bei der Analyse einer bestehenden Außenwandkonstruktion zu erreichen.

Da die gestellten Anforderungen der EnEV alle Faktoren einer Instandsetzungsmaßnahme betreffen, die gleichzeitig eine energetische Verbesserung des Gebäudebestandes zum Ziel haben und haben sollten, sind die Möglichkeiten und Grenzen für die Verbesserung der wärmedämmenden Eigenschaften vom Gebäudebestand in Bezug auf die EnEV auch mittels Kompensations- und Ausgleichsmaßnahmen sorgfältig zu planen.

Die Substanzerhaltung des Gebäudebestandes und die Schaffung schadensfreier bauphysikalischer Bedingungen müssen auch bei der Anwendung der Energieeinsparverordnung am bestehenden Fachwerkgebäude im Vordergrund stehen. Beispielhaft ist das bekannte Problem des Ersatzes alter Fenster durch neue (dichte Fenster) zu nennen, das bei vielen Projekten und besonders bei Fachwerkgebäuden mit ihrem im Bestand eher reduzierten Wärmedämmstandard zur Schimmelpilzbildung an den Außenwänden geführt hat. Bei einer energetischen Instandsetzungsplanung sind daher stets die komplexen bauphysikalischen Vorgänge zu betrachten.

2 Fachwerkbestand

2.1 Erfassung und Bewertung des Fachwerkbestandes

Fachwerk bezeichnet eine Wandbauweise, bei der die Zwischenräume eines tragenden Holzgerüstes (Gefache oder Ausfachungen) mit einem anderen Material ausgefüllt werden. Der Fachwerkbau ist also eine Form des Gerüst- oder Skelettbaus, aus dem er auch hervorgegangen ist und der bis ins 19. Jh. fast ausschließlich ein Holzgerüst war. Überall, wo ausreichend witterungsbeständiges Holz für das Skelett zur Verfügung stand, wurden Fachwerkhäuser errichtet. Daher ist es nicht verwunderlich, dass Fachwerkgebäude zu den ältesten Bauwerken zählen und dieser Baustil weltweit vorgefunden wird.

Viele historische Fachwerkhäuser können Zeitzeugen früherer Bautätigkeit sein, sofern sie überhaupt noch vorhanden sind: fortlaufend gepflegte Fachwerkgebäude haben Jahrhunderte überdauert, fehlende Instandhaltung oder falsche Sanierung haben zur Zerstörung geführt. Daher ist es nur bedingt möglich, den Bestand an Fachwerkhäusern in Deutschland und dessen Instandsetzungsbedarf qualitativ und quantitativ genau zu erfassen und daraus Umfang und Art der in technischer und bauphysikalischer Hinsicht erforderlichen Maßnahmen zur Weiter- und Umnutzung des Fachwerkbestandes abzuleiten.

Bauen im Bestand heißt u. a., vorhandene Bauschäden und deren Ursachen möglichst dauerhaft zu beseitigen, damit man das Bauwerk wieder oder weiter nutzen kann. Im 3. Bauschadensbericht (1996) versteht man unter Bauschäden »alle negativen bautechnischen Entwicklungen im Hochbaubestand der Bundesrepublik, die Nachbesserungs- bzw. Instandsetzungsmaßnahmen erforderlich machen« [3]. Der Wohnungsbestand in der Bundesrepublik weist zum Erhebungszeitpunkt 1992 des 3. Bauschadensberichts ca. 34 Mio. Einheiten auf, von denen ca. 70 % älter sind als 35 Jahre, aktuell weist das statistische Bundesamt einen Wohnungsbestand von ca. 40 Mio. Einheiten Wohn- und Nichtwohngebäude aus.

Erstmals wurden in die Untersuchungen für den 3. Bauschadensbericht Schwerpunktthemen wie z. B. Neue Bundesländer, Arbeiten am Bestand oder Schäden an denkmalgeschützten Gebäuden mit einbezogen, darunter auch die Ermittlung des Instandsetzungsbedarfes von Fachwerkgebäuden in Deutschland. Die darin dokumentierten quantitativen Aussagen beruhen meist auf groben Schätzungen und man muss beachten, dass die Werte kein wissenschaftliches Material darstellen. Dennoch eignen sie sich gut zur Bewertung des Fachwerkbestandes.

2.2 Umfang und Struktur des Fachwerkbestandes

2.2.1 Gesamtzahl an Fachwerkgebäuden

Die geschätzte Gesamtzahl der Fachwerkgebäude bezieht sich auf sämtliche Fachwerkgebäude der Bundesrepublik Deutschland, d. h. Gebäude mit und ohne Wohnnutzung. Der Fachwerkbestand der Bundesrepublik Deutschland im Jahre 1992 wird laut 3. Bauschadensbericht mit einer Anzahl von ca. 2 Mio. Gebäuden angesetzt.

2.2.2 Fachwerkkonstruktionen

Konstruktiv lässt sich der Fachwerkbestand in drei große Gruppen einteilen:

- Stockwerkbau
- Geschossbau
- Mischbauweisen.

Der Stockwerkbau ist dabei die bei Weitem häufigste Konstruktionsart; fast alle Fachwerkgebäude - schätzungsweise 99,7 % - sind in dieser Art errichtet. Lediglich einige Tausend Fachwerkgebäude sind in Geschossbauweise, der Vorgängerkonstruktion des Stockwerkbaus, errichtet, z. B. die Franckeschen Stiftungen in Halle/Saale. Die Anzahl der Gebäude in Mischbauweise liegt unterhalb der Promille-Grenze und wurde daher im Rahmen des 3. Bauschadensberichtes vernachlässigt.

2.2.3 Altersstruktur des Fachwerkbestandes

Der Fachwerkbau hat eine lange Geschichte, die in Deutschland und fast allen anderen Ländern des nördlichen Europas vermutlich bis in die ersten Jahrhunderte n. Chr. zurückgeht. Bereits bei den Römern war Fachwerk bekannt; man kennt die Klagen des römischen Militärtechnikers und Ingenieurs Vitruvius Pollio (Vitruv) über die mangelnde Beständigkeit von Fachwerkbauten in Germanien: »Von dem Fachwerk aber wollte ich, es wäre gar nicht erfunden worden« [4].

Die ältesten erhaltenen Fachwerkgebäude datieren in das Jahr 1291 (Frankfurt-Sachsenhausen) und 1296 (Limburg a. d. Lahn) [5]. Zu seiner höchsten Blüte gelangte der Fachwerkbau im 13. Jahrhundert, die bis ins 16. Jahrhundert hinein währte und mit Beginn des 30-jährigen Krieges im Jahre 1618 mehr oder weniger vorüber war. Die Zeit der Fachwerkkonstruktionen war um 1925 im Großen und Ganzen zu Ende [6]. Daher verwundert es nicht, dass die überwie-

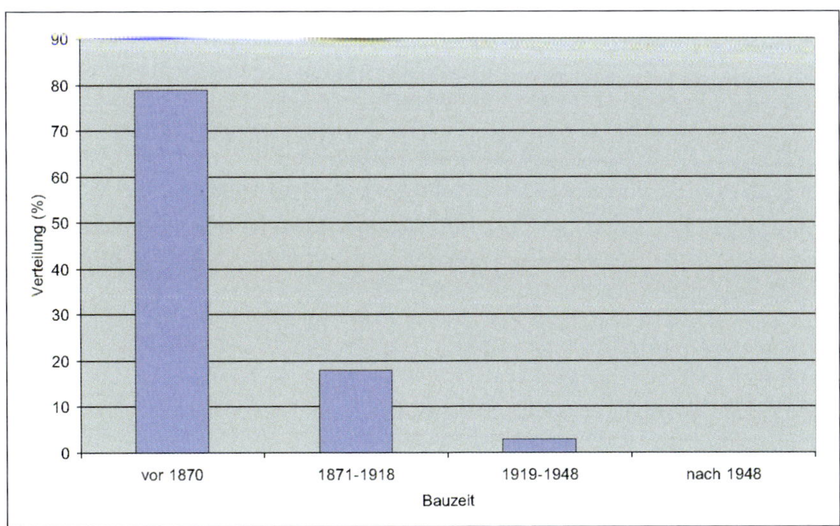

Bild 2-1 Prozentuale Verteilung des Fachwerkbestandes nach Bauzeit

gende Anzahl der Fachwerkbauten (ca. 1,56 Mio.) vor 1870 und ca. 0,36 Mio. im Zeitraum zwischen 1871 und 1918 errichtet wurde. Die Zahl der zwischen dem Ersten und Zweiten Weltkrieg hergestellten Fachwerkgebäude liegt im Bereich von ca. 60.000, während der Anteil nach 1948 unterhalb der Promillegrenze eingeschätzt wird.

Die Altersstruktur der Fachwerkbauten zeigt geringe lokale Unterschiede. Man kann jedoch davon ausgehen, dass in allen Städten der Anteil der vor 1870 errichteten Fachwerkgebäude bei weitem überwiegt; in den ländlichen Gemeinden liegt dieser Anteil etwas niedriger.

2.2.4 Regionale Verteilung der Fachwerkgebäude

Die Verteilung der Fachwerkgebäude innerhalb der Bundesrepublik Deutschland ist sehr unterschiedlich, was einerseits mit dem Vorkommen der zum Fachwerkbau erforderlichen natürlichen Rohstoffe Holz, Lehm und Kalk, andererseits mit dem Witterungseinfluss und der damit verbundenen Dauerhaftigkeit zusammenhängt.

In natursteinarmen Gegenden, die reich an beständigem Eichenholz waren, herrschen Fachwerkbauten vor. Später, nach dem Aufforsten mit schnell wachsenden Nadelhölzern, wurde in Randbereichen verstärkt auch Nadelholz, besonders Fichte, eingesetzt, das aber erst allgemein verwendbar wurde, seit man Holz gegen Fäulnis zu imprägnieren versteht. Während daher in einigen Regionen wie Hessen, Schwarzwald, südliches Niedersachsen, nördliches Bayern,

Thüringen oder Sachsen-Anhalt der Fachwerkanteil besonders hoch ist, sind in anderen Gebieten wie Saarland, Süd- und Ostbayern oder Schleswig-Holstein nur wenige Gebäude als Fachwerkkonstruktion errichtet worden.

In den sogenannten alten Bundesländern dürften sich ca. zwei Drittel (ca. 1,33 Mio.) und in den neuen Bundesländern ca. ein Drittel (ca. 0,67 Mio.) des Fachwerkbestandes befinden. Verglichen mit ländlichen Gemeinden, Klein- und Mittelstädten besitzen die Großstädte nur noch einen geringen Fachwerkanteil.

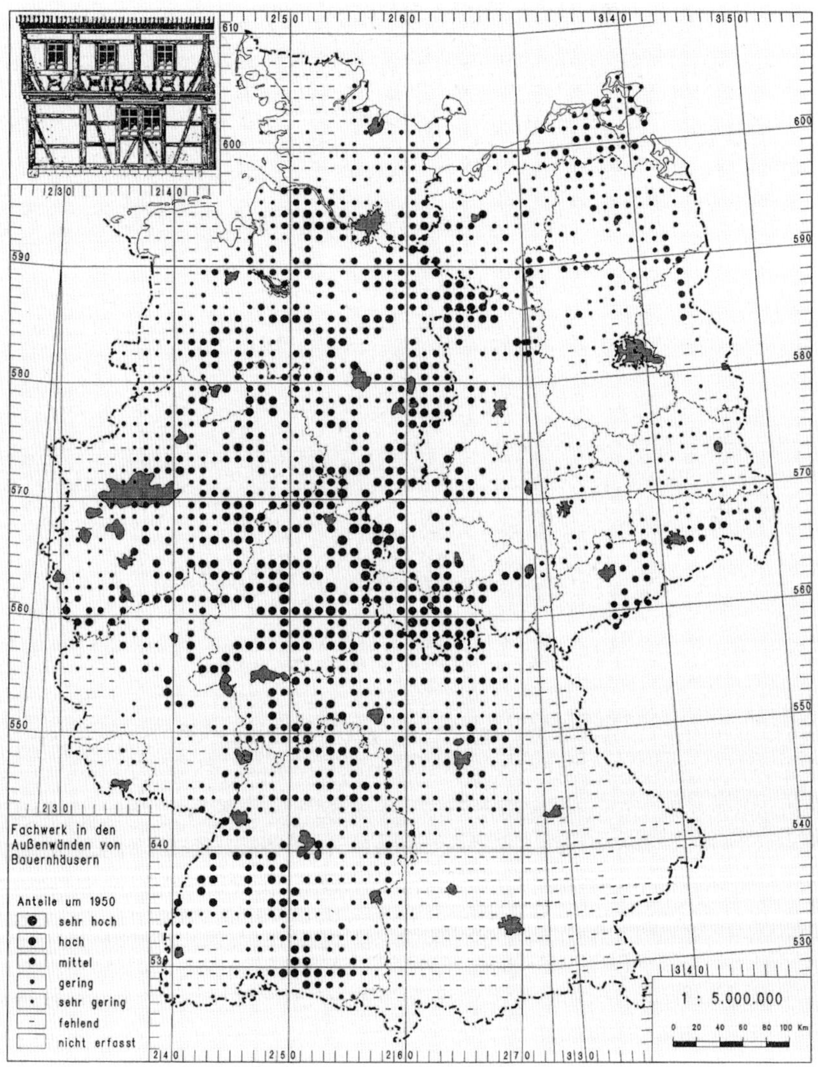

Bild 2-2
Außenwände von Bauernhäusern aus Fachwerk [7]

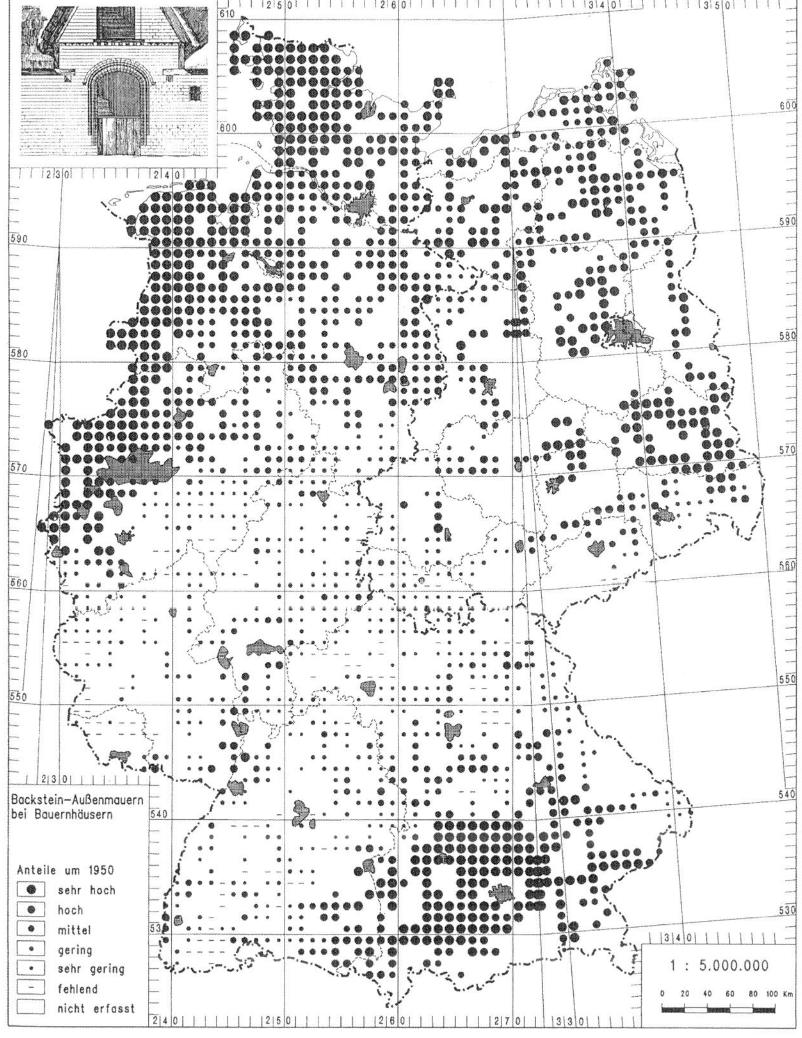

Bild 2-3
Außenwände von Bauernhäusern aus Backstein [7]

Bereits in früheren Zeiten hat man versucht, den Witterungseinfluss und die damit verbundene Dauerhaftigkeit ausreichend zu berücksichtigen. In Gegenden mit hoher Schlagregenbelastung bzw. hohen jährlichen Niederschlagsmengen, wie z.B. an der Nordseeküste oder im Voralpenraum, findet man bei den Außenwänden kaum Fachwerk. Dort wurden die Außenwände – besonders in Regionen, in denen man keine zum Bauen geeigneten Gesteine vorfand oder in weitgehend entwaldeten Gebieten – aus Backstein errichtet. Im Norden blieben die Wände unverputzt; im Süden sind sie meist unter Putz verschwunden, ebenso wie die meisten Natursteinwände.

2.3 Energetische Kennwerte des Fachwerkbestandes

Beim historischen Fachwerkbau waren Tragfähigkeit und Standsicherheit der Außenwände primär wichtig; die Wärmedämmung spielte nur eine sekundäre Rolle. Sie war aufgrund der geringen Wanddicke, die wegen der guten statischen Eigenschaften von Holzfachwerk gewählt werden konnte, und bedingt durch die relativ schweren historischen Wandbaustoffe entsprechend gering. Dies spiegelt sich in rechnerisch ermittelten U-Werten wider, die im Bereich der bauzeitlichen Ausfachungen bis zu 3,0 W/(m^{2}K) und im Holzbereich bis zu 1,4 W/(m^{2}K) betragen.

Diese ungünstigen Wärmedämmeigenschaften der Außenwand bewirken in Kombination mit zeitgemäßen Anforderungen an Nutzung und räumliche Behaglichkeit einen im Vergleich zu Neubauten überproportional hohen Verbrauch an Primärenergie zur Deckung des Heizwärmebedarfes. Dieser Kennwert ist nicht nur vom Alter des Gebäudes, sondern auch von der Gebäudetypologie (freistehendes Ein- oder Zweifamilienhaus, Mehrfamilienhaus, aneinandergereihte Häuser usw.) und von der regionalen Zuordnung (alte oder neue Bundesländer) abhängig.

Bild 2-4 Energetische Verbrauchswerte für freistehende Ein- und Zweifamilienhäuser (Baujahr bis 1918) in den alten Bundesländern [9]

Baujahr
bis 1918 (Fachwerk)

Wohnfläche
33 Mio. m²

Heizwärmebedarf
190 kWh/(m² a)

Baujahr
bis 1918 (Massivbau)

Wohnfläche
118 Mio. m²

Heizwärmebedarf
163 kWh/(m² a)

Bild 2-5
Energetische Verbrauchswerte für kleine Mehrfamilienhäuser (Baujahr bis 1918) in den alten Bundesländern [9]

Baujahr
bis 1918 (Fachwerk)

Wohnfläche
7 Mio. m²

Heizwärmebedarf
227 kWh/(m² a)

Baujahr
bis 1918 (Massivbau)

Wohnfläche
36 Mio. m²

Heizwärmebedarf
189 kWh/(m² a)

Bild 2-6
Energetische Verbrauchswerte für kleine Mehrfamilienhäuser (Baujahr bis 1918) in den neuen Bundesländern [9]

Dazu wurde in einer umfangreichen empirischen Untersuchung [8] der Wohngebäudebestand durch insgesamt 46 repräsentative Gebäudetypen definiert, wobei 30 Typen zur Kennzeichnung des Bestandes der »Alten Bundesländer« (ABL) und 16 Typen für die »Neuen Bundesländer« (NBL) notwendig waren. Die für durchschnittliche Bedingungen bei diesen Gebäuden rechnerisch ermittelten Heizwärmebedarfswerte sind exemplarisch in den Abbildungen zusammengestellt, wobei bereits Energiesparmaßnahmen, die in der Vergangenheit erfolgten, berücksichtigt sind (Bezugsjahr ist 1990).

Die jeweiligen Wohnflächen für die gleichen Gebäudetypen sind ebenfalls aufgeführt, sodass unmittelbar auf die absoluten Bedarfswerte geschlossen werden kann. Zu diesen einzelnen Gebäudetypen lassen sich auch jeweils repräsentative Ausführungen der wärmetauschenden Hüllfläche angeben. Diese können als Basis für wärmeschutztechnische Sanierungsmaßnahmen herangezogen werden.

Der Anteil von Wohnfläche in Fachwerkgebäuden an der Gesamtwohnfläche ist mit ca. 4,6 % (ABL) und ca. 1,7 % (NBL) gering, der Heizwärmebedarf jedoch erwartungsgemäß deutlich erhöht, z. B. im Vergleich zur Massivbauweise gleicher Bauzeit oder zu Bauten jüngeren Datums. Interessant ist, dass dieser Kennwert jedoch immer noch besser ist als bei den in den Nachkriegsjahren errichteten Gebäuden.

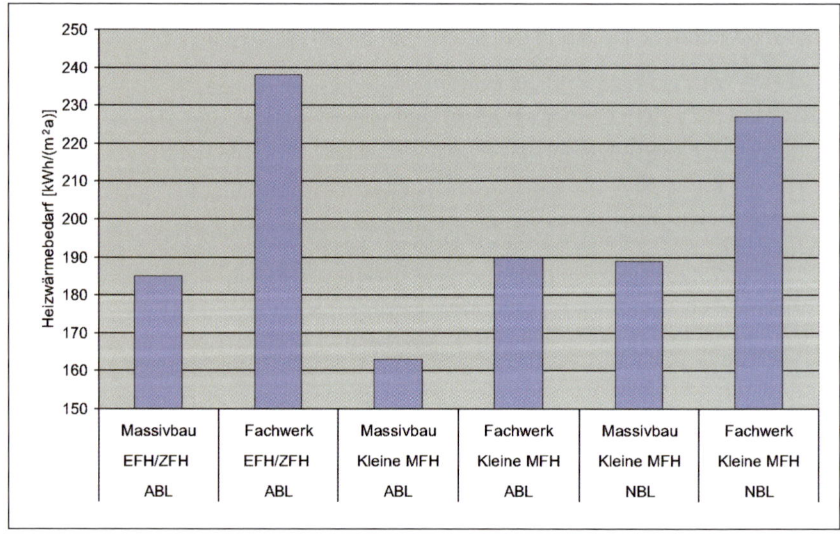

Bild 2-7 Heizwärmebedarf des Gebäudebestandes bis 1918 (Massiv- und Fachwerkbau) in Abhängigkeit von Gebäudetypologie und regionaler Zuordnung

2.4 Art und Umfang von Schäden an Fachwerkgebäuden

Man muss davon ausgehen, dass die Ursache für einen Schaden an einem Fachwerkgebäude im komplexen Zusammenwirken von mehreren Einflussfaktoren besteht. Die Hauptursache von Schäden an Fachwerkgebäuden ist in mangelnder Instandhaltung und Instandsetzung sowie in ungeeigneten Ausführungs- und Sanierungsmaßnahmen zu sehen. Erst unter diesen ungünstigen Rahmenbedingungen können andere Faktoren oder Einflüsse wirksam werden, die letztendlich zu gravierenden Schäden führen können [3].

Die Ursachen lassen sich in physikalische (einschließlich mechanische und bauphysikalische), chemische und biologische Einflüsse unterscheiden. Feuchtigkeit ist einer der wichtigsten Einflussfaktoren, vor allem, wenn sie über einen längeren Zeitraum im Holz verbleibt und nicht austrocknen kann. Dann bietet sie ideale Voraussetzungen für Schäden, z. B. durch holzzerstörende Pilze oder Insekten [3]. Schon Vitruv wusste, dass eindringende Feuchtigkeit ein großes Problem darstellt.

2.4.1 Historische Fachwerkbauten

Vitruv war klar, dass es sich bei den Fachwerkbauten in Germanien, im Vergleich zu den Steinhäusern in Rom, um Sonderbauten handelt, weil die statischen Verhältnisse in einem Fachwerkbau nicht eindeutig definiert werden können, unterschiedliche Materialien wie Holz und Lehm oder Ziegel miteinander verbunden werden müssen und ausgerechnet das tragende Bauteil Holz ständigen, z. T. erheblichen Veränderungen unterliegt. Umwelteinflüsse, Eigenfeuchte, statische Belastung, Schwinden und Quellen des Holzes – ein stabiler Zustand wurde und wird in der Fachwerkfassade praktisch nie erreicht. Fachwerkgebäude sind also »lebende«, sich ständig verändernde Bauwerke.

Daher wiesen die historischen Ausfachungen relativ große Toleranzen zum Fachwerk auf und erforderten je nach Lage des Gebäudes, Dachüberstand, Nutzungsform usw. einen relativ hohen Unterhaltungsaufwand. Der notwendige kurze Pflegerhythmus brachte es mit sich, dass immer wieder vorkommende Beschädigungen repariert wurden und der häufige Anstrich im Laufe der Jahrzehnte zu einer Überdeckung der Risse im Gefach und im Übergang zum Holz führte. Langfristig stabilisierten sich allmählich die Verhältnisse in den Fachwerkbauten innerhalb eines bestimmten Toleranzbereichs. Dadurch war letztendlich bei entsprechendem Unterhaltungsaufwand die Lebensdauer auch über Jahrhunderte gewährleistet.

Bild 2-8
Altersbedingte Schäden durch fortschreitende Auflösung von Kalkputz und Lehmausfachung bei historischem Fachwerk

Die Instandhaltung eines Fachwerkgebäudes spielt daher für die Lebensdauer dieses Gebäudetyps die wichtigste Rolle. Ständig gewartete Häuser haben Jahrhunderte überdauert, nicht gewartete Häuser sind im Laufe der Zeit verfallen und weisen Schäden auf, die in folgende Schadensgruppen eingestuft werden können [10]:

- altersbedingte Schäden
- konstruktionsbedingte Schäden
- Schäden an Ausfachungen
- Schäden durch Feuchtigkeit
- Schäden durch tierische und pflanzliche Schädlinge
- Schäden an Bekleidungen
- Schäden an Beschichtungen
- Schäden durch unterlassene Instandhaltung.

Im Zuge der Ortssanierungen wurde es modern, Fachwerkgebäude aller Arten zu sanieren und umzunutzen, was den Gebäuden leider nicht immer gut »bekommen« ist. Während sich vor Beginn der großen Welle der Fachwerk-Freilegung ab Mitte der 1960er-Jahre bis Anfang der 1980er-Jahre die Fachwerkschäden recht langsam einstellten (Fachwerkfassaden hielten in der Regel mehrere hundert Jahre), treten nun auch vermehrt Schäden an sanierten Fachwerkfassaden bereits unmittelbar oder kurz nach Abschluss der Sanierungen auf.

2.4.2 Sanierte Fachwerkbauten

Deshalb sind bei sanierten Fachwerkfassaden zu den vorgenannten Schadensgruppen zusätzlich aufzunehmen [10]:

- Schäden durch mangelhafte Planung
- Schäden durch handwerkliche Ausführungsfehler
- Schäden durch Verwendung falscher Baustoffe
- Schäden durch mangelhaften Schlagregenschutz
- Schäden durch Wasserdampfdiffusion
- Schäden durch Luftdurchlässigkeit
- nutzungsbedingte Schäden.

Bild 2-9
Da ein Schlagregenschutz nicht genehmigt wurde, trat wenige Jahre nach Sanierung der Fachwerkwände aufgrund erhöhter Schlagregenbelastung Schadlingsbefall auf.

Die größten Schadenshäufigkeiten – unabhängig ob historischer oder sanierter Fachwerkbestand – sind zu verzeichnen im Bereich der Fachwerkkonstruktion (schadhafte oder fehlende Hölzer und Gefache, Schädlingsbefall) und des Daches (undichte Dachanschlüsse, schadhafte Dachentwässerung und in der Folge durchfeuchtete und schadhafte Tragwerkshölzer). Die Bereiche Gründung, aufgehendes Mauerwerk, Innenwände, Außenverkleidungen, Fenster und Installationstechnik sind dagegen weniger häufig von Schäden betroffen [3].

2.5 Anforderungen Bestandsschutz

2.5.1 Formen des Bestandsschutzes

Eine Sanierung oder Umnutzung eines bestehenden Fachwerkgebäudes bringt durchaus erhebliche rechtliche Probleme mit sich. Der Bestandsschutz ist zunächst der Schutz einer Rechtsposition, die zu einem bestimmten Zeitpunkt rechtmäßig erworben wurde, gegenüber späteren Rechtsänderungen [11]. Bestandsschutz bedeutet somit, dass ein vorhandenes Gebäude, das zwar nach früher gültigem Recht rechtmäßig errichtet wurde, aber dem heute gültigen Baurecht nicht mehr entspricht, erhalten und weiter genutzt werden darf. Der Grundrechtsschutz umfasst in diesem Zusammenhang den Schutz einer Bebauung, die nach aktueller Gesetzeslage scheinbar illegal ist. Nach Beschluss vom 24.07.2000 des Bundesverfassungsgerichtes (1 BvR 151/99) liegt ein durch Art. 14 Abs. 1 Grundgesetz bewirkter Bestandsschutz aber nur dann vor, wenn das Bauvorhaben zu irgendeinem Zeitpunkt genehmigt wurde oder jedenfalls genehmigungsfähig gewesen wäre.

Beim Bestandsschutz sind so zwei Faktoren grundlegend zu betrachten, die gleichgewichtig und nebeneinander stehen: der Baukörper (Kubus) und die Funktion (Nutzung). Voraussetzung für den Bestandsschutz ist, dass überhaupt eine funktionsfähige bauliche Anlage vorhanden ist. Ein »Trümmerhaufen« oder eine Ruine genießen keinen Bestandsschutz; unbeschadet denkmalrechtlicher Belange. Der Bestandsschutz deckt auch nicht den Abriss eines Fachwerkgebäudes und die Errichtung eines Ersatzneubaus. Somit kann der Bestandsschutz nur dazu dienen, das Gebäude in seinem bisherigen Umfang zu erhalten. Eine Erweiterung oder Nutzungsänderung fällt daher nicht vordergründig unter den Bestandsschutz und bedarf regelmäßig der Erteilung einer Baugenehmigung.

Man unterscheidet den passiven und den aktiven Bestandsschutz:

- passiver Bestandsschutz: Eine in der Vergangenheit legal begründete Nutzung von Grundstücken und Gebäuden bleibt schutzwürdig, auch wenn sich die Rechtslage derart ändern sollte, dass eine bestehende Nutzung nicht mehr genehmigungsfähig sein sollte.
- aktiver Bestandsschutz: Werden Änderungen an Gebäuden im Zusammenhang mit Sanierung, Modernisierung oder denkmalpflegerischer Behandlung vorgenommen, so kann sich der Bauherr auf den sogenannten aktiven Bestandsschutz berufen, wenn die Änderungen und Erweiterungen nur begrenzter und geringfügiger Art sind und zu keiner wesentlichen Veränderung des ursprünglichen Bestandes führen bzw. die Identität des wiederhergestellten oder verbesserten mit dem ursprünglichen Bauwerk gewahrt bleibt.

Weiterhin gilt der Bestandsschutz für den Bauzustand eines Gebäudes, mit dem es als Kulturdenkmal in die Denkmalschutzliste eingetragen wurde.

Neben den bereits benannten Begriffen existiert auch der Begriff des »erweiterten« Bestandsschutzes. Dieser wurde jedoch vom Bundesverwaltungsgericht wieder mit der Begründung aufgegeben [12], dass der Artikel 14 Abs. 1 des Grundgesetzes, aus dem der Bestandsschutz hergeleitet werde, ausschließlich ein verfassungsrechtlicher Prüfungsmaßstab sei, an dem das einfache Recht zu messen sei, nicht aber eine »eigenständige Anspruchsgrundlage, die sich als Mittel dafür nutzen lässt, die Inhalts- und Schrankenbestimmungen des Gesetzgebers fachgerichtlich anzureichern« [13]. Damit ist der Bestandsschutz als Instrument zur Durchsetzung erweiternder Nutzungsänderungen weggefallen und Erweiterungen sind jetzt nur noch dann zulässig, wenn dies die aktuelle Rechtslage z. B. in Form eines Bebauungsplanes hergibt. Daraus ergibt sich folgerichtig, dass bei einer geplanten Umnutzung eines Fachwerkgebäudes sehr frühzeitig mit den genehmigenden Behörden abgestimmt werden sollte, welche Interpretation des Bestandsschutzes bauordnungsrechtlich akzeptiert wird. Gleichzeitig wird durch die vorgenannten Aspekte zum Bestandsschutz ersichtlich, dass der Begriff des Bauens im Bestand die Auffassungen zum Bestandsschutz erheblich erweitert. Generell gilt es jedoch, neben den bauordnungsrechtlichen Belangen die zivilrechtlichen Problemstellungen für das konkrete Vorhaben stets parallel zu würdigen.

Bild 2-10 Umnutzung eines ehemaligen Schlosses in ein Museum

2.5.2 Aspekte bei Umnutzungen

Da in der Regel jede vorgesehene Nutzungsänderung an den Grundprämissen eines zunächst gegebenen Bestandsschutzes rührt, liegt es auf der Hand, dass jede derartige Änderung eine umfangreiche Diskussion zwischen dem Bauherrn und den am Genehmigungsprozess Beteiligten erfordert. Das Arbeiten mit Abweichungen von bauordnungsrechtlichen Vorgaben ist geradezu unumgänglich und erfordert von allen Beteiligten ein »Hineindenken« in die jeweilige konkrete Situation. Es ist zudem verständlich, dass bei der Sanierung und Umnutzung eines Fachwerkbaus ein wesentliches architektonisches Ziel in der Bewahrung des bauzeitlichen Erscheinungsbildes der Fachwerkkonstruktion besteht.

Bei der Instandsetzung von Bestandsgebäuden sind neben den bauordnungsrechtlichen Vorgaben zugleich die Anforderungen der Nutzer, zivilrechtliche Anforderungen, anerkannte Regeln der Technik und oftmals auch denkmalpflegerische Aspekte zu betrachten. Die Durchsetzung der vielfältigen Anforderungen an das historische Fachwerkgefüge ist nach den anerkannten Regeln der Technik zu bewältigen. Es gilt jedoch bei der Fachwerkinstandsetzung grundsätzlich zu beachten, dass ihre Besonderheiten eine äußerste Sorgfalt erfordern.

2.5.3 Bestandsschutz und EnEV

Bestandsschutz sollte als eine Möglichkeit zur Erhaltung der Fachwerkkonstruktion unter der Anwendung von Befreiungen und Abweichungen vom geltenden Bauordnungsrecht verstanden werden. Mit der Wiederverwendung des Gebäudebestandes ist ein hoher ökologischer Nutzwert durch die Erhaltung stoffgebundener Energien, die in der vorhandenen Gebäudesubstanz gespeichert sind, erzielbar [13]. Aufgrund der bestehenden Komplexität bei der Aufgabe einer Fachwerkinstandsetzung ist das Verantwortungsgefüge, insbesondere bei einem Anstreben von Ausnahmen (§ 24) oder Befreiungen (§ 25) von Standards der EnEV, zu klären. Es sind jegliche Abweichungen von den Vorgaben der EnEV zu dokumentieren und einer entsprechenden Beantragung, gegebenenfalls mit Unterstützung von rechnerischen oder grafischen Nachweisen, zugrunde zu legen. Die Wichtigkeit der Klarheit der Erläuterungen gegenüber dem Bauherrn ist dabei von besonderer Bedeutung, da mit einer Abweichung von den EnEV-Vorgaben im Rahmen einer Fachwerkinstandsetzung die Grundlage für einen zumeist längerfristigen Eingriff in den Betrieb des Fachwerkgebäudes, z. B. durch höhere Energieverbrauchskosten, geschaffen wird. Eine spätere, gegebenenfalls auch gerichtliche Auseinandersetzung kann dabei nur dann für den Planenden erfolgreich verlaufen, wenn diese Erläuterungs- und Hinweispflicht erbracht wurde. Derartige, schriftlich zu fixierende Vereinbarungen, aus denen auch hervorgehen muss, dass unter Umständen eintretende Erhöhungen, z. B. der Betriebskosten aufgrund eines höheren Primärenergiebedarfes, zu erwarten sind, eignen sich als Schutz vor nachträglichen Auseinandersetzungen zwischen Bauherrn und Planer bzw. Ausführenden dazu, welche Eigenschaften letztlich geschuldet sind.

2.6 Fachwerk und Denkmalschutz

2.6.1 Gesetzliche Grundlagen

Viele Fachwerkbauten stehen unter Denkmalschutz; oftmals muss daher nach den Forderungen der Denkmalpflege die bauzeitliche oder die für die Entwicklung des Gebäudes in späterer Zeit hinzugefügte Substanz erhalten werden. Dieses Ziel kann dabei in der Bewahrung des vollständigen Gefüges, in der einem Denkmalensemble verpflichteten Erhaltung einer Fassadengliederung oder in der Bewahrung einer Ansichtsüberlieferung liegen. Die ausschließliche Erhaltung nur von Fassaden ist aber nicht vordergründiger Anlass, Primat besitzt die Erhaltung bauzeitlicher Substanz. In der Bundesrepublik Deutschland gehören die Bereiche Denkmalschutz und Denkmalpflege aufgrund der Kompetenzverteilung des Grundgesetzes zur Kulturhoheit eines jeden Bundeslandes. Entsprechende Denkmalschutzgesetze (DSchG) bilden die jeweilige gesetzliche Grundlage für Denkmalschutz und Denkmalpflege. Die oberen/obersten Denkmalschutzbehörden sind im Regelfall dem zuständigen Wirtschafts-, Wissenschafts- oder Kultusministerium eines Bundeslandes zugeordnet.

2.6.2 Länderregelungen

Die Landesdenkmalämter sind als Denkmalfachbehörden entweder einer oberen Denkmalschutzbehörde (z. B. Landesverwaltungsamt) oder der obersten Denkmalschutzbehörde nachgeordnet und bilden die zentralen Fachbehörden, die bei einem denkmalrechtlichen Verfahren zu hören sind. Die Entscheidung in denkmalrechtlichen Verfahren obliegt den unteren Denkmalschutzbehörden bei den Landrats- und Bürgermeisterämtern (im Einvernehmen mit den Denkmalfachbehörden) oder, wenn kein Einvernehmen hergestellt werden kann, den Regierungspräsidien oder Landesverwaltungsämtern als oberen Denkmalschutzbehörden.

2.6.3 Denkmalpflegerische Konzepte

Bauen im Bestand unter gleichzeitiger Berücksichtigung des Denkmalschutzes lässt sich in der Praxis mit unterschiedlichen Vorgehensweisen realisieren. Meinungsverschiedenheiten zwischen Behörde und Eigentümer des Denkmals gibt es häufig über die Intensität des praktizierten Denkmalschutzes. Aus diesem Grund ist es stets wichtig, vorher das infrage kommende Konzept festzulegen.

Im Umgang mit Bestandsbauten werden nach [14] unter besonderer Berücksichtigung der Anforderungen der Denkmalpflege z. B. folgende Konzepte vorgeschlagen: Altern lassen, Pflegen, Renovieren, Instandhalten, Konservieren, Restaurieren, Reparieren, Erneuern, Modernisieren, Ersetzen und Rekonstruieren.

Denkmalschutzkonzepte wie Restaurieren oder Konservieren können bei musealen Bauten oder denkmalpflegerischen Behandlungen öffentlicher Nutzungen zumeist eingehalten werden. Eine Wohnnutzung von Bestandsbauten bei zunehmendem Wohnstandard führt aber in der Regel zu Widersprüchen zwischen den Forderungen der Denkmalpflege und den bauphysikalischen Notwendigkeiten für das (schutzbedürftige) Gebäude, die im Einzelfall nur durch eine sogenannte Befreiung aufgelöst werden können. Abweichungen von den Vorschriften sind entweder möglich, wenn Gründe des allgemeinen Wohles es erfordern oder wenn die Einhaltung der Vorschrift zu einer offenbar nicht beabsichtigten Härte führen würde (LBO). Das im Einzelfall gewählte Konzept darf nicht kontraproduktiv zum eigentlichen Schutz und Erhalt des Denkmals sein.

2.6.4 Wärmeschutz versus Denkmalschutz?

Da die zunehmenden Komfortansprüche hinsichtlich heutiger Nutzungen eine Anpassung des wärmetechnischen Standards auch bei bestehenden Fachwerkgebäuden, die unter Denkmalschutz stehen, nach sich ziehen, ist ein Konflikt zwischen den Anforderungen der EnEV und den denkmalpflegerischen Zielen zunächst »vorprogrammiert«. Gemäß § 24 EnEV sind Ausnahmen für Baudenkmale und für besonders erhaltenswerte Bausubstanz von den Anforderungen der EnEV [2] möglich, die nicht gesondert zur Genehmigung zu beantragen sind, doch ein derartig einseitiger Dispensruf löst das Problem des Schutzes der Konstruktion und der Schaffung hygienischer Bedingungen für eine zeitgemäße Nutzung nicht. Somit sollte auch bei vordergründigen Zielen des Denkmalschutzes wenigstens der Mindestwärmeschutz nach DIN 4108-2 [15] – unter Begrenzung der durch die Regelgebung der Wissenschaftlich-Technischen Arbeitsgemeinschaft für Bauwerkserhaltung und Denkmalpflege e. V. (WTA) vorgegebenen Grenzwerte – weitgehend eingehalten werden.

Bild 2-11
Teilverschalung an der Wetterseite

Den »Arbeitsunterlagen zur Instandsetzung und Wärmedämmung von Fachwerkbauten« [16], deren Erstellung vom Referat Fachwerk in der WTA begleitet wurde, ist seit Mai 2004 der Hinweis zu entnehmen, dass Nutzern von denkmalgeschützten Fachwerkbauten nicht zugemutet werden kann, auf »zeitgemäßen Wärmeschutz ganz zu verzichten«. Gleichzeitig wird auch vor einer »Nutzwertminderung wegen mangelhaften Wärmeschutzes« und der damit verbundenen Verschlechterung der Aussichten auf eine dauerhafte Erhaltung gewarnt. Somit wird nunmehr auch von denkmalpflegerischer Seite die Risikobegrenzung wichtiger als die generelle Verhinderung, z. B. einer Innendämmung, angesehen.

Neben überhöhten Anforderungen an ein Fachwerkgebäude durch die EnEV oder durch Nutzungsanforderungen kann aber auch falsch verstandener Denkmalschutz die Ursache für die Gefährdung historischer Gebäudesubstanz sein. Als Beispiel dient hier das vielfach in Orts- und Gestaltungssatzungen festgelegte Erhalten von Sichtfachwerk, das bei erhöhter Schlagregenbelastung zur dauerhaften Schädigung und damit zum Verlust des Denkmals führen kann.

3 Energieeinsparverordnung

3.1 Energetische Begriffe

Im Folgenden werden grundlegende Begriffe dargestellt, die im Zusammenhang mit den Themen Energieeinsparung und Nachhaltigkeit wichtig sind, in der Praxis aber häufig – unbewusst oder bewusst – vermengt werden.

Begriff	Erläuterung
Nutzwärmebedarf (Heizwärmebedarf)	rechnerisch ermittelter Wärmebedarf zur Aufrechterhaltung einer Raumtemperatur. Der Heizwärmebedarf setzt sich zusammen aus den Transmissions- und Lüftungswärmeverlusten abzüglich der Wärmegewinne aus solarer Strahlung und internen Lasten. Verluste aus Wärmeerzeugung, Wärmeverteilung und Wärmespeicherung sind noch nicht berücksichtigt.
Nutzenergiebedarf	Oberbegriff für Nutzwärmebedarf, Nutzkältebedarf, Nutzenergiebedarf für Trinkwasser, Beleuchtung, Befeuchtung
Endenergiebedarf	Nutzenergiebedarf sowie zusätzliche Verluste aus Wärmeerzeugung, Wärmeverteilung und Wärmespeicherung
Energieverbrauch	tatsächlicher Endenergiebedarf. Dieser kann deutlich von dem rechnerischen Gesamtenergiebedarf abweichen.
Energieträger	Stoffe, die einen nutzbaren Energiegehalt aufweisen (Erdgas, Öl, Kohle, etc.)
Primärenergie	die stoffgebundene, chemische Energie aus Primärrohstoffen, die noch keiner Umwandlung unterworfen wurden, also der Energieträger in der Erdkruste (Kohle, Erdöl, Erdgas usw.), und die durch Verbrennung in Industriefeuerungsanlagen, Motoren usw. verbraucht wird; **erneuerbare Primärenergie:** Energie aus erneuerbaren Quellen (Wasserkraft, Windkraft, Sonnenenergie, Biomasse). Der Verbrauch kann durch Neubildung ausgeglichen werden. **nicht-erneuerbare Primärenergie:** Energie aus fossilen Primärenergieträgern, die noch keiner anthropogenen Umwandlung unterworfen wurden. Der Verbrauch kann durch Neubildung nicht ausgeglichen werden.
Sekundärenergie	Energiegehalt von Energieträgern, die durch Umwandlung von Primärenergieträgern oder anderen Sekundärenergieträgern gewonnen wurden (z. B. Energiegehalt des Heizöls nach Umwandlung in einer Raffinerie, elektrischer Strom usw.)

Primärenergiebedarf	Bedarf an erschöpflichen Ressourcen für die Bereitstellung des Gesamtenergiebedarfs; wird nach DIN V 18599-1 über sogenannte Primärenergiefaktoren f_P berücksichtigt, z. B.: Solarenergie: f_P = 0,0 Erdgas / Heizöl: f_P = 1,1 Strom-Mix: f_P = 2,7 (nach DIN V 18599-100: 2,6)
Nachhaltigkeit	sowohl gegenwärtige als auch zukünftige umweltverträgliche Verfügbarkeit von Rohstoffen; Projekte, wie z. B. der Bau und die Nutzung eines Gebäudes, sind in Hinsicht auf die Nachhaltigkeit über den gesamten Lebensweg primärenergetisch zu betrachten.
Nutzungsdauer	die Zeitspanne, in der eine Heizanlage, ein Bauteil usw. erfahrungsgemäß wirtschaftlich eingesetzt werden kann. Sie ist damit für die der Abschreibung zugrunde liegenden Lebensdauer maßgebend. Die Nutzungsdauer ist vom Verschleiß, vom Aufwand für Wartung, Pflege und Reparatur, von der Wertminderung durch Witterungseinflüsse und von der technischen Überalterung abhängig.
Lebensweg (Lebenszyklus)	aufeinanderfolgende und miteinander verbundene Stufen eines Produktsystems und zwar beginnend mit der Rohstoffgewinnung über die Herstellung des Produktes und der Hilfs- und Betriebsstoffe, über den Produktgebrauch bis zum Recycling und der Entsorgung, sowie aller Transportaktivitäten in und zwischen diesen zeitlichen Abschnitten
Ökobilanz	die möglichst quantitative Bilanz aller wesentlichen Umweltauswirkungen, die von einem Produkt bzw. einem Produktsystem, einem Prozess, einer Anlage oder einem Betrieb während aller Lebenswegphasen bzw. einem bestimmten Zeitraum ausgehen. Mit der Bilanz sollen Energieeinsatz sowie die toxikologischen und ökologischen Auswirkungen des bilanzierten Objektes und der Emissionen auf Mensch und Umwelt bewertet werden.
kumulierter Energieaufwand	Energieaufwand für Heizung, Warmwasser und Lüftung über die gesamte Nutzungszeit des Gebäudes plus Energieaufwand für Herstellung, Abriss und Recycling des Gebäudes sowie deren Anlagen
Energieeffizienz	die optimale technische Ausnutzung von Energie für einen bestimmten Nutzen, z. B. zum Beheizen eines Gebäudes. Hohe Energieeffizienz bedeutet, diesen Nutzen mit möglichst geringem Energieaufwand zu erreichen. Sie gibt damit an, welchen Anteil die Endenergie an der eingesetzten Primärenergie besitzt.

3.2 Gesetzesgrundlage und Entwicklung der Energieeinsparverordnung

In den Jahren der Erstellung historischer bzw. alter Fachwerkbauten sind spezielle Wärmeschutz-Anforderungen nicht definiert worden. Der Wärmeschutz - wenn er denn überhaupt beschrieben wurde - basierte vordringlich auf der Grundlage statischer Gesichtspunkte massiver Konstruktionen. Bezüglich der Statik war beim Fachwerk die tragende Holzkonstruktion maßgebend, das Gefach musste lediglich geschlossen werden, um witterungsschützende und »blickdichte« Funktionen zu erfüllen. Hierfür wurden regional typische Materialien (Lehm, Lehmsteine, Natursteine, etc.), je nach örtlichem Vorkommen, zunächst unabhängig von deren wärmetechnischem Verhalten verwendet.

Erst mit Einführung der DIN 4108 im Jahre 1952 - als Fachwerkbauten eigentlich nicht mehr neu erstellt wurden - wurden Anforderungen an den erforderlichen Wärmeschutz der Bauteile formuliert (z. B. Mindest-Wärmedurchlasswiderstand der Außenwände in Abhängigkeit sogenannter Wärmedämmgebiete: 0,39 / 0,47 / 0,56 m^2K/W), zuletzt generell 0,55 m^2K/W. An einen energiesparenden Wärmeschutz war dabei nicht gedacht worden. Mit den letzten vorliegenden Überarbeitungen der DIN 4108 (2001 und 2003) [17] wurde der Mindestwärmeschutz bei Außenwänden dann deutlich auf 1,20 m^2K/W angehoben. Hiermit wurden dann auch höhere Anforderungen im Bereich von Wärmebrücken festgelegt.

Spezielle Regelungen für den Wärme- (und Feuchte-)schutz von Fachwerkbauten waren also normativ nie vorhanden. Anforderungen wurden entweder aus Massivbauten übernommen oder »nach Erfahrung« und »aus üblichen Konstruktionen« angesetzt. Erst ab den 1990er- Jahren mit den WTA-Merkblättern [18], [19], [20] und in Folge der aktuellen DIN 4108 sind Bedingungen für den Fachwerkbau formuliert worden.

Bild 3-1 zeigt die Entwicklung des geforderten Mindestwärmeschutzes (gelber Farbbereich). Zusätzlich sind die Anforderungen der WSchV bzw. EnEV (roter Farbbereich) an Bestandsgebäude nach dem Bauteil-Verfahren aufgezeigt. Die Anforderungen sind hier zur Vergleichbarkeit als U-Werte (k-Werte) dargestellt.

Deutlich zu erkennen ist das über Jahrzehnte gleich bleibende Anforderungsniveau der DIN 4108 und die Diskrepanz zwischen den Anforderungen der Wärmeschutzverordnung und der DIN.

Bild 3-1
Entwicklung der Wärmeschutz-Anforderungen am Beispiel des Bauteils Außenwand

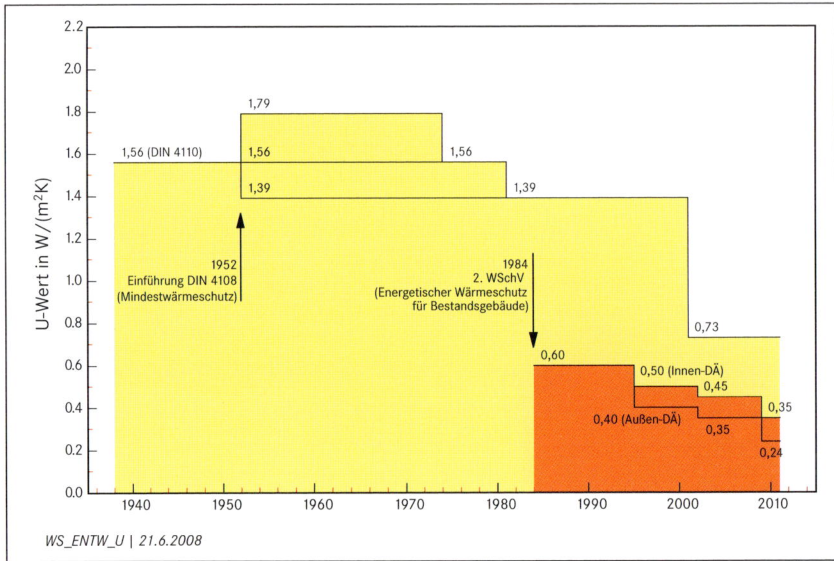

Ein erforderlicher Wärmeschutz zur Reduzierung energetischer Verluste wurde erst unter dem Eindruck der allgemeinen Energiekrise (»Ölkrise«) in den 1970er-Jahren als erforderlich angesehen. Die deutlich steigenden Energiepreise und das Erkennen, dass fossile Energien nur begrenzt zur Verfügung stehen, ließen das Energieeinspargesetz EnEG [22], das am 22.07.1976 vom deutschen Bundestag verabschiedet wurde, folgen.

Ziel des EnEG, das auch heute mit zwischenzeitlichen Ergänzungen gesetzliche Grundlage für den energiesparenden Wärmeschutz ist, ist die Verhinderung vermeidbarer Energieverluste beim Heizen und Kühlen während der Gebäudenutzung. Mit dem EnEG wird die Bundesregierung ermächtigt, zur Umsetzung des Gesetzes Verordnungen zu erlassen. Unter diesem Oberbau wurden im Laufe der Jahrzehnte verschiedene Stufen der Wärmeschutzverordnung (WSchV) [23] und der Heizungsanlagenverordnung (HeizAnlV) [24] verabschiedet, die jeweils eine Verschärfung der Anforderungen mit sich brachten. Mit der Energieeinsparverordnung (EnEV) soll nun die Gebäude-Energieeffizienz gesteigert werden und eine deutliche CO_2-Minderung erreicht werden.

Nach EnEG § 5 (1) gilt jedoch einschränkend für die Anforderungen zur Energievermeidung, dass die infolge dieser Anforderungen erforderlichen Maßnahmen »nach dem Stand der Technik erfüllbar und für Gebäude gleicher Art und Nutzung wirtschaftlich vertretbar sein« müssen. Diese Vorgaben bestimmen die Handhabung der Umsetzungsverordnungen gerade beim Bauen im Bestand wesentlich, was sich im Weiteren noch darstellen lässt.

Betrachtet man die verschiedenen Verordnungsschritte, fällt bei der WSchV auf, dass die ersten beiden Stufen weitestgehend reine k-Wert-Anforderungen (heute heißt es U-Wert) enthielten, wobei für Bestandsgebäude erst ab der 2. WSchV Anforderungen formuliert wurden. Ab 1995 wurde über ein Bilanzverfahren die Bestimmung des Jahres-Heizwärmeverbrauchs und ab 2002 mit der Energieeinsparverordnung die Bestimmung des Jahres-Primärenergiebedarfes eingeführt. Mit der HeizAnlV waren zumeist Einzelanforderungen an Anlagenkomponenten verbunden, z. B. die Dämmschichtstärken der Heizleitungen oder die Einführung von Einrichtungen zur raumweisen Temperaturregelung (in der Regel: Thermostatventile). Bild 3-2 zeigt die Entwicklung des durchschnittlichen Energiebedarfes von Gebäuden im Zuge der WSchV bzw. EnEV.

Die heute gültige Energieeinsparverordnung stellt nicht nur mit der Zusammenlegung der Wärmeschutz- und der Heizungsanlagenverordnung, sondern insbesondere durch die veränderten Berechnungsverfahren und Bewertungsgrößen einen Einschnitt dar. Aufgrund der Erstellung bzw. Änderung der europäischen Bauproduktrichtlinien sowie von Berechnungsnormen im Baubereich war eine Anpassung der Wärmeschutz-Verordnung auch in diesen Bereichen erforderlich. Im Rahmen dieser europäischen Harmonisierung sind etliche Formelzeichen und Berechnungsverfahren geändert worden. So ist z. B. die Bezeichnung k-Wert in U-Wert geändert worden, der zwar bei Standard-Bauteilen identisch ist, bei Fenstern und zusammengesetzten Bauteilen (z. B. Gefach + Holz) jedoch modifiziert zu ermitteln ist.

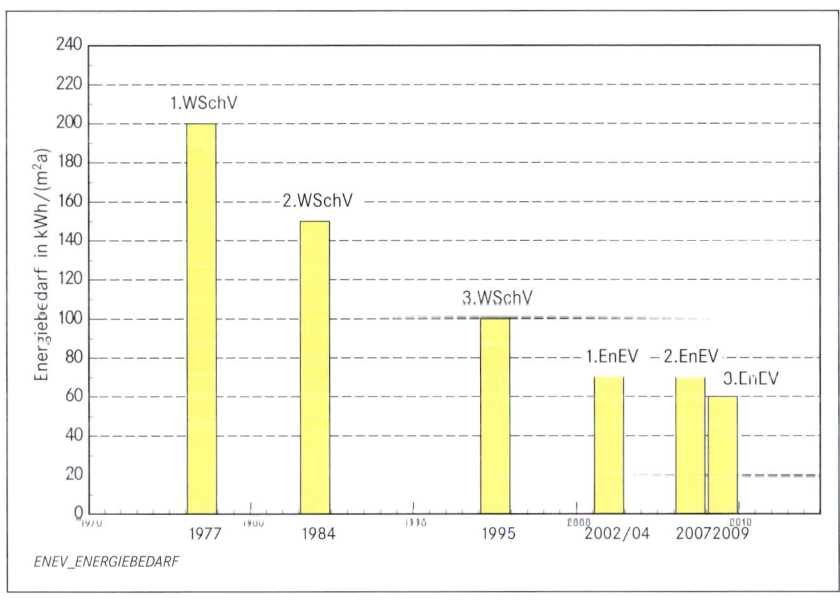

Bild 3-2
Entwicklung des durchschnittlichen Energiebedarfes bei den verschiedenen Stufen der WSchV/EnEV

Anmerkung:

Mit der Änderungs-Novelle 2004 der EnEV [25] sind lediglich redaktionelle Überarbeitungen vorgenommen worden. Auch mit der EnEV 2007 [26] wurden die Anforderungswerte nicht verändert. Jedoch kam es für Nichtwohngebäude durch die Einführung des Berechnungs-Verfahrens nach DIN V 18599 [27] (detaillierte Berücksichtigung der Komponenten für Heizung, Warmwasser-Bereitung, Kühlung und Beleuchtung) und der Einführung des Referenzgebäude-Verfahrens zu deutlichen Veränderungen. Eine weitere einschneidende Veränderung war die Einführung von Energieausweisen auch bei Bestandsbauten, wenn diese (oder Teile davon) verkauft oder vermietet werden.

Eine Verschärfung der Anforderungswerte ist dann mit der Energieeinsparverordnung 2009 [28] von ca. 30 % (beim Primärenergiebedarf) bzw. ca. 15 % (beim Endenergiebedarf) zu verzeichnen. Das Berechnungs-Verfahren nach DIN V 18599 kann nun auch alternativ für Wohngebäude angewendet werden. Aber unabhängig davon, welches Berechnungsverfahren gewählt wird, ist nun auch bei Wohngebäuden der Anforderungswert aus einem Referenzgebäude zu ermitteln.

3.3 Überblick über die EnEV

3.3.1 Allgemein

Die Energieeinsparverordnung erfordert für Neubauten bzw. bauliche Erweiterungen die Erstellung einer Energiebilanz. Bei der Bilanz sind die jährlichen Energieverluste und -gewinne durch die Außenbauteile zu betrachten, aber auch jene, die die Anlagentechnik (Heizung, Warmwasser, Lüftung bzw. eventuell Beleuchtung und Klimatisierung) hervorrufen.

Die Bilanzierung wird nach dem Monatsbilanzverfahren durchgeführt. Hinsichtlich der einzuhaltenden Grenzwerte wird nach Wohn- und Nichtwohngebäude unterschieden. Wohngebäude sind nach EnEV 2009, § 2 auch »Wohn-, Alten- und Pflegeheime sowie ähnliche Einrichtungen«. Für Wohngebäude sind der Primärenergiebedarf Q_P [kWh/(m^{2}a)] und der spezifische Transmissionswärmeverlust H'_T [W/(m^{2}K)] einzuhalten. Für Nichtwohngebäude ist neben dem Primärenergiebedarf der Mittelwert des Wärmedurchgangskoeffizienten $\bar{U}$ [W/(m^{2}K)] einzuhalten.

Im Gegensatz zur früheren Wärmeschutzverordnung WSchV ist die Bilanzgrenze bei der EnEV verschoben, sodass auch die Verluste aus der Anlagentechnik

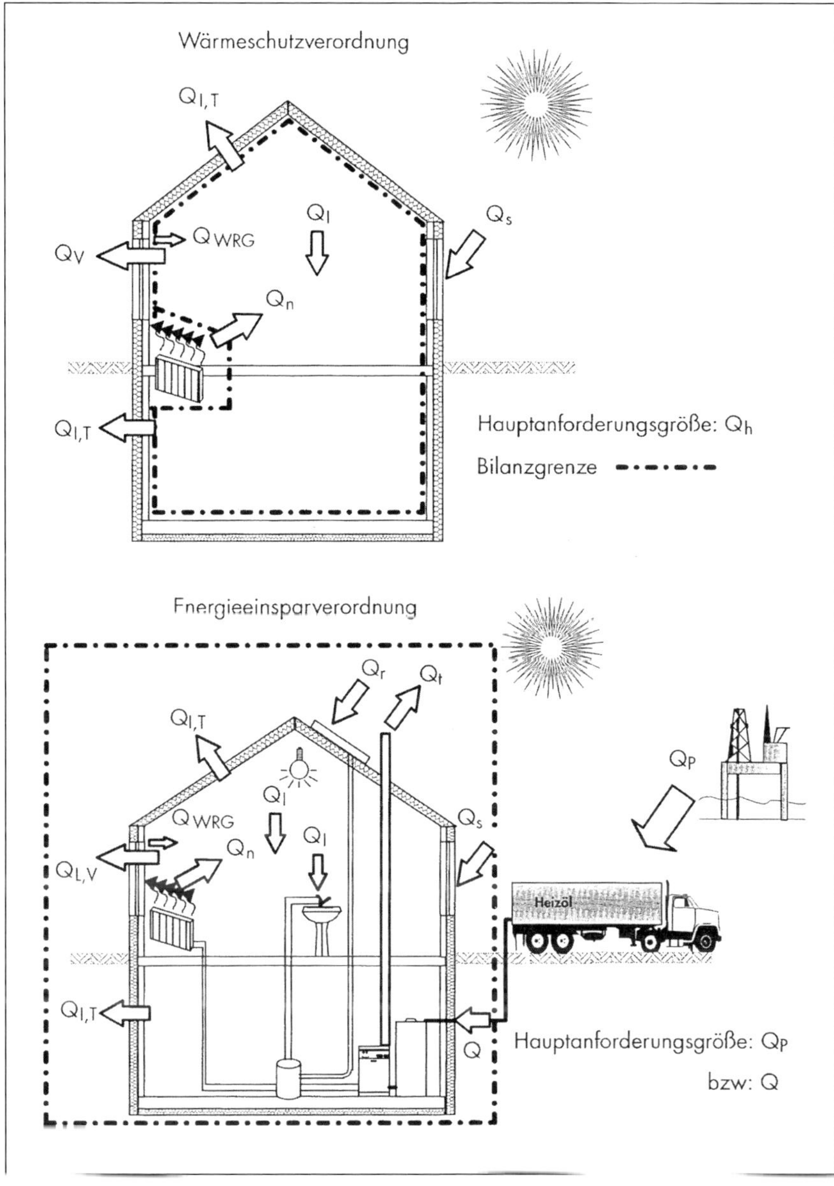

Bild 3-3
WSchV und EnEV – Bilanzgrenzen (Quelle: [29])

für Heizung, Lüftung und Warmwasser sowie die Energieträger (Öl, Gas, etc.) mit der jeweiligen primärenergetischen Vorgeschichte mit in die Bewertung eingeschlossen sind (s. Bild 3-3).

Alternativ zu diesem BILANZVERFAHREN nach EnEV, Anlage 1 bzw. 2 kann bei Bestandsgebäuden das sogenannte BAUTEILVERFAHREN nach EnEV, Anlage 3 angewendet werden.

3.3.2 Bilanzverfahren

Bei der Berechnung des Bilanzverfahrens ist nach Wohn- oder Nichtwohngebäude zu unterscheiden. Bei Wohngebäuden kann nach EnEV, Anlage 1 der Jahres-Primärenergiebedarf Q_P wie bisher auf der Grundlage der DIN EN 832 [30], DIN V 4108-6 [31] sowie DIN V 4701-10 [32] ermittelt werden. Mit der EnEV 2009 kann alternativ das Berechnungsverfahren auf der Grundlage der DIN V 18599 [27] angewendet werden. Anlagentechnisch sind die Heizung, die Warmwasserbereitung und die Lüftung zu betrachten.

Bei Nichtwohngebäuden ist nach EnEV, Anlage 2 der Jahres-Primärenergiebedarf Q_P stets auf der Grundlage der DIN V 18599 [27] zu ermitteln. Anlagentechnisch sind hier zusätzlich zu der Heizung, der Warmwasserbereitung und der Lüftung auch die Beleuchtung und eine eventuelle Klimatisierung zu betrachten.

Bei dem grundsätzlich stationären Berechnungsansatz werden die solaren Gewinne ansatzweise dynamisch berücksichtigt. Dabei wird nach EnEV standardmäßig eine monatliche Wärmebilanz erstellt, d. h. die monatlichen Bilanzergebnisse werden zum jährlichen Heizwärmebedarf aufsummiert (Monatsbilanzverfahren). Die Heizgrenztemperatur, die Tagesmitteltemperatur, ab der ein Gebäude beheizt werden muss und die damit vom wärmetechnischen Zustand des Gebäudes abhängt, wird hierbei ebenfalls monatlich ermittelt.

Die Berechnung des Primärenergiebedarfes erfolgt aus der Summe des Heizwärmebedarfes und des Trinkwasserwärmebedarfes multipliziert mit der Anlagenaufwandszahl des primärenergetischen Aufwands (Verhältnis des Aufwandes an Primärenergie zu nutzbarer Wärme des gesamten Anlagensystems).

Mit dem Berechnungsverfahren nach DIN V 18599 kann das energetische Verhalten des Gebäudes genauer erfasst werden. Dieses umfassende Regelwerk hat einen integralen Berechnungsansatz als Grundlage. Nach der Festlegung einer Zonierung (insbesondere nach Nutzungsprofilen) des Gebäudes werden die Nutzenergien je Zone aus der Gegenüberstellung der Wärmequellen und -senken bestimmt. Der Nutzenergiebedarf für Heizung und Kühlung wird dann in einem iterativen Verfahren ermittelt. Neben konstanten Bilanzanteilen, wie innere Wärmequellen aus Personen oder solare Wärmequellen, sind z. B. die Wärmeeinträge aus Heizungsverteilleitungen direkt von der Nutzenergie abhängig und werden daher iterativ berechnet. Danach werden zum Nutzenergiebedarf die technischen Verluste Speicherung, Verteilung und Übergabe berechnet. Auf dieser Grundlage können die Endenergie- und Primärenergiebilanzen ermittelt werden.

Die Endenergie (brennwertbezogen) ermittelt sich nach DIN V 18599-1 getrennt nach Energieträgern zu:

$Q_f = Q_{h,f} + Q_{h*,f} + Q_{c,f} + Q_{c*,f} + Q_{m*,f} + Q_{rv,f} + Q_{w,f} + Q_{l,f} + Q_{f,aux} \pm Q_{f,x}$

mit

$Q_{h,f}$ = Endenergie für das Heizsystem
$Q_{h*,f}$ = Endenergie für die RLT-Heizfunktion
$Q_{c,f}$ = Endenergie für das Kühlsystem
$Q_{c*,f}$ = Endenergie für die RLT-Kühlfunktion
$Q_{m*,f}$ = Endenergie für die Befeuchtung
$Q_{rv,f}$ = Endenergie für die Wohnungslüftung
$Q_{w,f}$ = Endenergie für Trinkwarmwasser
$Q_{l,f}$ = Endenergie für die Beleuchtung
$Q_{f,aux}$ = Endenergie für Hilfsenergien
$Q_{f,x}$ = Endenergie für andere Prozesse, die positiv oder negativ anzusetzen sind

Die Primärenergie, die heizwertbezogen dargestellt wird, ergibt sich wie folgt:

$$Q_p = \sum_j \left(Q_{f,j} \cdot \frac{f_{p,j}}{f_{\frac{HS}{HI}j}} \right)$$

mit

$Q_{f,j}$ = Endenergie je nach Energieträger j
f_p = Primärenergiefaktor
$f_{HS/HI}$ = Umrechnungsfaktor für die Endenergie (Verhältnis Brennwert/Heizwert)

Achtung: Es ist zu beachten, dass der Primärenergiebedarf nach DIN V 18599 heizwertbezogen, der nach DIN 4701-10 / 4108-6 ermittelte Wert jedoch brennwertbezogen ist.

Neu ist mit der Energieeinsparverordnung 2009, dass die Anforderungswerte nicht mehr über das A/V-Verhältnis des Gebäudes berechnet werden. Wie bereits bei Nichtwohngebäuden seit der EnEV 2007 wird nun auch bei Wohngebäuden der Anforderungswert über ein Referenzgebäude bestimmt. Das Referenzgebäude bildet dabei das gleiche Gebäude wie das Bestandsgebäude hinsichtlich Geometrie und Nutzung (Wärmequellen, Lüftung, etc.) ab. Der dämmtechnische Zustand der Bauteile und die anlagentechnische Ausgestaltung sind in der EnEV, Anlage 1, Tabelle 1 (bei Wohngebäuden) bzw. Anlage 2, Tabelle 1 (bei Nichtwohngebäuden) festgelegt. Diese Referenzausführungen (Beispiele siehe Tabelle 3-1a und 3-1b) legen das Anforderungsniveau der EnEV fest, zum Beispiel wird hiermit die Brennwert-Technik bei der Heizungsanlage als Standard gesetzt, was bei Abweichung durch andere Komponenten zu kompensieren wäre.

Tabelle 3-1a
Ausführung des Referenzgebäudes (Auszug für Wohngebäude, hier Bauteile) nach EnEV 2009, Anlage 1, Tabelle 1 [28]

Zeile	Bauteil/System	Referenzausführung/Wert (Maßeinheit)	
		Eigenschaft (zu Zeilen 1.1 bis 3)	
1.1	Außenwand, Geschossdecke gegen Außenluft	Wärmedurchgangskoeffizient	$U = 0{,}28\,W/(m^2 \cdot K)$
1.2	Außenwand gegen Erdreich, Bodenplatte, Wände und Decken zu unbeheizten räumen (außer solche nach Zeile 1.1)	Wärmedurchgangskoeffizient	$U = 0{,}35\,W/(m^2 \cdot K)$
1.3	Dach, oberste Geschossdecke, Wände zu Abseiten	Wärmedurchgangskoeffizient	$U = 0{,}20\,W/(m^2 \cdot K)$
1.4	Fenster, Fenstertüren	Wärmedurchgangskoeffizient	$U_w = 1{,}30\,W/(m^2 \cdot K)$
		Gesamtenergiedurchlassgrad der Verglasung	$g\perp = 0{,}60$

Tabelle 3-1b
Ausführung des Referenzgebäudes (Auszug für Wohngebäude, hier Heizungsanlage) nach EnEV 2009, Anlage 1, Tabelle 1 [28]

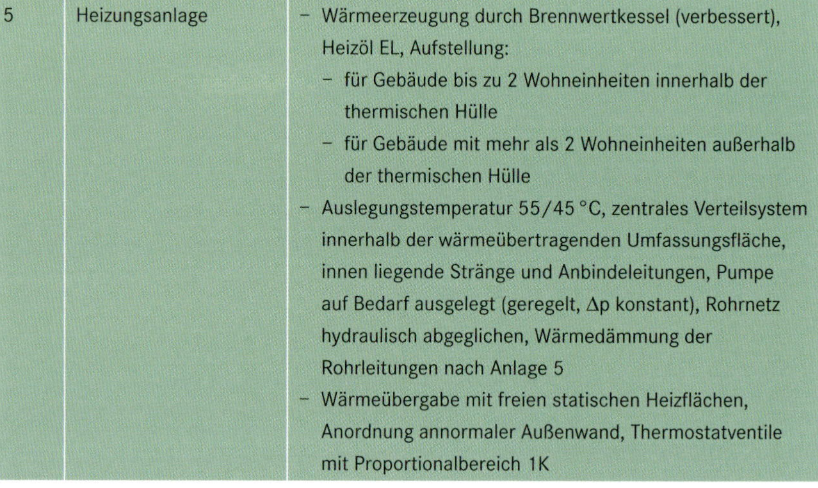

5	Heizungsanlage	- Wärmeerzeugung durch Brennwertkessel (verbessert), Heizöl EL, Aufstellung: - für Gebäude bis zu 2 Wohneinheiten innerhalb der thermischen Hülle - für Gebäude mit mehr als 2 Wohneinheiten außerhalb der thermischen Hülle - Auslegungstemperatur 55/45 °C, zentrales Verteilsystem innerhalb der wärmeübertragenden Umfassungsfläche, innen liegende Stränge und Anbindeleitungen, Pumpe auf Bedarf ausgelegt (geregelt, Δp konstant), Rohrnetz hydraulisch abgeglichen, Wärmedämmung der Rohrleitungen nach Anlage 5 - Wärmeübergabe mit freien statischen Heizflächen, Anordnung annormaler Außenwand, Thermostatventile mit Proportionalbereich 1K

Zusätzlich zu den dargestellten Ermittlungen des Jahres-Primärenergiebedarfes ist der spezifische Transmissionswärmeverlust H'_T (Wohngebäude) bzw. der Mittelwert des Wärmedurchgangskoeffizienten $\bar{U}$ (Nichtwohngebäude) zu berechnen. Mit dem Einhalten dieser Grenzwerte wird ein Mindestdämm-Niveau des Gebäudes garantiert, auch wenn z.B. eine Anlagentechnik mit einem hohen Anteil regenerativer Energien beim Nachweis des Primärenergiebedarfes ein geringeres bauliches Dämm-Niveau zulassen würde. Zu beachten ist, dass die Werte H'_T und $\bar{U}$ unterschiedlich zu ermitteln sind:

Wohngebäude:

Berechnung des spezifischen Transmissionswärmeverlustes H'_T nach DIN EN 832 und DIN V 4108-6 [31]:

$H'_T = H_T / A$ in $W/(m^2K)$

mit A als wärmeübertragende Umfassungsfläche. Der Transmissionswärmedurchgangskoeffizient H_T wird nach DIN V 4108-6:2003-06, Anhang D wie folgt ermittelt:

H_T $= \Sigma (F_{xi} * U_i * A_i) + \Delta U_{WB} * A_{ges}$ in W/K
F_{xi}: Temperaturkorrekturfaktor für das Bauteil
U_i: Wärmedurchgangskoeffizient des Bauteils
A_i: Fläche des Bauteils
ΔU_{WB}: Wärmebrückenzuschlag
A_{ges}: Flächen aller Bauteile der wärmeübertragenden Umfassungsfläche

Der Wert H'_T beinhaltet somit also auch Wärmebrücken und angepasste Temperaturkorrekturfaktoren für nicht an Außenluft grenzende Bauteile. Der so ermittelte Wert wird mit Höchstwerten nach EnEV, Anlage 1, Tabelle 2 verglichen. In der nachfolgenden Tabelle sind diese Höchstwerte für Neubauten und für Altbauten mit dem Zuschlagsfaktor für Bestandsgebäude dargestellt. Auffallend ist hier, dass eine Einstufung des Gebäudes nicht wie früher nach dem A/V-Verhältnis, sondern lediglich nach festen Gebäudetypen (freistehendes Wohngebäude etc.) vorzunehmen ist.

Gebäudetyp		Höchstwerte für H'_T	
		Neubau	Altbau
freistehendes Wohngebäude	mit $A_N \leq 350\ m^2$	0,40 W/(m²K)	0,56 W/(m²K)
	mit $A_N > 350\ m^2$	0,50 W/(m²K)	0,70 W/(m²K)
einseitig angebautes Wohngebäude		0,45 W/(m²K)	0,63 W/(m²K)
alle anderen Wohngebäude		0,65 W/(m²K)	0,91 W/(m²K)
Erweiterungen und Ausbauten von Wohngebäuden gemäß EnEV §9 (5)		0,65 W/(m²K)	0,91 W/(m²K)

Tabelle 3-2
Höchstwerte des spezifischen, auf die wärmeübertragende Umfassungsfläche bezogenen Transmissionswärmeverlusts (nach EnEV 2009, Anlage 1, Tabelle 2)

Nichtwohngebäude:

Berechnung des Mittelwertes des Wärmedurchgangskoeffizienten $\bar{U}$ gemäß EnEV, Anlage 2, Kap. 2.3:

$\bar{U} = \Sigma(A_i * U_i) / A$ in $W/(m^2K)$

mit A als wärmeübertragende Umfassungsfläche. Demnach wird die Ermittlung für vier verschiedenen Bauteilgruppen nach der Einbausituation (1. Opake Außenbauteile, 2. Transparente Außenbauteile, 3. Vorhangfassaden, 4. Glasdächer, Lichtbänder, Lichtkuppeln) wie folgt vorgenommen:

$\bar{U} = (\Sigma (A_i * U_i) + (0,5 * A_k * U_k)) / A$ in W/K
i Bauteile = Bauteile an Außenluft
k Bauteile = Bauteile gegen unbeheizte Räume oder Erdreich
(Bei Bodenplatten an Erdreich gilt, dass Flächen mehr als 5 m vom Gebäuderand entfallen können.)

In dieser Berechnung sind somit keine Wärmebrückeneinflüsse berücksichtigt und die Einbausituation ist vereinfacht abgebildet. Der so ermittelte Wert wird mit Höchstwerten nach EnEV, Anlage 2, Tabelle 2 verglichen. In der nachfolgenden Tabelle sind diese Höchstwerte ebenfalls für Neu- und Altbauten dargestellt. Hier ist der Gebäudetyp nicht maßgebend. Es wird lediglich die Bauteilgruppe für sich bewertet.

Tabelle 3-3 Höchstwerte der Wärmedurchgangskoeffizienten der wärmeübertragenden Umfassungsflächen von Nichtwohngebäuden (nach EnEV 2009, Anlage 2, Tabelle 2)

Bauteil	Höchstwerte für Ū	
	Neubau	Altbau
opake Außenbauteile	0,35 W/(m²K)	0,49 W/(m²K)
transparente Außenbauteile	1,90 W/(m²K)	2,66 W/(m²K)
Vorhangfassade	1,90 W/(m²K)	2,66 W/(m²K)
Glasdächer, Lichtbänder, Lichtkuppeln	3,10 W/(m²K)	4,34 W/(m²K)

Für bestehende Gebäude und Anlagen gilt Anlage 3 der EnEV (§ 9 - § 12) . Demnach kann bei Nachweisen nach dem obigen Bilanzverfahren ein 40 %-Zuschlag auf die zulässigen Grenzwerte berücksichtigt werden, sodass die modifizierte Forderung gilt:

vorh. $Q_P \leq 1,4 *$ zul. Q_P und vorh. $H'_T \leq 1,4 *$ zul. H'_T (bei Wohngebäuden)

vorh. $Q_P \leq 1,4 *$ zul. Q_P und vorh. $\bar{U} \leq 1,4 *$ zul. $\bar{U}$ (bei Nichtwohngebäuden)

Zu betonen ist, dass bei Bestandsgebäuden die energetische Qualität eines Bauteils und/oder einer Anlage im Rahmen einer Baumaßnahme grundsätzlich nicht verschlechtert werden darf.

Im Zuge des Bilanzverfahrens ist ein Energieausweis nach EnEV § 16 für folgende Fälle zu erstellen:

- für zu errichtende Gebäude
- für Änderungen bestehender Gebäude nach EnEV, Anlage 3
- für Erweiterungen der Nutzfläche bestehender Gebäude um mehr als die Hälfte
- für weitere Änderungen und Erweiterungen bestehender Gebäude (hier nur freiwillige Erstellung des Ausweises).

Darüber hinaus sind Energieausweise auch für Bestandsgebäude bei Verkauf und Vermietung zu erstellen (s. Kap. 3.3.8).

3.3.3 Bauteilverfahren

Nach EnEV § 9 (1) kann bei Bestandsgebäuden auch das Bauteilverfahren angewendet werden. Diese auch als »bedingte Anforderungen« bezeichneten Bestimmungen sind in der EnEV, Anlage 3 geregelt.

»Bedingte Anforderungen« bedeuten, dass wärmetechnische Maßnahmen nach dem Bauteilverfahren in dem Moment erforderlich werden, in dem Änderungsmaßnahmen (neuer Putz, neue Fenster, Erneuerung von Bauteilen etc.) durchgeführt werden - Instandsetzungsmaßnahmen also Anforderungen bedingen. Die Gründe, warum die Maßnahme durchgeführt wird, sind hierbei zunächst unerheblich. Es können z.B. Mängelbeseitigungen oder Verschönerungen sein. Die zu betrachtenden Änderungsmaßnahmen sind in EnEV, Anlage 3 Tabelle 1 festgelegt. Wichtig ist, dass die Maßnahmen den Anforderungen des EnEG § 5 (1) (»wirtschaftlich vertretbar«) genügen.

Bei dem Bauteilverfahren werden Einzelanforderungen an den U-Wert der veränderten Bauteile gestellt. Nicht erforderlich ist dieses Verfahren, wenn weniger als 10 % der Fläche des jeweiligen Bauteils geändert werden (Bagatellregelung). Greifen die EnEV-Bedingungen nicht, sind aber selbstverständlich die Anforderungen der DIN 4108 einzuhalten.

Auf dieses Verfahren wird noch näher in Kapitel 3.3.7 eingegangen.

3.3.4 Übersicht der erforderlichen Berechnungsverfahren für Bestandsgebäude und -anlagen

Eine Übersicht der erforderlichen Berechnungsverfahren für Bestandsgebäude und -anlagen gibt das nachfolgende Bild:

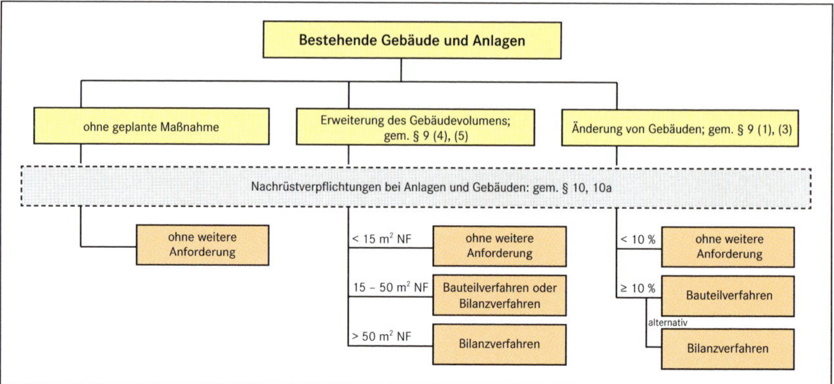

Bild 3-4
Übersicht der erforderlichen Verfahren nach EnEV für Bestandsgebäude

In jedem Fall, auch wenn keine Maßnahmen am Gebäude oder der Heizungsanlage geplant sind, gelten die Nachrüstverpflichtungen bei Anlagen und Gebäuden (s. Kap. 3.3.5).

Werden aber Baumaßnahmen geplant, ob nun eine Grundinstandsetzung, eine Verschönerungsmaßnahme oder nur eine kleinere bauliche Verbesserung, so gilt im Grundsatz, dass die energetische Qualität eines Bauteils und/oder einer Anlage im Rahmen dieser Maßnahme nicht verschlechtert werden darf.

Wie in Bild 3-4 dargestellt, sind bei der energetischen Betrachtung dieser Maßnahmen entweder das Bilanz- oder das Bauteilverfahren vorgeschrieben. In den folgenden Kapiteln werden die baulichen Maßnahmen näher beschrieben. In Tabelle 3-4 werden die Verfahren grundsätzlich gegenübergestellt.

3.3.5 Nachrüstverpflichtungen

Nach EnEV § 10 werden zum Beispiel Anforderungen an die Ausbildung von Geschossdecken zu nicht ausgebauten Dachräumen sowie an Heizungsanlagen bei Bestandsgebäuden gestellt, auch wenn keine Änderungsmaßnahme geplant ist. Diese Verpflichtungen gelten grundsätzlich. Hiervon befreit sind lediglich Eigentümer von Wohngebäuden mit bis zu zwei Wohnungen, die das Gebäude selbst bewohnen. Im Fall eines Eigentümerwechsels greifen aber auch hier die Anforderungen innerhalb einer zweijährigen Übergangsfrist.

Mit der EnEV 2009 sind auch die Außerbetriebnahme von elektrischen Speicherheizsystemen ab 01.01.2020 sowie das Nachrüsten von Klimaanlagen und RLT-Anlagen mit Be- und Entfeuchtung zu beachten. Weiterhin ist die nachträgliche Wärmedämmung der Heiz- und Warmwasserleitungen als Nachrüstverpflichtung formuliert, sobald diese zugänglich sind und sich in nicht beheizten

Tabelle 3-4 Gegenüberstellung des Bilanz- und des Bauteilverfahrens nach EnEV

Bilanzverfahren	Bauteilverfahren
Merkmale der Verfahren / Erforderliche Kennwerte	
U- Werte der Außenbauteile (wie beim Bauteilverfahren)	U-Werte der Außenbauteile – Außenwände – Fenster – Außentüren – Dächer / Decken unter nicht ausgebauten Dachräumen – Böden / Bauteile an Erdreich und unbeheizte Räume
Wärmebrücken	
Gebäudedichtheit	
sommerlicher Wärmeschutz	
Bewertung der Heizungs-Anlage	
Bewertung der Warmwasser-Anlage	
Bewertung der Lüftungs-Anlage	
Bewertung der Klimaanlage (bei Nichtwohngebäuden)	
Bewertung der Beleuchtung (bei Nichtwohngebäuden)	
Erstellen eines Energie-Ausweises	
Vorteile / Nachteile	
– komplexes Verfahren (Software erforderlich)	+ einfaches Verfahren (Handrechenverfahren)
– je nach gewähltem Berechnungsverfahren unterschiedliche Berechnungsergebnisse	
– ein geringeres Dämm-Niveau oder eine schlechtere Anlage ist auszugleichen (Kompensationsmöglichkeit, daher für Fachwerkinstandsetzungen i.allg. empfehlenswert)	– starre Anforderung eines Kennwertes, keine Flexibilität
– primärenergetische Betrachtung des Gebäudes	– nur heizenergetische Betrachtung des Gebäudes
– Nachweis nur möglich, wenn umfangreiche Änderung vorgenommen wird (Bauteile + Heizung)	+ Nachweis auch bei kleineren Maßnahmen zu führen
Bewertung	
geeignetes Verfahren bei weit reichenden Änderungen (Kompensationsmöglichkeit bei Fachwerk positiv)	sinnvolles Verfahren bei kleineren Änderungen
Nachweis vom geübten Fachmann für EnEV-Nachweise zu erstellen	Nachweis vom Baufachmann zu erstellen
Aber: Besondere Kenntnisse zur Bewertung einer Fachwerkinstandsetzung unbedingt erforderlich!	

Gebäudebereichen, z.B. im ungeheizten Keller oder Dachraum, befinden. Die differenzierten Frist-Angaben sowie die erforderlichen Dämmschichtdicken sind der Energieeinsparverordnung 2009 [28] zu entnehmen. Die Fristen zur Außerbetriebnahme alter Heizungen - unabhängig von den Anforderungen der 1.BImSchV [33] - sind inzwischen abgelaufen, werden aber weiterhin in der EnEV § 10 (1) dargestellt.

Auch im baulichen Bereich sind Nachrüstungen nach EnEV gefordert. So sind bis zum 31.12.2006 »nicht begehbare, aber zugängliche obere Geschossdecken beheizter Räume« zu dämmen gewesen, wenn diese bisher ungedämmt waren. Diese Forderung wurde mit der EnEV 2009 erweitert. Zum einen ist der Anforderungswert von $U \leq 0{,}30\,W/(m^2K)$ auf $0{,}24\,W/(m^2K)$ verschärft worden, zum anderen wurde klargestellt, dass alternativ zur Wärmedämmung der Geschossdecke auch das darüber befindliche Dach gedämmt werden kann.

Neu ist auch die Ausweitung dieser Anforderung auf begehbare Geschossdecken beheizter Räume bis zum 31.12.2011. Die bisherige Einschränkung auf nicht begehbare Geschossdecken bedeutete, dass dem Gebäudeeigentümer eine Nachdämmung nicht zugemutet werden konnte, wenn er diesen Bereich u.U. später zum Wohnraum ausbauen kann (siehe Wirtschaftlichkeitsgebot des Energieeinspargesetzes). Mit der alternativen Dämmung des Daches wurde diesem Umstand Rechnung getragen und die Forderung auch auf begehbare Geschossdecken ausgeweitet.

Wichtig erscheint hier die Klärung des Begriffs »bisher ungedämmte Geschossdecke«. Hierbei handelt es sich um eine Geschossdecke, die bisher noch gar nicht gedämmt wurde. Bei einer bereits »teilweise gedämmten Geschossdecke« entfällt die Anforderung vollständig! Diese Regelung gilt auch für bereits teilweise gedämmte Dächer (siehe [34]).

3.3.6 Bauliche Erweiterung (Anbau)

Bauliche Erweiterungen sind hinsichtlich des erforderlichen energetischen Nachweises zunächst wie Neubauten anzusehen, d.h. der Nachweis ist nach dem Bilanzverfahren zu führen. Nach den EnEV-Auslegungen [34] ist für das Referenzgebäude eine Modifikation möglich. So können für die gemeinsame Anlagentechnik, die Wärmebrücken und Dichtheit die Werte des tatsächlichen Bestandsgebäudes und nicht die der strengeren Referenzwerte angesetzt werden.

Gemäß EnEV § 9 kann jedoch bei einer Gebäude-Erweiterung um 15-50 m² Nutzfläche auch das Bauteilverfahren, d.h. die ausschließliche Beurteilung der

Bauteile des Anbaubereichs nach deren Wärmedurchgangskoeffizienten gemäß Anlage 3 , Tabelle 1 (Bauteilverfahren) herangezogen werden. Wann welches Verfahren empfehlenswert ist, ist abhängig von der bestehenden (bzw. neu installierten) Heizungsanlage sowie den (baukonstruktiven und bauphysikalischen) Möglichkeiten eines Wärmedämm-Einsatzes. Eine Gegenüberstellung der Verfahren ist in Tabelle 3-4 dargestellt.

Ist die Erweiterung kleiner als 15 m² werden nach EnEV § 8 keine Anforderungen an die Bauteile gestellt.

Eine Übersicht über die Anwendung der EnEV bei Anbauten gibt Tabelle 3-5.

Tabelle 3-5
Übersicht der erforderlichen Nachweisverfahren bei baulichen Erweiterungen

Erweiterungsfläche		Erforderlicher Nachweis für die Erweiterung
< 15 m² Nutzfläche		kein Nachweis erforderlich
15 - 50 m² Nutzfläche		wie »Neubau« Bilanzverfahren nach EnEV, Anlage 1 bzw. 2 oder Bauteilverfahren nach EnEV, Anlage 3
> 50 m² Nutzfläche		wie »Neubau« Bilanzverfahren nach EnEV, Anlage 1 bzw. 2

Ist eine Erweiterung des Gebäudes mit wärmetechnischen Maßnahmen am bestehenden Fachwerkgebäude verbunden, so besteht nach EnEV die Möglichkeit, die beiden Maßnahmen getrennt nachzuweisen (1. Nachweis: Bauliche Erweiterung, 2. Nachweis: Änderungsmaßnahmen am Bestand) oder einen gemeinsamen Nachweis für das erweiterte Gesamtgebäude zu führen. Hierfür ist dann das Bilanzverfahren zu wählen. Der gemeinsame Nachweis »rechnet« sich aber nur, wenn die Maßnahmen im Bestand weitreichend sind, sodass einerseits nur untergeordnete Bauteile (z.B. Geschossdecke zum unbeheizten Keller) nicht nachgerüstet werden und andererseits eine neue Heizungsanlage im Gebäude anzusetzen ist, da Bestandsanlagen vor etwa 2000 primärenergetisch mit begleitenden Maßnahmen eigentlich nicht ausgeglichen werden können.

Wird der Nachweis über das Bilanzverfahren geführt, so ist ein Energieausweis erforderlich. Dieses gilt auch, wenn das bestehende Gebäudevolumen um mehr als 50 % erweitert wird.

3.3.7 Änderungen von Außenbauteilen (Umbauten/Instandsetzungen)

Bei Umbauten oder Instandsetzungen sind in der Regel die »bedingten Anforderungen« nach EnEV, Anlage 3 (s. Tabelle 3-6 für die im Fachwerkbau relevanten Bauteile) maßgebend. Wie bereits oben beschrieben, gelten die »bedingten Anforderungen« nur, wenn eine Änderungsmaßnahme des Bauteils vorgenommen wird. Für die betrachteten Bauteile muss dann das Bauteilverfahren mit den Anforderungen nach Tabelle 3-7 angewandt werden.

Dieses Verfahren muss jedoch nur angesetzt werden, wenn mehr als 10 % der gesamten jeweiligen Bauteilfläche des Gebäudes geändert wird, um ansonsten wirtschaftliche Härten bei kleineren Maßnahmen zu vermeiden.

Hinsichtlich der Innendämmung und der Wärmedämmung von Fachwerkaußenwänden sind mit der EnEV 2009 [28] Veränderungen vorgenommen worden. Aus der tabellarischen Darstellung ist nun zunächst ein ausführlicher Text geworden. Im Einzelnen heißt es:

»Beim Einbau von innenraumseitigen Dämmschichten gemäß Buchstabe c [Anm.: Einbau von Dämmschichten] gelten die Anforderungen des Satzes 1 als erfüllt, wenn der Wärmedurchgangskoeffizient des entstehenden Wandaufbaus 0,35 W/(m² K) nicht überschreitet. Werden bei Außenwänden in Sichtfachwerkbauweise, die der Schlagregenbeanspruchungsgruppe I nach DIN 4108-3 : 2001-06 zuzuordnen sind und in besonders geschützten Lagen liegen, Maßnahmen gemäß Buchstabe a, c oder d [Anm.: Ersatz, erstmaliger Einbau, Einbau von Dämmschichten, Erneuerung des Außenputzes] durchgeführt, gelten die Anforderungen gemäß Satz 1 als erfüllt, wenn der Wärmedurchgangskoeffizient des entstehenden Wandaufbaus 0,84 W/(m² · K) nicht überschreitet; im Übrigen gelten bei Wänden in Sichtfachwerkbauweise die Anforderungen nach Satz 1 nur in Fällen von Maßnahmen nach Buchstabe b [Anm.: Anbringen von Bekleidungen sowie Mauerwerks-Vorsatzschalen].«

Die frühere Auslegung zu Sichtfachwerken ist mit der 11. Auslegung [34] daraufhin zurückgezogen worden.

Die dargestellte Formulierung der EnEV ist jedoch nicht eindeutig. Zur weitergehenden Erläuterung wird auf die Ausführungen in Kap. 4.3.6 verwiesen.

Tabelle 3-6
Bauteilbedingungen nach EnEV, Anlage 3 (Auszug)

Anlage 3 (zu den §§ 8 und 9)
Anforderungen bei Änderung von Außenbauteilen und bei Errichtung kleiner Gebäude; Rahmenbedingungen und Maßgaben für die Bewertung bestehender Wohngebäude

1. Außenwände

Soweit bei beheizten oder gekühlten Räumen Außenwände

a) ersetzt, erstmalig eingebaut

oder in der Weise erneuert werden, dass

b) Bekleidungen in Form von Platten oder plattenartigen Bauteilen oder Verschalungen sowie Mauerwerks-Vorsatzschalen angebracht werden,

c) Dämmschichten eingebaut werden oder

d) bei einer bestehenden Wand mit einem Wärmedurchgangskoeffizienten größer 0,9 W/(m² • K) der Außenputz erneuert wird,

sind die jeweiligen Höchstwerte der Wärmedurchgangskoeffizienten nach Tabelle 1 Zeile 1 einzuhalten. Bei einer Kerndämmung von mehrschaligem Mauerwerk gemäß Buchstabe c gilt die Anforderung als erfüllt, wenn der bestehende Hohlraum zwischen den Schalen vollständig mit Dämmstoff ausgefüllt wird. Beim Einbau von innenraumseitigen Dämmschichten gemäß Buchstabe c gelten die Anforderungen des Satzes 1 als erfüllt, wenn der Wärmedurchgangskoeffizient des entstehenden Wandaufbaus 0,35 W/(m² • K) nicht überschreitet. Werden bei Außenwänden in Sichtfachwerkbauweise, die der Schlagregenbeanspruchungsgruppe I nach DIN 4108-3 : 2001-06 zuzuordnen sind und in besonders geschützten Lagen liegen, Maßnahmen gemäß Buchstabe a, c oder d durchgeführt, gelten die Anforderungen gemäß Satz 1 als erfüllt, wenn der Wärmedurchgangskoeffizient des entstehenden Wandaufbaus 0,84 W/(m² • K) nicht überschreitet; im Übrigen gelten bei Wänden in Sichtfachwerkbauweise die Anforderungen nach Satz 1 nur in Fällen von Maßnahmen nach Buchstabe b.

2. Fenster, Fenstertüren, Dachflächenfenster und Glasdächer

Soweit bei beheizten oder gekühlten Räumen außen liegende Fenster, Fenstertüren, Dachflächenfenster und Glasdächer in der Weise erneuert werden, dass

a) das gesamte Bauteil ersetzt oder erstmalig eingebaut wird,

b) zusätzliche Vor- oder Innenfenster eingebaut werden oder

c) die Verglasung ersetzt wird,

sind die Anforderungen nach Tabelle 1 Zeile 2 einzuhalten. Satz 1 gilt nicht für Schaufenster und Türanlagen aus Glas. Bei Maßnahmen gemäß Buchstabe c gilt Satz 1 nicht, wenn der vorhandene Rahmen zur Aufnahme der vorgeschriebenen Verglasung ungeeignet ist. Werden Maßnahmen nach Buchstabe c ausgeführt und ist die Glasdicke im Rahmen dieser Maßnahmen aus technischen Gründen begrenzt, so gelten die Anforderungen als erfüllt, wenn eine Verglasung mit einem Wärmedurchgangskoeffizienten von höchstens 1,30 W/(m² • K) eingebaut wird. Werden Maßnahmen nach Buchstabe c an Kasten- oder Verbundfenstern durchgeführt, so gelten die Anforderungen als erfüllt, wenn eine Glastafel mit einer infrarotreflektierenden Beschichtung mit einer Emissivität $\varepsilon_n < 0,2$ eingebaut wird. Werden bei Maßnahmen nach Satz 1

1. Schallschutzverglasungen mit einem bewerteten Schalldämmmaß der Verglasung von $R_{w,R} \geq 40$ dB nach DIN EN ISO 717-1 : 1997-01 oder einer vergleichbaren Anforderung oder
2. Isolierglas-Sonderaufbauten zur Durchschusshemmung, Durchbruchhemmung oder Sprengwirkungshemmung nach anerkannten Regeln der Technik oder
3. Isolierglas-Sonderaufbauten als Brandschutzglas mit einer Einzelelementdicke von mindestens 18 mm nach DIN 4102-13 : 1990-05 oder einer vergleichbaren Anforderung

verwendet, sind abweichend von Satz 1 die Anforderungen nach Tabelle 1 Zeile 3 einzuhalten.

Anlage 3 (zu den §§ 8 und 9)
Anforderungen bei Änderung von Außenbauteilen und bei Errichtung kleiner Gebäude; Rahmenbedingungen und Maßgaben für die Bewertung bestehender Wohngebäude

3. Außentüren

Bei der Erneuerung von Außentüren dürfen nur Außentüren eingebaut werden, deren Türfläche einen Wärmedurchgangskoeffizienten von 2,9 W/(m^2 • K) nicht überschreitet. Nr. 2 Satz 2 bleibt unberührt.

4. Decken, Dächer und Dachschrägen

4.1 Steildächer

Soweit bei Steildächern, Decken unter nicht ausgebauten Dachräumen sowie Decken und Wände (einschließlich Dachschrägen), die beheizte oder gekühlte Räume nach oben gegen die Außenluft abgrenzen,

a) ersetzt, erstmalig eingebaut

oder in der Weise erneuert werden, dass

b) die Dachhaut bzw. außenseitige Bekleidungen oder Verschalungen ersetzt oder neu aufgebaut werden,

c) innenseitige Bekleidungen oder Verschalungen aufgebracht oder erneuert werden,

d) Dämmschichten eingebaut werden,

e) zusätzliche Bekleidungen oder Dämmschichten an Wänden zum unbeheizten Dachraum eingebaut werden,

sind für die betroffenen Bauteile die Anforderungen nach Tabelle 1 Zeile 4a einzuhalten. Wird bei Maßnahmen nach Buchstabe b oder d der Wärmeschutz als Zwischensparrendämmung ausgeführt und ist die Dämmschichtdicke wegen einer innenseitigen Bekleidung oder der Sparrenhöhe begrenzt, so gilt die Anforderung als erfüllt, wenn die nach anerkannten Regeln der Technik höchstmögliche Dämmschichtdicke eingebaut wird. Die Sätze 1 und 2 gelten nur für opake Bauteile.

5. Wände und Decken gegen unbeheizte Räume, Erdreich und nach unten an Außenluft

Soweit bei beheizten Räumen Decken oder Wände, die an unbeheizte Räume, an Erdreich oder nach unten an Außenluft grenzen,

a) ersetzt, erstmalig eingebaut

oder in der Weise erneuert werden, dass

b) außenseitige Bekleidungen oder Verschalungen, Feuchtigkeitssperren oder Drainagen angebracht oder erneuert,

c) Fußbodenaufbauten auf der beheizten Seite aufgebaut oder erneuert,

d) Deckenbekleidungen auf der Kaltseite angebracht oder

e) Dämmschichten eingebaut werden,

sind die Anforderungen nach Tabelle 1 Zeile 5 einzuhalten, wenn die Änderung nicht von Nr. 4.1 erfasst wird. Werden Maßnahmen nach Satz 1 ausgeführt und ist die Dämmschichtdicke im Rahmen dieser Maßnahmen aus technischen Gründen begrenzt, so gelten die Anforderungen als erfüllt, wenn die nach anerkannten Regeln der Technik höchstmögliche Dämmschichtdicke (bei einem Bemessungswert der Wärmeleitfähigkeit λ = 0,040 W/(m • K)) eingebaut wird.

Tabelle 3-7
Höchstwerte der Wärmedurchgangskoeffizienten bei erstmaligem Einbau, Ersatz und Erneuerung von Bauteilen (EnEV, Anlage 3, Tabelle 1)

Zeile	Bauteil	Maßnahme nach	Wohngebäude und Zonen von Nichtwohngebäuden mit Innentemperaturen ≥ 19 °C	Zonen von Nichtwohngebäuden mit Innentemperaturen von 12 bis < 19 °C
			Höchstwerte der Wärmedurchgangskoeffizienten U_{max} [1)]	
	1	2	3	4
1	Außenwände	Nr. 1a bis d	0,24 W/(m²·K)	0,35 W/(m²·K)
2a	Außen liegende Fenster, Fenstertüren	Nr. 2a und b	1,30 W/(m²·K)[2)]	1,90 W/(m²·K)[2)]
2b	Dachflächenfenster	Nr. 2a und b	1,40 W/(m²·K)[2)]	1,90 W/(m²·K)[2)]
2c	Verglasungen	Nr. 2c	1,10 W/(m²·K)[3)]	keine Anforderung
2d	Vorhangfassaden	Nr. 6 Satz 1	1,50 W/(m²·K)[4)]	1,90 W/(m²·K)[4)]
2e	Glasdächer	Nr. 2a und c	2,00 W/(m²·K)[3)]	2,70 W/(m²·K)[3)]
3a	Außen liegende Fenster, Fenstertüren, Dachflächenfenster mit Sonderverglasung	Nr. 2a und b	2,00 W/(m²·K)[2)]	2,80 W/(m²·K)[2)]
3b	Sonderverglasungen	Nr. 2c	1,60 W/(m²·K)[3)]	keine Anforderung
3c	Vorhangfassaden mit Sonderverglasungen	Nr. 6 Satz 2	2,30 W/(m²·K)[4)]	3,00 W/(m²·K)[4)]
4a	Decken, Dächer und Dachschrägen	Nr. 4.1	0,24 W/(m²·K)	0,35 W/(m²·K)
4b	Flachdächer	Nr. 4.2	0,20 W/(m²·K)	0,35 W/(m²·K)
5a	Decken und Wände gegen unbeheizte Räume und Erdreich	Nr. 5a, b, d und e	0,30 W/(m²·K)	keine Anforderung
5b	Fußbodenaufbauten	Nr. 5c	0,50 W/(m²·K)	keine Anforderung
5c	Decken nach unten an Außenluft	Nr. 5a bis e	0,24 W/(m²·K)	0,35 W/(m²·K)

1) Wärmedurchgangskoeffizient des Bauteils unter Berücksichtigung der neuen und der vorhandenen Bauteilschichten; für die Berechnung opaker Bauteile ist DIN EN ISO 6946 : 1996-11 zu verwenden.

2) Bemessungswert des Wärmedurchgangskoeffizienten des Fensters; s. EnEV, Anlage 3, Tabelle 1.

3) Bemessungswert des Wärmedurchgangskoeffizienten der Verglasung; s. EnEV, Anlage 3, Tabelle 1.

4) Wärmedurchgangskoeffizient der Vorhangfassade; er ist nach anerkannten Regeln der Technik zu ermitteln.

Die Möglichkeit einer Wirtschaftlichkeitsbetrachtung, wie sie § 25 der EnEV ermöglicht, gilt für alle baulichen Maßnahmen, die in der EnEV beschrieben sind. Bei den in der EnEV aufgeführten Maßnahmen wird im Allgemeinen eine Wirtschaftlichkeit für die gleichzeitige wärmetechnische Nachrüstung des Bauteils unterstellt. Bestehen hierzu insbesondere im Fachwerkbau Zweifel, sollte ein entsprechender Nachweis geführt werden (s. Kap. 3.4).

Alternativ zum dargelegten Bauteilverfahren, also dem Einhalten vorgegebener U-Werte, kann bei Änderungen von Bauteilen auch das Bilanzverfahren als Nachweis gewählt werden. Wie bereits beschrieben, ist dieses erfahrungsgemäß nur sinnvoll, wenn die Maßnahmen im Bestand weitreichend sind. Wenn dabei jedoch die bestehende Heizungsanlage (Baujahr etwa vor dem Jahr 2000) im Gebäude verbleibt, sollte das Bauteilverfahren angewendet werden.

Nach EnEV § 16 ist ein Energieausweis für Gebäude erforderlich, wenn bei Änderungen von Außenbauteilen eine Bilanzberechnung vorgenommen wurde.

3.3.8 Energieausweise bei Bestandsgebäuden

Mit der EnEV 2007 wurde die Erstellung eines Energieausweises für Bestandsgebäude gefordert, wenn das Gebäude oder Teile davon verkauft oder vermietet werden. Über den Weg der Energieausweise ist es möglich, beim Gebäudeeigentümer einen Druck zur energetischen Verbesserung seines Gebäudebestandes zu erzeugen, auch wenn dieser bisher keine baulichen Maßnahmen geplant hatte.

Der Energieausweis, der eine Gültigkeit von zehn Jahren hat, umfasst fünf Seiten. Für Wohngebäude und Nichtwohngebäude wird jeweils ein eigener Ausweis erstellt (Mischgebäude erhalten mehrere Ausweise). Der Aufbau ist jeweils wie folgt:

Seite 1: Deckblatt (Gebäudeadresse, Baujahr, Foto)
Seite 2: Darstellung der Energiekennwerte auf der Basis des berechneten Energiebedarfs (wenn hiernach ermittelt)
Seite 3: Darstellung der Energiekennwerte auf der Basis des gemessenen Energieverbrauchs (wenn hiernach ermittelt)
Seite 4: Begriffserklärungen
Zusatzblatt: Modernisierungsempfehlungen (wenn diese zu formulieren sind).

Nach der Energieeinsparverordnung ist ein Energieausweis für Bestandsgebäude auf der Basis des Energiebedarfs nur bei Wohngebäuden mit bis zu vier Wohneinheiten (wenn der energetische Standard nicht der Wärmeschutzverordnung 1977 entspricht) zwingend zu erstellen. Für alle anderen Gebäude, also bei Nichtwohngebäuden generell, besteht Wahlfreiheit zwischen dem bedarfsbasierten und verbrauchsbasierten Energieausweis (siehe Bild 3-5).

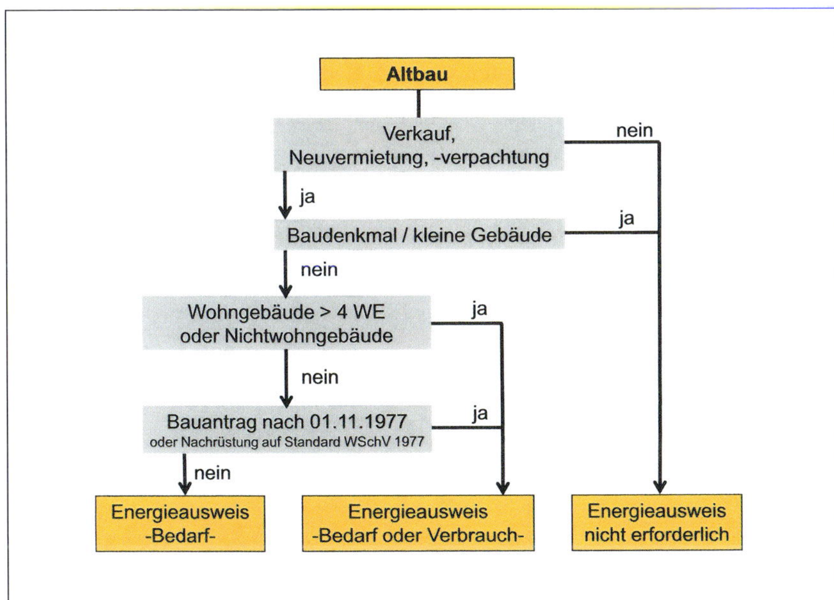

Bild 3-5
Erfordernis des Energieausweises bei Verkauf und Vermietung von Altbauten

Entgegen dem Berechnungsverfahren für Neubauten, bei denen nur ein Energieausweis auf der Grundlage des Energiebedarfs (rechnerische Ermittlung mit standardisierten Randparametern) zulässig ist, kann somit bei Bestandsgebäuden häufig auch ein Energieausweis auf der Grundlage des Energieverbrauchs (Ermittlung nach Verbrauchsabrechnungen) erstellt werden. Leider weichen die beiden Ausweise teilweise stark voneinander ab. (Für Energieberatungen soll eine weitestgehende Angleichung dieser beiden Werte erfolgen. Das Beiblatt 1 der DIN V 18599 [35] bietet hierzu einige Hinweise.) Anzumerken ist, dass selbstgenutzte Gebäude (hier u. a. die Mehrzahl der über 10 Millionen Einfamilienhäuser in Deutschland) nicht von der Energieausweis-Regelung im Bestand erfasst werden.

Als Ergänzung zum Energieausweis sind nach § 20 der EnEV Modernisierungsempfehlungen zum Gebäude bzw. zur Anlagentechnik zu formulieren. Dabei sind »kostengünstige Verbesserungen der energetischen Eigenschaften des Gebäudes« zu benennen (siehe auch [36]).

3.3.9 Umsetzung der EnEV

Die EnEV ist in die Praxis auch ohne weitere Bestimmungen der Bundesländer umzusetzen. Die Bundesländer können jedoch Durchführungserlasse oder Umsetzungsverordnungen veröffentlichen, um das Vorgehen hinsichtlich der

Erstellung, Vorlage und Prüfung der Nachweise sowie der Kontrolle der Bauausführung zu regeln. Weiterhin können dabei Zuständigkeiten der Behörden oder bestimmte Hinweise zu Ausnahmen und Befreiungen geklärt werden.

In den einzelnen Bundesländern bestehen leicht unterschiedliche Anforderungen hinsichtlich des baupraktischen Ablaufs. Die Zuständigkeit zur Überwachung der EnEV obliegt den unteren Bauaufsichtsbehörden.

In Nordrhein-Westfalen ist beispielsweise ein System der »staatlich anerkannten Sachverständigen für Schall- und Wärmeschutz« verankert worden. Während der Bauausführung muss der oder die Sachverständige durch stichprobenhafte Kontrollen bescheinigen, dass die baulichen Anlagen und deren energietechnische Ausrüstung entsprechend dem geführten Nachweis ausgeführt wurden.

Eine weitere Kontrollmöglichkeit ist in EnEV 2009 § 26a neu hinzu gekommen. Für Änderungen von Außenbauteilen nach § 9 (1) Satz 1 (»Bauteilverfahren«), Dämmungen der obersten Geschossdecke nach § 10 (3), (4) oder der erstmalige Einbau von Heizkesseln nach § 13, Verteilungseinrichtungen oder Warmwasseranlagen nach § 14 oder Klimaanlagen oder sonstige Anlagen der Raumlufttechnik nach § 15 muss nach Durchführung der Arbeiten eine Unternehmererklärung erstellt werden.

Die Kontrollen der anlagentechnischen Nachrüstverpflichtungen wurden bereits bisher durch die Bezirksschornsteinfeger durchgeführt, aber es fehlte an der gesetzlichen Grundlage. Mit der EnEV 2009 § 26b werden nun die Bezirksschornsteinfeger speziell ermächtigt, die Kontrollen der Heizkessel, der Umwälzpumpen und der Wärmeverteilungs- und Warmwasserleitungen im Rahmen der Feuerstättenschau durchzuführen. Bei nicht durchgeführter Nacherfüllung und Fristüberschreitung werden die nach Landesrecht zuständigen Behörden informiert.

Auch durch die medialen Diskussionen über Klimaveränderungen und das Ansteigen der Energiekosten wird die Energieeinsparung für Bauherren, Architekten und Behörden zunehmend wichtiger. Die Akzeptanz des Energieausweises ist aktuell bei Immobiliengeschäften, insbesondere bei Vermietungen, jedoch noch relativ gering [37].

3.4 Ausnahmen und Befreiungen

Wie bereits im Energieeinspargesetz benannt, sind die Forderungen der EnEV nur umzusetzen, wenn dies nach dem Stand der Technik sowie unter wirtschaftlichen Gesichtspunkten erfolgen kann.

Ohne Antrag können nach EnEV § 24 Ausnahmen zu den Anforderungen der EnEV in Anspruch genommen werden. Als Ausnahmegründe gelten bei der Instandsetzung von Fachwerkgebäuden:

- Bei dem Gebäude handelt es sich um ein Baudenkmal.
- Bei dem Gebäude oder bei Gebäudeteilen handelt es sich um besonders erhaltenswerte Bausubstanz.

Die Regelung wird wirksam, wenn durch »die Erfüllung der Anforderung dieser Verordnung die Substanz oder das Erscheinungsbild beeinträchtigt würde und andere Maßnahmen zu einem unverhältnismäßig hohen Aufwand führen würden«.

Nach EnEV § 25 können auf Antrag zudem Befreiungen von den zuständigen Behörden ausgesprochen werden, wenn »die Anforderungen im Einzelfall wegen besonderer Umstände durch einen unangemessenen Aufwand oder in sonstiger Weise zu einer unbilligen Härte führen«. Dies kann vorliegen, wenn eine Wirtschaftlichkeit der Maßnahme innerhalb der üblichen Nutzungsdauer nicht vorliegt. In diesem Zusammenhang kann u. a. dargelegt werden, dass preiswerte Systemlösungen auf Grund bauphysikalischer Besonderheiten der vorliegenden Konstruktion nicht möglich sind und nur aufwendige Maßnahmen in Frage kommen, die eine extreme Erhöhung des Mietzinses etc. nach sich ziehen und somit zu einer Unwirtschaftlichkeit über einen langen Zeitraum führen.

Entsprechende Formulare für Befreiungsanträge, die für die Bundesländer z. T. unterschiedlich gestaltet sind, können im Fachhandel oder online bezogen werden. In der Regel sind derartige Formulare in Vordruck-Software-Paketen für Architekten und Ingenieure enthalten.

3.5 Auslegungen der EnEV

Bis Frühjahr 2012 lagen sechszehn Auslegungsstaffeln zur EnEV, veröffentlicht durch das Deutsche Institut für Bautechnik (DIBt) [34], vor. Den Gebäudebestand betreffend wurden verschiedene Auslegungen, beispielsweise

- zur Putzerneuerung
- zur Bagatellregelung
- zur Flachdacherneuerung
- zur Erneuerung der Dachhaut von Steildächern
- zum Leerstand und
- zur obersten Geschossdecke

ausgearbeitet.

3.6 Probleme bei der Umsetzung der EnEV

Aus der praktischen Arbeit mit der EnEV haben sich einige Probleme bzw. Diskussionen ergeben, die im Folgenden dargestellt werden.

Die Aspekte des Bilanzverfahrens sind hier bezüglich der baulichen Erweiterung (Anbau) oder der möglichen Wahl dieses Berechnungsverfahrens ebenso wie die des Bauteilverfahrens mit aufgeführt.

Hoher Stellenwert der Anlagentechnik

Es hat sich gezeigt, dass der Einfluss der Anlagentechnik sowie die Wahl des Energieträgers deutlich dominant sind. Ohne die Verwendung einer energieeffizienten Anlagentechnik und/oder die Wahl von erneuerbaren Energieträgern ist der Nachweis nach dem Bilanzverfahren häufig nicht mehr einzuhalten. Für historische Bauten kann dieser hohe Stellenwert der Anlagentechnik aber auch eine Chance sein, da der Fokus primär nicht auf den Bauteilen liegt.

Hoher Stellenwert der Energieträger

Als weiterer Kritikpunkt ergibt sich in der bisherigen Praxis die Gewichtung der Energieträger. Auch wenn die Motivation des Verordnungsgebers zur Förderung erneuerbarer Energien (auch im Kontext mit dem EEWärmeG [38]) verständlich und erforderlich ist, so ist es dem Bauherrn schwer zu erklären, dass er in einem Fall sein Gebäude weniger und in einem anderen Fall (vielleicht schon in der Nachbargemeinde, die z. B. keinen Anschluss an ein Fernwärme-Netz aus Kraft-Wärme-Kopplung hat) deutlich stärker dämmen muss.

Rechnerischer Nachweis mit Altanlagen nicht einzuhalten

Mit der DIN 4701-12 [39] können Altanlagen der Beheizung und Warmwasserbereitung rechnerisch erfasst werden. Die grobe Einteilung der Altanlagen führt jedoch zu hohen Energieaufwandszahlen e_P, die mit baulichen Dämmschutzmaßnahmen nicht auszugleichen sind. Der Nachweis nach Bilanzverfahren ist somit für Bestandsgebäude mit Heizungsanlagen älter als ca. 1994 eigentlich nicht einzuhalten, selbst wenn der 40%-Zuschlag angesetzt wird. Gleichwohl ist zu berücksichtigen, dass derartige Anlagen inzwischen häufig ihre Lebensdauer erreicht haben.

Fehlende primärenergetische Betrachtung des Bestandsgebäudes

Fachwerk-Bestandsgebäude sind in vielen Fällen (deutlich) älter als 100 Jahre. Die primärenergetische Berücksichtigung des Energieinhalts der verwendeten Baustoffe (»graue Energie«) und der bei einer Sanierung nur gering erforderliche Einsatz von Neubaustoffen fehlen in der EnEV-Bewertung jedoch völlig.

Hohe Anforderungen für Bestandsbauteile

Mit der EnEV 2009 wurden die Anforderungen an die Bauteile um ca. 20 bis 30% erhöht. Die neuen Anforderungswerte bedeuten für Fachwerkgebäude (auch wenn kein Denkmalschutz vorliegt) teils unlösbare Aufgaben.

Überbewertung des U-Wertes beim Bauteilverfahren

Durch die reine Vorgabe von U-Werten bei den »bedingten Anforderungen« (Erfordernis wärmetechnischer Maßnahmen nach dem Bauteilverfahren, sobald Änderungsmaßnahmen am Bauteil durchgeführt werden) wird der Eindruck erzeugt, dass diese bei Bestandsgebäuden jederzeit problemlos einzuhalten sind. Gerade bei Bestandsgebäuden – und für Fachwerkgebäude gilt dieses besonders – kann das Streben nach geringen U-Werten jedoch häufig zu Bauschäden führen. Ein übliches Beispiel für die negativen Folgen einer unreflektierten U-Wert-Anwendung ist die Schimmelpilz-Problematik, die insbesondere nach einem alleinigen Austausch der Fenster zu verzeichnen ist.

Die Forderung nach einem Instandsetzungskonzept unter Berücksichtigung aller Aspekte scheint erforderlich.

Statische Verweise auf Normen

Durch die statischen Verweise in der EnEV wird selbst bei der Neuausgabe einer Norm (wie z. B. bei der DIN V 18599-100 [40]) weiter auf die Altausgabe verwiesen. Dieses führt zu Verunsicherungen, da der Nachweis mit einer überholten Norm erstellt werden muss/müsste.

Teils wird dieser formal schwer zu behebende Missstand über spezielle Auslegungen wieder behoben.

Fehlende Kontrolle während der Bauausführung

Die alltägliche Praxis zeigt, dass die Kontrollen, inwieweit die baulichen Anlagen entsprechend dem geführten EnEV-Nachweis ausgeführt wurden, eher selten durchgeführt werden. Hierbei ist in erster Linie die Bauleitung anzusprechen, bei der die energetischen Fragestellungen häufig einen untergeordneten Stellenwert besitzen und daher im Baualltag »untergehen«. Mit einer Schlusskontrolle durch die Bauordnungsbehörden oder andere können die dann verbauten Dämmschichtdicken und -qualitäten nur noch begrenzt festgestellt werden.

So sind unabhängige Kontrollen während der Bauausführung erforderlich. Hierzu kann z. B. auf das Vorgehen in Nordrhein-Westfalen verwiesen werden.

In der Baupraxis ergeben sich aber auch dort Probleme, wenn dem Sachverständigen kein Bauzeitenplan zur Ansetzung der Kontrollen übermittelt wird. So kann die zu erstellende Endbescheinigung formal nicht ausgestellt werden – wird diese doch »in gutem Glauben« erstellt, kann dieses zu einer rechtlichen Gratwanderung für den Aussteller werden.

Sanierungsdruck durch Energieausweise im Bestand

Der mit den Energieausweisen aufgebaute (und zunächst einmal wünschenswerte) Sanierungsdruck kann bei sensibler Bausubstanz jedoch zu Maßnahmen führen, die ausschließlich eine energetische Verbesserung im Blickfeld haben und weitere Aspekte negieren. So ist stets auch der Gebäudebestand mit seinen Grenzen zu berücksichtigen. Diese Grenzen können unterschiedlicher Art sein: So kann es infolge der Maßnahmen beispielsweise zu baukonstruktiven/bauphysikalischen Problemen kommen, zu einem Verlust von Schmuckelementen der Fassade oder zu einem Einbau von ungeeigneten Bauelementen. Auch Fehleinschätzungen bei vorhandener Durchfeuchtung der Bausubstanz oder hinsichtlich einer falsch angeordneten Innendämmung (z. B. in Wärmebrückenbereichen) können zu weitreichenden Schäden führen. Insbesondere bei Innendämmungen sind bei dem jeweiligen Projekt die feuchtetechnischen Verhältnisse zu untersuchen, da ansonsten zu befürchten ist, dass Bauschäden infolge der energetischen Verbesserungsmaßnahmen deutlich zunehmen werden. Als Problempunkte können z. B. genannt werden:

- Feuchte oder versalzte Bauteiluntergründe des Bestandes
- Vorgaben der Bestandskonstruktion (z. B. vorhandene dampfsperrende Schichten)
- Tauwasserproblematik infolge Diffusion und/oder Kapillarität
- Feuchteschäden infolge Konvektion bei leichten Vorsatzschalen
- Wärmebrücken einbindender Bauteile
- behinderte Abtrocknung von eingedrungener Feuchte infolge Schlagregenbelastung.

Modernisierungsempfehlungen beim Energieausweis

Aufgrund der Vielzahl der örtlichen Vorgaben bergen die nach EnEV geforderten »kostengünstigen Modernisierungsempfehlungen« Risiken, da mit diesen Empfehlungen keine Beurteilung der praktischen Durchführbarkeit einher geht. Somit besteht die Gefahr von Bauschäden, die bis zum Substanzverlust führen können. Im Einzelfall sind somit u. U. weitergehende bauphysikalische Betrachtungen notwendig. Um die erwähnten Gefahren fachgerecht beurteilen zu können, muss selbstverständlich der Ersteller des Energieausweises entsprechend aus- oder fortgebildet sein.

Datenerfassung

Problematisch ist in diesem Zusammenhang auch die nach EnEV § 17 (5) mögliche Bereitstellung der erforderlichen Gebäudedaten durch den Eigentümer. Hierzu stellen sich Fragen bezüglich der Genauigkeit der Daten, die unwissentlich oder wissentlich von diesem beeinflusst werden können. Der in den Beschlussfassungen zur Neufassung der Verordnung dargestellte Hinweis, dass der Aussteller diese Daten nicht zur Berechnung heranziehen darf, wenn »begründeter Anlass zu Zweifeln an deren Richtigkeit« besteht, greift zu kurz, da dieser Zweifel sicher erst bei schwerwiegenden Falschangaben gegeben scheint. Der Ausweis-Ersteller wird mit diesem Problem allein gelassen, auch wenn mit der EnEV 2009 der Eigentümer als Verantwortlicher für die Daten hervorgehoben wird.

Qualitätsgesicherte Angaben zum Energieausweis können jedenfalls nicht gegeben werden, wenn der Ausweis ohne Ortstermin erstellt wird. Für eine sachgemäße Beurteilung der Bestandssituation – und das gilt für Fachwerkbauten insbesondere – ist eine Besichtigung des Objektes durch den Energieausweis-

Ersteller ohnehin obligatorisch. Die erforderlichen Verbesserungsvorschläge können weiterhin fachgerecht nur dann erarbeitet werden, wenn die Schwachstellen des Gebäudes lokalisiert werden. Dieses bedeutet zum einen das Erfordernis der Projekt-Besichtigung, zum anderen eine bedarfsbasierte Ermittlung des Ausweises, da nur auf diese Weise schwach gedämmte Bauteile zugeordnet werden können.

In diesem Zuge ist auch vor der unbedachten Anwendung der pauschalisierten Vorgaben nach den Bekanntmachungen des Bundes [41] zu warnen, die bei bedarfsbasierten Energieausweisen angewendet werden dürfen. In diesen Bekanntmachungen werden U-Werte für Fachwerkwände lediglich nach Baualtersklasse vorgegeben. Für diese vereinfachten Ausweise mag dieser Ansatz noch in Ordnung sein, für weitere Betrachtungen des Fachwerkgebäudes ist die Verwendung dieser Daten jedoch nicht ausreichend.

Energieausweis oder Energieberatung

Neben der Lokalisierung der Schwachstellen und der Betrachtung der technischen Grenzen ist beim Gebäudebestand selbstverständlich die Wirtschaftlichkeit einer Verbesserungsmaßnahme zu betrachten. Auch wenn der Energieausweis nur ein »Initial-Papier« sein soll, so werden doch in der Praxis diesbezügliche Fragen gestellt, da die Medien-Informationen zum Energieausweis eine falsche Erwartungshaltung aufbauen. Etliche Anfragen von Gebäudeeigentümern zeigen, dass unter dem Begriff »Energieausweis« sehr häufig eine »Energieberatung« verstanden wird. Dieses kann der Ausweis aber nicht leisten. Der Energieausweis stellt lediglich einen Zustand des Gebäudes und der Anlagentechnik dar.

Und was bringt ein Ausweis auf der Basis des Energieverbrauchs, wenn der Nutzer besonders sparsam oder eben besonders verschwenderisch war? Und was bringen Empfehlungen ohne Wirtschaftlichkeitsbetrachtungen für den Eigentümer?

Letztlich führt bei der überwiegenden Zahl des Gebäudebestandes (insbesondere bei Fachwerkgebäuden) kein Weg an einer fachgerechten Energieberatung vorbei. Hierauf hatte bereits 2007 eine Initiative hingewiesen [21]. Zu einer Energieberatung gehören mindestens eine Erfassung und Beurteilung des Ist-Zustandes, eine Schwachstellenanalyse sowie mehrere Verbesserungsvarianten, die technisch und wirtschaftlich überprüft und optimiert werden.

In diesem Zusammenhang ist kritisch darzustellen, dass das Förderprogramm »Energieeffizient Sanieren« der KfW zunehmend Maximalanforderungen an das energetische Niveau des sanierten Altbaus stellt, sodass viele Eigentümer von Fachwerkgebäuden nicht mehr in den Genuss der verbilligten Darlehen kommen können, da gebäudespezifische Begrenzungen zu berücksichtigen sind. Für diese bleiben dann lediglich die weniger lukrativen Einzelmaßnahmen, die aufgrund der Verschärfungen auch nur teilweise umgesetzt werden können. Die WTA, Regionalgruppe Deutschland, forderte daher gemeinsam mit anderen Verbänden die Einführung eines KfW-Programmes, das den besonderen Gegebenheiten denkmalgeschützter Gebäude Rechnung trägt [42]. Diese Bemühungen führten dazu, dass ab 01.04.2012 eine Erweiterung des Förderprogramms für ein »Effizienzhaus Denkmal« vorgenommen wird. Zur Beurteilung ist der Einsatz speziell fortgebildeter Energieberater für Baudenkmale erforderlich.

Ausstellungsberechtigte für Bestands-Energieausweise

Die Energieausweise können von einem relativ offenen Personenkreis erstellt werden. Der Auftraggeber bei historischen Fachwerkgebäuden ist jedoch gut beraten, im Vorfeld zu überlegen, wen er mit dem Energieausweis für sein Gebäude beauftragt, da insbesonderere die Modernisierungsempfehlungen – obwohl bisher nur »informativ« – Auswirkungen auf die Gebäudesubstanz haben können.

3.7 Ausblick

Mit der Neufassung der Europäischen Gebäudeeffizienzrichtlinie EPBD [43] werden Anforderungen gestellt, die national umgesetzt werden müssen. Obschon mit der vorhandenen Energieeinsparverordnung bereits viele Aspekte berücksichtigt sind, müssen einige Aspekte mit einer Neufassung der EnEV noch folgen. Insbesondere ist hierbei zu nennen:

- Für Neubauten sollen »höchste Energieeffizienzstandards« (sogenannte »Niedrigstenergiehäuser«) bis zum 31.12.2020 umgesetzt werden. Vermutlich wird sich dieses Niveau am Passivhaus-Niveau orientieren.
- Für Bestandsgebäude wird in den kommenden Jahren ebenfalls eine Verschärfung zu erwarten sein.
- In gewerblichen Immobilienanzeigen muss künftig der Energiekennwert aus dem Energieausweis angegeben werden.
- Bei Abschluss eines Kauf- oder Mietvertrages muss der Energieausweis ausgehändigt werden (bisher nur »zugänglich gemacht werden«).

Die Bundesregierung hat zudem am 28.09.2010 ein nationales Energiekonzept [44] vorgelegt, das von den Bundesministerien BMVBS und BMWi erarbeitet wurde. Hierin sind u. a. auch Vorgaben für die energetische Gebäudesanierung gemacht. Diese sehen für 2050 einen »nahezu klimaneutralen Gebäudebestand« vor. Dabei sollen der Wärmebedarf bis 2020 um 20 % und der Primärenergiebedarf bis 2050 um 80 % gegenüber dem Ist-Zustand gesenkt werden.

Um diese Ziele zu erreichen, soll eine Verdopplung der jährlichen Sanierungsrate von 1 auf 2 % erreicht werden. Das Konzept beinhaltet u. a. die folgenden Punkte:

- Anforderungen für die energetisch schlechtesten Gebäude bis 2020 (Anforderungen »vergleichsweise moderat«)
- Sanierungsfahrplan »Klimaneutraler Gebäudebestand« von 2020 bis 2050 auf der Basis der Primärenergie
- CO_2-Gebäudesanierungsprogramm und Marktanreizprogramm »Erneuerbare Energien« werden besser ausgestattet
- Prüfung von steuerlichen Abschreibungen der Sanierungs-Investitionen,
- Prüfung der ausgewogenen Novellierung des Mietrechts (z. B. Vergleichsmietenregelung)
- Erweiterung der Möglichkeiten des Energie-Contracting
- Anpassung der Energiesteuern des Wärmemarktes an CO_2-Emissionen
- Die Bundesregierung wird für ihre künftigen Neubauten und bei bestehenden Liegenschaften eine Vorbildfunktion bei der Reduzierung des Energieverbrauchs einnehmen.

Aus diesem Konzept ist abzulesen, dass deutliche Maßnahmen im Gebäudebestand notwendig sind. Es ist jedoch festzuhalten, dass der ursprünglich vorgesehene Sanierungszwang im endgültigen Konzept nicht mehr dargestellt wird. Vielmehr sollen nun »Anreize« gesetzt werden. Weiterhin ist hervorzuheben, dass zwar eine deutliche Reduzierung des Energiebedarfs von Bestandsgebäuden beschrieben wird, das Ziel aber ausschließlich primärenergetisch definiert wird.

Neufassungen der Energieeinsparverordnung sind etwa für 2012/2013, 2016 und 2020 zu erwarten.

4 Fachwerkaußenwand

4.1 Ortsbild und Städtebau

Das Bauen mit Holz - zunächst ausgehend vom primitiven Hüttenbau bis hin zum konstruktiven Holzbau - kann als Grundlage für das menschliche Siedlungswesen angesehen werden. Neben vielen anderen Vorteilen besaß gerade der Werkstoff Holz diesen, dass er, zudem als nachwachsender Rohstoff, in weiten Teilen Europas vor Ort zur Verfügung stand. Archäologische Forschungsergebnisse zeigen uns mittlerweile auf, dass Zelte in Kegelform aus einem Holz-Stangengerüst nomadisierenden Jägern in Mitteleuropa wahrscheinlich bereits 12.000 Jahre v. Chr. als Witterungsschutz dienten [45]. Erst mit der Jungsteinzeit fing der Mensch an, den doch primitiven Hüttenbau weiter zu entwickeln und der konstruktive Holzbau gewann zunehmend an Bedeutung. Nachfolgende unterschiedliche Entwicklungen ergaben sich insbesondere durch regional unterschiedliche Holzvorkommen, die die entsprechende Entwicklung der Konstruktionsformen entscheidend mit prägten.

Sichtfachwerk

Sicher ist, dass über Jahrhunderte hinweg das Baugeschehen in weiten Teilen Mitteleuropas durch den Kulturträger »Fachwerk« beherrscht wurde. Die einfache Fachwerkbauweise diente aber nicht nur dem Bauern im ländlichen Lebensumfeld, sondern ebenso dem mit dem Aufblühen der städtischen Orte beschäftigten Bürger [46]. Quellen berichten über mittelalterliche Stadtgründungen, in diesem Falle aus Oberschwaben: »... der Adel baut seinen Wehr- und Wohnturm in der Nähe der Stadtmauer, die Bauern ihre Holzhäuser (gleichbedeutend mit Fachwerk) ... an den Straßen im Stadtinnern.« [47]

Besonders seit dem 15. Jahrhundert gewinnt das Sichtfachwerk zunehmend an Bedeutung selbst für die Errichtung repräsentativer Bauten. Erinnert werden soll an dieser Stelle an die noch erhaltenen Zunftbauten und Rathäuser in Sichtfachwerkbauweise in vielen Orten. Nicht nur der Steinbau galt etwas in der Bevölkerung, sondern auch für standesbewusste, große Bauwerke fand die Bauweise in Holz durchaus Verwendung; es war sogar möglich, seine Bedeutung im Gemeinwesen zu demonstrieren [46]. Über einen langen Zeitraum war so die Fachwerkbauweise in ihren verschiedenen Ausdrucksformen selbstverständlicher und durchaus bestimmender Teil europäischen Siedlungswesens. Fachwerkbauten sind somit ein gestaltender und prägender Bestandteil des Städtebaus und unserer gewachsenen Baukultur.

Bild 4-1
Ländliches Fachwerkhaus (ehemalige Fischerkate im Ostseebad Wustrow)

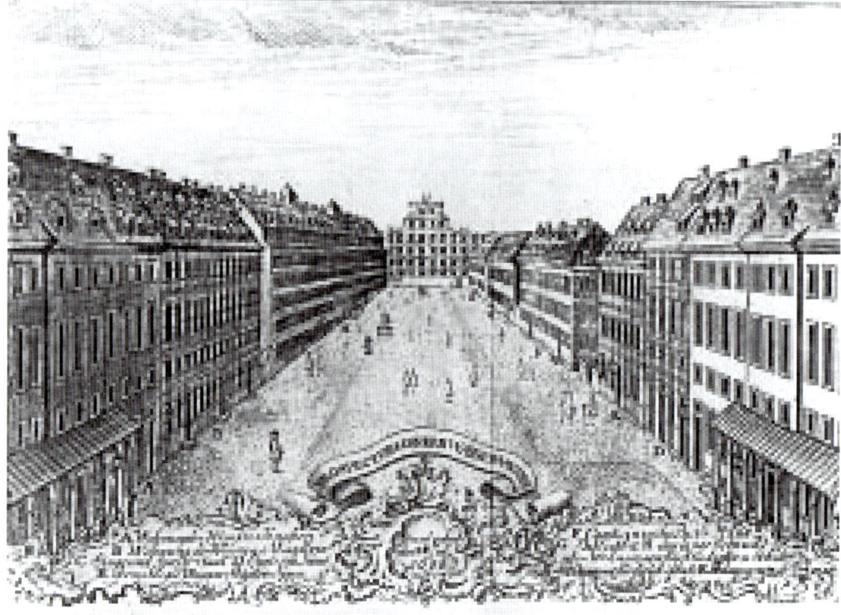

Bild 4-2
Repräsentatives städtisches Fachwerkhaus (Franckesche Stiftungen in Halle/S., Darstellung um 1749, Quelle: [72])

Hinzu kommt, wie es der Baumeister Behse im Jahr 1865 treffend beschreibt, dass der Holzbau (das Fachwerk) »... trockner als der Massivbau (sei), er kann mindestens ein halbes Jahr früher bewohnt ... werden« [46]. Ein Vorteil, der selbst in heutiger Zeit nicht so leicht von der Hand zu weisen ist.

Weiterführende Literatur zur Entwicklung der Fachwerkbauweise von ihren Anfängen bis ins 20. Jh. ist u. a. bei Baumgarten [48], Binding et. al [49], Gerner [45], [50], Großmann [51] und Wetzel [46], [52], um nur einige repräsentative Publikationen zu nennen, zu finden.

Fachwerkfassaden mit Außenbekleidung

Neben der Sichtfachwerkbauweise hat sich in der baugeschichtlichen Entwicklung des Fachwerkbaus die Erkenntnis durchgesetzt, dass Gebäudeseiten mit mittlerer bis starker Regenbeanspruchung oder ungeschützte Wetterseiten durch eine Außenbekleidung geschützt werden sollten. Dabei fanden unterschiedliche, regional verfügbare Materialien sowie spezifische handwerkliche Traditionen Anwendung, was zu einer vielfältigen Ausgeprägtheit von derartigen Bekleidungen führte.

Nicht jedes Fachwerk war zur Errichtungszeit als Sichtfachwerk konstruiert, sondern diente lediglich als Tragwerk und wurde anschließend, sei es aus Gründen des Wetterschutzes oder des Verschönerns, verputzt oder anderweitig gemäß den regionalen Gegebenheiten mit Holz, Dachziegeln, Schiefer, Metall, Naturstein- oder Ziegelmauerwerk (s. Bild 4-3) verkleidet.

Bild 4-3
Unterschiedliche Bekleidungen (Holz, Schiefer, Metall, Sichtfachwerk, Putz)

Bereits frühere Generationen haben durchaus gewusst, wann und wo sie Bekleidungen vor einem Fachwerk anbrachten. Wie historische Brandverordnungen berichten, dienten diese Ver- oder Bekleidungen zunehmend auch der besseren Vorbeugung vor Brandkatastrophen. So schreibt z. B. eine die vorhandenen Bauvorschriften des Königreiches Württemberg ergänzende Vorschrift aus dem Jahre 1836 vor, dass alle in Holzbauweise, d. h. im Fachwerk errichteten Gebäude spätestens im dritten Jahr nach ihrer Vollendung verblendet werden sollten [46]. Auch bei überliefertem Sichtfachwerk ist besonders aus bauphysikalischen Überlegungen zu heutigen Nutzungsanforderungen ein Freistellen der Fassade nicht in jedem Fall anzustreben. Dennoch beobachtete man - besonders ab den 60er-Jahren des 20. Jahrhunderts - zunehmend Fachwerkfreilegungen, d. h. das Entfernen vorhandener Bekleidungen aus Putz, Verschalungen, Bekleidungen o. Ä., ohne dabei die Exponiertheit des Gebäudes besonders hinsichtlich der Schlagregenbelastung zu würdigen.

Aus falsch verstandenen Denkmalschutz- oder Stadtplanungszielen werden leider immer wieder bei der Stadt- und Ortsbildplanung Freilegen und Sichtbarmachen von Fachwerkkonstruktionen generalisiert. Dies wird auch - ohne Einschränkungen für den Einzelfall - oft in Gestaltungssatzungen ausdrücklich gefordert. Es fehlen dabei des Öfteren Regelungen für notwendige Ausnahmefälle, die bei einer grundsätzlichen Forderung nach Sichtfachwerk auch begründete Ausnahmen zulassen würden.

Bild 4-4 Sichtfachwerk und verkleideter (schlagregenbelasteter) Giebelbereich in unmittelbarer Umgebung

Es kann über zahlreiche überlieferte historische Formen der Fassadenverkleidung berichtet werden, die untrennbar zu einer bestimmten Kulturlandschaft gehören und daher sowohl aus denkmalpflegerischer als auch aus städtebaulicher Sicht nicht aus unseren Ortsbildern verschwinden dürfen. Gerade in fachwerkgeprägten Orten können diese Außenbekleidungen zur Bereicherung des Stadtbildes beitragen. Nachfolgend werden mögliche grundlegende Prinzipien einer denkbaren Beseitigung bzw. Vorbeugung von durch Schlagregen verursachten Schäden an freistehenden, stark schlagregenbelasteten Fassaden benannt. Eine Realisierbarkeit derartiger Maßnahmen hängt dabei wesentlich davon ab, inwieweit Forderungen der zuständigen Behörden nach Freilegung eines zunächst bekleideten Fachwerks aufrechterhalten und dem Eigentümer zugemutet werden können (s. Kap. 4.3.5).

Transparente Verkleidung

Die Anwendung von transparenten Verkleidungen (Glas) ist an denkmalpflegerisch und stadtplanerisch besonders wertvollen Gebäuden möglich. Dazu wird die prägende Fassade durch eine Vorhangfassade aus bruchsicherem Glas einerseits geschützt, andererseits kann der für das Orts- oder Stadtbild gewollte architektonische Einfluss vollkommen zur Geltung gelangen. Wichtig für die Realisierung einer derartigen Maßnahme ist die Tragfähigkeit des Untergrundes (hier die Ausfachungen, an denen das Glas befestigt werden sollte) und die

Bild 4-5
Beispiel einer transparenten Verkleidung im Denkmalbereich durch Verglasung

statische Belastbarkeit der Fassade durch das zusätzliche Gewicht des Glases (Tragwerksplaner unbedingt hinzuziehen).

Geschlossene Außenbekleidung

Die Befestigung einer Außenbekleidung aus regional üblichen Materialien ist die zum langfristigen (Feuchte-)Schutz des historischen Gebäudes am besten geeignete Maßnahme. Von einem vollflächigen Verputzen ist jedoch bei stark belasteten Fassaden abzuraten, da auch Wasser abweisende Putzsysteme immer noch eine (wenn auch geringe) kapillare Wasseraufnahme < 0,5 $kg/m^2h0{,}5$ haben und es bei einer Taupunktunterschreitung zum Abzeichnen des Fachwerks in der Putzfassade und damit zu einer Beeinträchtigung des optischen Erscheinungsbildes kommen kann. Außerdem kann eine verputzte Fachwerkfassade trotz Verwendung geeigneter Putzträger (z. B. Drahtgittergewebe mit Pappeinlage) und sachgerechter Montage im Bereich der statisch belasteten Fachwerkbalken nach längerer Zeit Rissbildungen aufweisen.

Bild 4-6
Erneuerte Außenbekleidung aus Holz mit integrierten Öffnungen

4.2 Wesentliche Konstruktionsbestandteile

4.2.1 Fachwerkkonstruktionen

Zur weiteren Betrachtung der möglichen energetischen Verbesserung von Fachwerkkonstruktionen sind diese nach ihrer Ausbildung auf der Außenseite in bekleidete Fachwerk- und in Sichtfachwerkkonstruktionen zu unterscheiden.

Beidseitig sichtbares Holzfachwerk – innen und außen – kann ebenfalls angetroffen werden; ist aber aufgrund des nicht gegebenen Feuchteschutzes nur bei geringen Anforderungen an untergeordnete Räume oder Gebäude bzw. einer besonders geschützten Lage der Fachwerkaußenwand ausführbar. In der Regel ist mindestens eine Seite zu verputzen oder anderweitig zu verkleiden.

Eine weitere Differenzierung unterschiedlicher Fachwerkkonstruktionsarten ist für die energetische Betrachtung im Zusammenhang mit der EnEV von untergeordneter Bedeutung und wird daher an dieser Stelle nicht vorgenommen.

Da für die energetische Bewertung einer Fachwerkaußenwand die Ausfachungen unter mehreren Gesichtspunkten von wesentlicher bauphysikalischer Bedeutung sind, werden im Folgenden mögliche Ausfachungsmaterialien systematisiert.

4.2.2 Ausfachungsmaterialien

Prinzipiell ist zu bemerken, dass zu jeder Zeit Ausfachungsmaterialien entgegen oder mangels geltender Vorschriften (Bauproduktenrichtlinie [53], Bauregelliste [54]) bzw. ohne eine gegebenenfalls notwendige bauaufsichtliche Zulassung ihren Einsatz fanden. Diese Bauprodukte und Bauarten haben aber durchaus ihre Berechtigung und sich auch in der Anwendung bewährt. Unabhängig davon und/oder von möglichen Vorgaben des Denkmalschutzes ist aber bei einer Auswahl derartiger Ausfachungsmaterialien die Abstimmung mit den zuständigen bauaufsichtlichen Behörden und den Bauherren vorzunehmen und gegebenenfalls eine »Zustimmung im Einzelfall« von der gemäß entsprechendem Landesrecht zuständigen oberen Behörde einzuholen.

Die nachstehende Systematisierung folgt in ihren Grundzügen den Vorgaben des WTA-Merkblattes 8-3 »Ausfachungen von Sichtfachwerk« [55] und stellt übergreifend eine Grundstruktur anwendbarer bzw. historischer, regional unterschiedlich geprägter Materialien dar. Dem o. g. Merkblatt können weiterführende Betrachtungen zur entsprechenden Eignung bei einer Instandsetzungsmaßnahme entnommen werden.

Gering dämmende Ausmauerungen

Zu den gering dämmenden Ausmauerungen zählen Vollziegel-, Kalksandstein- und Natursteinmauerwerk. Diese Materialien haben Trockenrohdichten von etwa 1.000 - 2.700 kg/m³ und Wärmeleitfähigkeiten von 0,5 - 2,5 W/(mK). Das Wärmedämmvermögen derartiger Baustoffe kann bei einer Dicke von 12 - 15 cm mit R = 0,1 bis 0,2 m²K/W überschlägig angegeben werden, d. h. es ist in jedem

Falle eine zusätzliche Wärmedämmung erforderlich. Zumeist handelt es sich bei derartigen Materialien, mit Ausnahme des Kalksandsteins, um historische, bauzeitliche Materialien, die im denkmalpflegerischen Sinne oftmals als angemessen und geeignet anzusehen sind. Hinsichtlich des Schall- und Brandschutzes sowie der aussteifenden Wirkung im Gesamtgefüge weisen die gering dämmenden Ausmauerungen in der Regel positive Eigenschaften auf.

Bild 4-7
Gering dämmende Ausmauerung (Vollziegel)
a - Foto, b - Skizze

a)

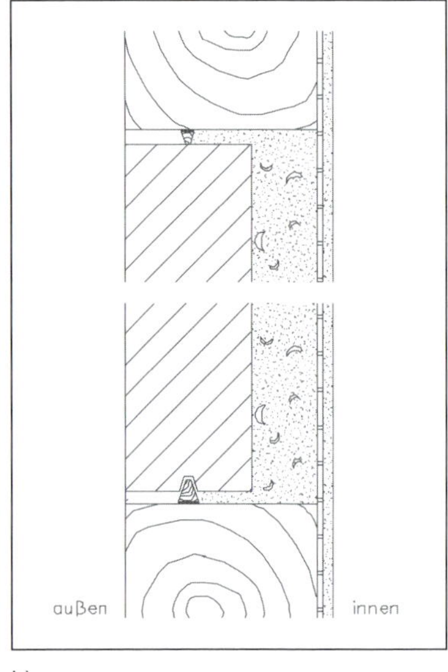

b)

Wärmedämmende Ausmauerungen

Ziegel-, Porenbeton-, Leichtbeton- und einige Natursteinmauerwerke beschreiben die Bandbreite der wärmedämmenden Ausmauerungen. Mit Ausnahme von Natursteinmauerwerken, wie vulkanischem Tuffgestein und Kalktuffen, in denkmalpflegerischer Hinsicht eher nicht adäquat, können sie bei Trockenrohdichten von etwa 300 (Porenbeton), 500 - 800 (Leichtbeton und Naturbims) bis 1.000 kg/m^3 (Hochlochziegel) Wärmeleitfähigkeiten von 0,11 bis 0,45 W/(mK) haben. In Abhängigkeit von der jeweils vorhandenen Mauerwerksdicke bzw. bei hohen Steinrohdichten ist eine zusätzliche Wärmedämmung erforderlich, jedoch nicht in jedem Fall. Während die brandschutztechnischen Eigenschaften dieser Ausfachungen im Allgemeinen ausreichend sind, können die schallschutztechnischen Eigenschaften gering sein und in dieser Hinsicht eine reduzierte Leistungsfähigkeit aufweisen.

a)

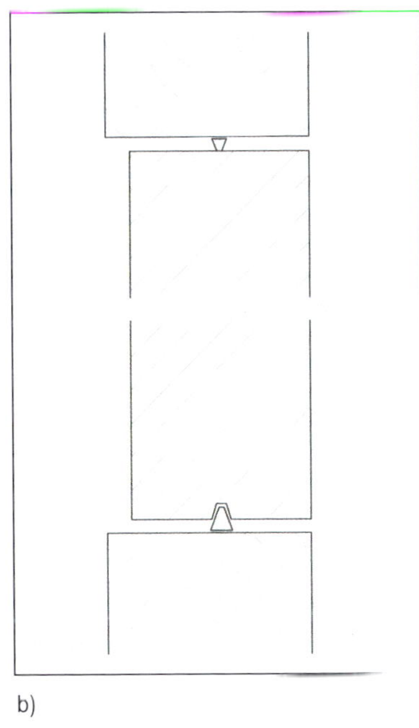

b)

Bild 4-8
Wärmedämmende Ausmauerung (Porenbeton)
a - Foto, b - Skizze

Lehmausfachungen

Als traditionelle und damit auch als denkmalpflegerisch geeignete Ausführungen sind die Lehmausfachungen mittels Lehmsteinen, Lehm auf Staken bzw. Flechtwerk, Lehmauffüllungen oder Lehmausfachungen mit Lesesteinen zu betrachten. Bei diesen Ausfachungen liegen die Trockenrohdichten im Mittel bei 800 - 1.800 kg/m^3, sodass die Wärmeleitfähigkeiten etwa 0,25 (Leichtlehm) bis 0,90 (Lehmstein) W/(mK) betragen. Auch bei diesen Baustoffen gilt, dass die sehr unterschiedliche regionale Ausprägung und Ausführung eine detaillierte Betrachtung erforderlich macht und eine zusätzliche Wärmedämmung erst nach exakter Ermittlung der Materialkennwerte und der vorliegenden Wanddicken festgelegt werden kann. Die Bandbreite der Wärmedurchlasswiderstände liegt bei R = 0,2 bis ca. 0,6 m^{2}K/W, sodass keine durchschnittlichen Angaben vorgenommen werden können. In schallschutztechnischer Hinsicht liegt, mit Ausnahme der Lehmsteine, deren Eigenschaften oftmals positiv zu bewerten sind, eine bedingte Eignung vor. Für den Brandschutz können die Lehmsteine bzw. die Lehmauffüllungen oder Lehmausfachungen mit Lesesteinen positiv bewertet und der Lehm auf Staken/Flechtwerk als bedingt geeignet eingeschätzt werden. Weiterführende Informationen zur Anwendung und Ausführung sind in [56] und [57] zu erhalten.

a)

b)

Bild 4-9
Lehmausfachung, erstellt um 1715 [58]
a - Foto, b - Skizze

Verfüllmörtelausfachungen

Bei Verfüllmörtelausfachungen handelt es sich um Werktrockenmörtel mit mineralischen Bindemitteln und Leichtzuschlägen, die in eine Schalung homogen eingebracht werden. Sie weisen Trockenrohdichten von 500 - 1.000 kg/m^3 und damit Wärmeleitfähigkeiten von 0,16 bis 0,3 W/(mK) auf. Eine zusätzliche Wärmedämmung ist daher bei geringen Schichtdicken bzw. höheren Rohdichten erforderlich. Die Richtwerte des Wärmedurchlasswiderstandes bei einer Schichtdicke von 16 cm liegen bei 0,53 bis ca. 1,0 m^{2}K/W. Historischen Baustoffen bzw. traditionellen Bautechniken, wie einer Lehmausfachung, nachempfunden, können die Verfüllmörtelausfachungen im Einzelfall denkmalpflegerisch geeignet sein. Für den Schallschutz sind diese Materialien bedingt und für den Brandschutz weitgehend geeignet.

Außendämmung im Gefach

Bei gering wärmedämmenden Ausfachungen kann eine zusätzliche Dämmung in Gefachebene eingebracht werden, die grundsätzlich auf der bauphysikalisch günstigen Außenseite und auch im Zusammenhang mit einer Innendämmung angeordnet werden kann. In schall- und brandschutztechnischer Hinsicht ist darauf zu achten, dass durch diese zusätzliche Maßnahme zumindest der Ausgangszustand nicht verschlechtert wird. Zum Einsatz geeigneter Dämmstoffe

Bild 4-10
Verfüllmörtelausfachung bei der Verarbeitung

a)

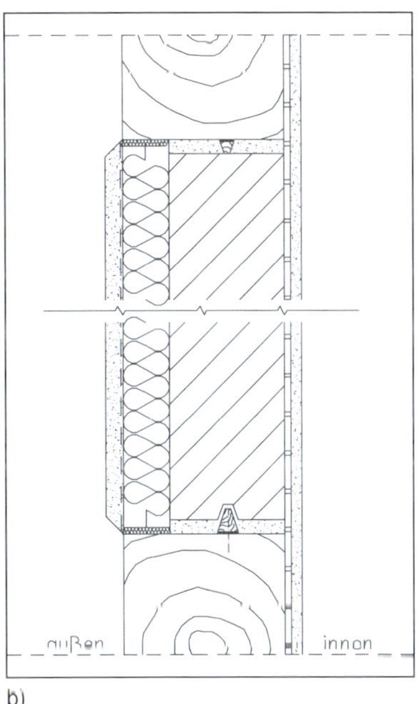

b)

Bild 4-11
Außendämmung in Gefachlage,
a - Foto, b - Skizze

usw. wird auf das Kapitel 6 verwiesen, in dem mögliche Bauteilaufbauten und Materialien näher beschrieben werden.

4.2.3 Außenputze und -bekleidungen

Außenputze und -bekleidungen übernehmen umfangreiche Schutzfunktionen für das Fachwerkgebäude, daher ist ihre Bedeutung als hoch einzuschätzen. Außenputze können entweder konventionell oder als wärmedämmende Putze realisiert werden, wobei auch historische Konstruktionsaufbauten mit Schilfrohrmatten nicht nur als Putzträger, sondern bereits als Vorläufer der heutigen Wärmedämmverbundsysteme zu betrachten sind. Bei den Außenbekleidungen ist zwischen Wärmedämm-Verbundsystemen und Vorsatzschalen - vorgehängt oder vorgemauert, mit Wärmedämmung oder ohne, mit Hinterlüftung oder ohne - zu unterscheiden. Besondere Vorsicht ist bei Vormauerungen ohne Hinterlüftung geboten, da hier die Gefahr der Feuchtekonvektion besteht. Generell ist festzustellen, dass bei einer durch einen Außenputz oder eine Außenverkleidung geschützten Fachwerkfassade bei einer geplanten Instandsetzung auch

Bild 4-12 Konventioneller Außenputz mit bauzeitlichen Schmuckelementen auf einer Fachwerkkonstruktion

Bild 4.10
Die hölzerne Außenbekleidung eines Fachwerkgebäudes verrichtet hier ihren Dienst im Winter.

eine energetische Verbesserung der Außenwandkonstruktion angestrebt werden sollte. Dabei sind Zwangspunkte wie Abschlussdetails, Dachüberstände und -kästen, Leibungstiefen, Tür- und Fensterverkleidungen usw. zu berücksichtigen, die unter Umständen das Grenzniveau einer möglichen neuen Wärmedämmung aufzeigen.

4.2.4 Innenputze und -bekleidungen

Historisch wurden Fachwerkkonstruktionen im Inneren zumeist vollflächig mit einem Lehmputz bekleidet; diese Putzlage übernahm zugleich eine windsperrende Funktion. Vereinzelt ist das ausschließliche Verputzen nur der Gefachflächen und eine innere Sichtbarkeit des Fachwerkes anzutreffen. Für eine andere innere Bekleidungsart, der Ausbildung von Bohlenstuben, wurden Holzverschalungen verwendet. Es ist große Vorsicht geboten, wenn bei einer äußeren Sichtfachwerkkonstruktion auch der Erhalt der inneren Bekleidung auf dem Plan steht. In diesen Fällen ist zumeist nur die Anordnung einer reduzierten Zusatzdämmung möglich und eine exakte bauphysikalische Berechnung erforderlich, da eine Unterschreitung des Mindestwärmschutzes gemäß DIN 4108 zu einer Schädigung der vorhandenen Bausubstanz führen kann.

Bild 4-14
Innere Fachwerksichtigkeit hier mit äußerer Bekleidung

4.3 Typische konstruktive und bauphysikalische Probleme

Im folgenden Kapitel werden zunächst die Problemstellungen für die energetische Sanierung vorhandener Fachwerkwandkonstruktionen analysiert. In Kapitel 6.3 werden dann die möglichen baulichen Maßnahmen, die zur Ausführung empfohlen werden, näher vorgestellt.

4.3.1 Inhomogener Wandaufbau

Durch den inhomogenen Aufbau der Außenwand mit Holz und einem Ausfachungsmaterial (Ziegel, Lehm, etc.), die ein jeweils abweichendes wärmetechnisches (Wärmleitfähigkeit, Wärmespeicherfähigkeit) und feuchtetechnisches (Diffusionsfähigkeit, Kapillarität, Quellvermögen) Verhalten aufweisen, sind bauphysikalische Probleme möglich. Besonders gravierend sind diese Unterschiede, wenn die Gefache mit einem Naturstein ausgefacht werden. Sind Ausfachungen mit Granit vorhanden, weichen die Eigenschaften deutlich von denen des Holzes ab, da er eine erhöhte Wärmeleitfähigkeit und fast kein Feuchteleitvermögen hat. Den Eigenschaften des Holzes am nächsten kommt der Lehm, der daher auch bevorzugt ausgewählt wird (Tabelle 4-1).

Die Unterschiede im bauphysikalischen Verhalten der Baustoffe stellen Probleme bei den vorhandenen klimatischen Belastungen der Außenwand dar.

Tabelle 4-1
Materialtechnische Kennwerte ausgesuchter Baustoffe

	Rohdichte ρ kg/m³	Wärmeleitfähigkeit λ W/(mK)	Wärmedehnzahl α T 10^{-6} K^{-1}	Diffuionswiderstandszahl μ -	Wasseraufnahme w kg/($m^2h^{0.5}$)
Holz	500-700	0,13-0,18	para. 30-60 senk. 3-6	40	
Vollziegel	1600-1800	0,70-0,80	5-7	5-25	5-20
Naturstein (Sandstein)	2200-2600	2,30	12	20-50	2-20
Porenbeton	350-600	0,11-0,19	7-9	10	4-8
Leichtlehm (auf Stakung)	800-1200	0,30-0,50	5	5-10	1-12

(*) Quell-/Schwindmaß α von Holz: αS = 0,24 % / %; αP = 0,01 % / %

So kommt es infolge unterschiedlicher Ausdehnungen von Holz und Ausfachungsmaterial im Tages- und Jahresverlauf zu mehr oder weniger starken Rissbildungen im Übergangsbereich (s. Bild 4-15). Verschiedene Versuche in der Praxis und in der Forschung mit unterschiedlichen historischen und neuzeitlichen Materialien zeigen, dass ein dauerhaftes Schließen dieser Fuge nicht möglich ist.

Bild 4-15
Typische (unvermeidbare) Rissbildung zwischen Holz und Gefach

4.3.2 Fuge Gefach-Holz

Die Fuge zwischen Gefach und Holz bildet – unabhängig von der jeweiligen konkreten Konstruktionsart – beim Fachwerkgefüge, insbesondere beim Sichtfachwerk, die entscheidende Schwachstelle.

Da derzeit mit noch keinem langzeitbewährten System eine vollständig schlagregendichte Ausbildung der Fuge erreichbar ist, ist bei deren Ausbildung besondere Vorsicht und Sorgfalt geboten. Dauerelastische Verfugungsstoffe haben sich in der Praxis nicht bewährt; im Gegenteil, vielfältige Schadensbilder sind oftmals bereits nach kurzer Zeit ihrer Anwendung zu verzeichnen. Durch die permanent auftretenden Quell- und Schwindprozesse des Holzes reißen auch derartige Dichtmittel an den Flanken ab und erschweren im Nachhinein nur das Verdunsten des trotz allem eingedrungenen Wassers. Gemäß aktuellem WTA-Merkblatt 8-3 »Ausfachungen von Sichtfachwerk« [55] wird empfohlen, die Fuge mit einer Dreikantleiste etwa in Gefachmitte, ggf. mit Unterlegung von Hanf, zu versehen (s. Bild 4-16). Alternativ dazu ist im Einzelfall ein Mörtelschloss ausreichend.

Dass die Normung für Sichtfachwerkgebäude nur begrenzt geeignet ist, zeigt die Forderung der DIN 4108-3, Kap. 5.4.2: »Der Schlagregenschutz eines Gebäudes muss auch im Bereich der Fugen und Anschlüsse sichergestellt sein.« Hiernach dürften Fachwerkbauten nicht mit Sichtfachwerk erstellt werden bzw. erhalten bleiben.

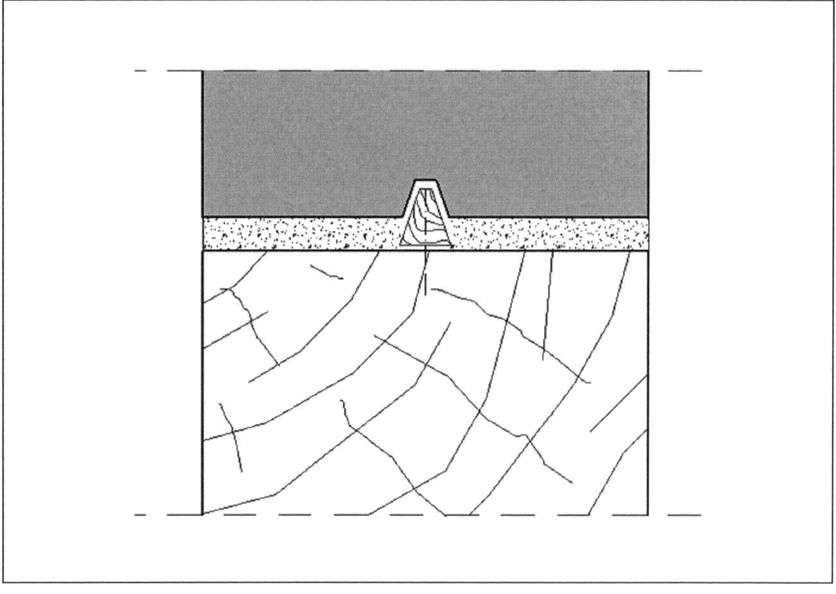

Bild 4-16
Ausbildung Fuge Gefach-Holz gemäß WTA MB 8-3 [55]

Bild 4-17
Schädigung durch zu dichte Ausführung der Fuge (bei gleichzeitig zu dichtem Holzanstrich)

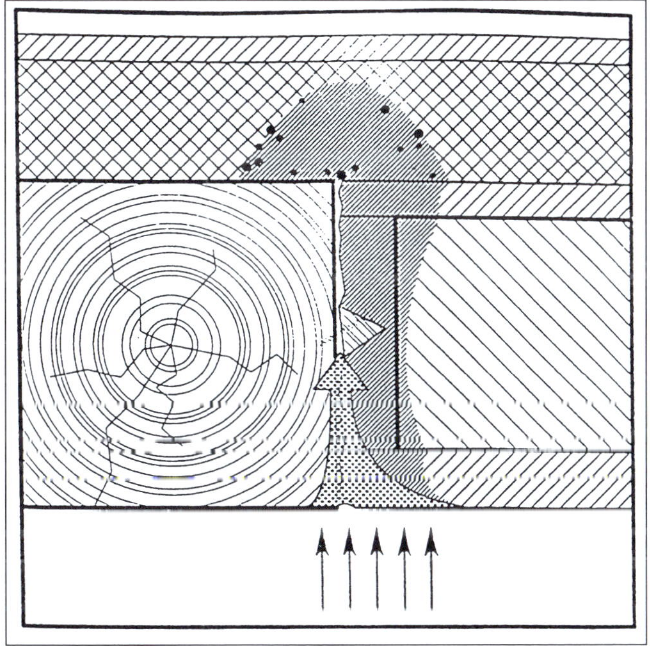

Bild 4-18
Feuchtezutritt in einer Fachwerkwand infolge Rissbildung im Anschluss Gefach-Holz (Quelle: [69])

Es ist also für die weitere Betrachtung mit einem Feuchtezutritt über diese Fuge zu rechnen, die dann durch kapillare Feuchteleitung bis in hintere (innere) Bauteilschichten gelangen kann.

Feuchtigkeitsmengen, die über die ebene Fläche in das Bauteil (Holz oder Gefach) eindringen, können grundsätzlich auf dem gleichen Wege wieder abtrocknen. Feuchten, die über Fugen ins Fachwerkgefüge gemäß Bild 4-18 eindringen, stellen aufgrund ihres Umfanges und der unterschiedlichen Feuchteleitprozesse beim Fachwerkbau in der Regel ein Problem dar, da es so zu einer mehrjährigen Auffeuchtung der Baustoffe, insbesondere des Holzes, kommen kann. Holzfeuchten von mehr als 20 M.-% über einen längeren Zeitraum können zu Pilzbefall führen, der in der Regel eine Zerstörung der Holzsubstanz nach sich zieht. So darf bei feuchtebelasteten Fassaden die Abtrocknung der Feuchte nach außen, aber auch nach innen nicht behindert werden. Diese Forderung verstärkt sich mit zunehmender Wärmedämmstärke, da das Temperaturgefälle im feuchten Bauteil, das als »Motor« für den Abtrocknungsprozess wirkt, geringer wird. Liegt eine erhöhte Schlagregenbelastung der Fassade vor, so muss das Bauteil durch einen Witterungsschutz (Bekleidung oder Außenputz) geschützt werden, da die sonst eindringenden Feuchtemengen nicht mehr abtrocknen könnten.

4.3.3 Anstriche und Bekleidungen

Aufgrund des bei Sichtfachwerk unvermeidlichen Feuchtezutritts in die Konstruktion ist dafür Sorge zu tragen, dass diese Feuchte das Bauteil nach kurzer Zeit wieder verlassen kann. Daher sind jegliche diffusionsdichten Anstriche auf dem Holz sowie der Ausfachung problematisch, da es dadurch zu einer Feuchteanreicherung im Bauteil kommen kann. Aber auch auf der Bauteilinnenseite ist darauf zu achten, dass in der Regel keine diffusionsdichten Schichten (z. B. Dampfsperre) verwendet werden.

4.3.4 Austausch der Fenster

Eine weitere Problemstellung tritt auf, wenn bei dem vorhandenen Wärmeschutz einer bauzeitlichen Fachwerkwand in Höhe von U = ca. 1,0 W/(m^{2}K) (Holz) bzw. 2,0 - 3,0 W/(m^{2}K) (Gefach) lediglich die Fenster ausgewechselt werden, da diese zunächst einmal die energetisch schlechtesten Bauteile darstellen. Dieser zunächst richtige Ansatz wandelt nun aber die Fachwerkwand zum schlechtesten Bauteil, und gerade in Wärmebrückenbereichen (Leibungen, Gebäudeecke, etc.) kommt es nun zu einem Tauwasser-Ausfall bzw. zu einem kritischen Ansteigen der Luftfeuchte, sodass Schimmelpilzwachstum beginnen kann (s. hierzu

Kap. 5.2.1). Der Kondensatausfall an den zuvor schlecht gedämmten Fenstern stellte zwar eine Beeinträchtigung für den Nutzer dar, war bauphysikalisch (keine Schimmelpilzbildung) und baukonstruktiv (Kondensat an den Scheiben abzuwischen bzw. gut zu kontrollieren) jedoch unkritischer.

4.3.5 Schlagregenschutz kontra Substanzschutz

Fachwerkfreilegungen - besonders an exponierten und/oder stark schlagregenbelasteten Fassadenbereichen - können u. U. kontraproduktiv zum gewollten Schutz eines Gebäudes sein, wie die folgenden Objektbeispiele historischer Fachwerkhäuser zeigen.

- In Rosenfeld, Zollernalbkreis, musste 1999/2000 der Westgiebel des »Alten Spitals« nach einer Fachwerkfreilegung mit einer vertikalen Holzverbretterung verkleidet werden, weil das Sichtfachwerk durch Feuchtigkeit geschädigt war.

Bild 4-19 Rosenfeld, Westgiebel

Schwarzwälder Bote

Die große Zeitung in Baden-Württemberg

Freitag, 14. Januar 2000

Der Westgiebel ist jetzt holzverschalt

Arbeiten am Alten Spital abgeschlossen / Anblick gewöhnungsbedürftig / Jetzt haltbarer

Rosenfeld (vio). Seit Anfang November war die Westseite des Alten Spitals eingerüstet. Etwas ungewohnt auf den ersten Blick, bietet nun nach Abschluss der Sanierungsarbeiten der holzverschalte und graugestrichene Giebel dem Wetter die Stirn.

Zunächst hätte nur das schadhafte Fachwerk auf der Wetterseite des stattlichen Baus in der Spitalstraße ausgebesserte werden sollen. Nach verschiedenen Beratungen im Bauausschuss und im Gemeinderat und auch nach einem Vorort-termin einigte man sich schließlich – auch auf den Vorschlag des Architekturbüros Mohl hin – das obere Giebeldreieck zu verschalen, obwohl dies nach Meinung verschiedener Räte der Stadtbildsatzung entgegenstünde.

Seit der Sanierung des Alten Spitals hatte sich gezeigt, dass am Holzwerk überall dort zunehmend Schäden auftraten, wo die Farbe von eindringendem Wasser unterwandert wurde und schließlich abplatzte.

Zustand hatte sich durch Verkittung verschlimmert

Der Zustand war durch die Verkittung wesentlich verschlimmert und beschleunigt worden. Das Wasser, das aus dem alten Holzwerk nicht mehr austreten konnte, hatte das Holz quellen lassen, was darüber hinaus auch den Putz schneller zum Abplatzen brachte.

Nach eingehendem Kostenvergleich, hätte die Sanierung des Giebeldreiecks, in der gleichen Weise wie die unteren Geschosse ausgeführt, rund 70 Prozent mehr an Kosten verursacht. Aus diesem Grund und der längeren Haltbarkeit wegen hatten sich die Fachleute und die zuständigen Gremien schließlich für die imprägnierten Holzbretter als Verschalung entschieden.

In den letzten Tagen wurden die Sanierungsarbeiten an der Westseite des Alten Spitals abgeschlossen. Mit einer – für manchen Bürger – gewöhnungsbedürftigen Holzverschalung soll das Giebeldreieck nun den Wettereinflüssen besser trotzen können. Foto: vio

a)

b)

Bild 4-20.a und 20.b Hochzeitshaus Fritzlar in den Jahren 1990 (ohne) und 2002 (mit Giebelverkleidung) (Quelle: [73])

- Die als Sichtfachwerk ausgeführten Süd- und Westgiebel des »Hochzeitshauses« in Fritzlar, Nordhessens größtem Fachwerkbau aus der Zeit der Renaissance, mussten 1992 - 18 Jahre nach Restaurierung - zum ersten Mal und 2001 erneut instand gesetzt werden, dann allerdings nachhaltig bzw. haltbarer durch Holzverkleidung.
- Am sogenannten »Handwerkerhaus« Herrenberg hat zusätzlich zum Freilegen des Sichtfachwerks die Entscheidung, bei der Restaurierung die Schrägstellung der Fassade zu belassen, zu einer weiteren Verschlechterung des Schlagregenschutzes beigetragen. Eine weitgehende Ausrichtung wäre aus bautechnischen wie auch aus funktionstechnischen Gründen zu empfehlen gewesen [59].

Mit Sicherheit wurde manche hohe Lebensdauer eines historischen Fachwerkgebäudes gerade durch eine eventuell zum Zeitpunkt einer Sanierung nicht mehr dokumentierte Außenbekleidung (egal welcher Art) bewirkt. Zeitgenössische Darstellungen, Ortsbilder, archivalische Beschreibungen oder historische Fotos sind daher in kritischen Fällen unbedingt vor einer Entscheidung zu Rate zu ziehen.

a)

b)

Bild 4-21
Herrenberg, Handwerkerhaus

a) Schlagregen-belastete Nordwest-Seite; stark exponiert, Sichtfachwerk mit Schiefstellung
b) Befall mit holzzerstörenden Pilzen durch dauernde Feuchtebelastung ohne Bekleidung

4.3.6 Wärmeschutz

Bestehende Fachwerkaußenwände verfügen im Regelfall über eine konstruktionsbedingte Gesamtdicke von 12 bis 20 cm. Dieser Aufbaustärke geschuldet ist, dass selbst mit einer geeigneten wärmedämmenden Ausmauerung die Erfüllung der Anforderungen, die zunächst durch die EnEV gestellt werden, nicht zu gewährleisten sind. Dieses heißt, dass eine zusätzliche Wärmedämmung erforderlich ist. Wird eine außenseitige Bekleidung angeordnet, kann die Wärmedämmung konstruktiv wie bauphysikalisch problemlos unterhalb dieser angeordnet werden. Damit können zugleich konstruktive Probleme in Bereichen sensibler Anschlussdetails heraufbeschworen werden, die den energetisch sinnvollen Einbau einer zusätzlichen Wärmedämmung erschweren (s. Kap. 6.3.1).

Häufig wird gerade bei einer Sichtfachwerkkonstruktion eine Innendämmung verwendet, um das äußere Erscheinungsbild des Fachwerks zu erhalten. Eine Innendämmung, die bauphysikalisch immer problematischer ist als eine Außendämmung, ist bei Fachwerkwänden aufgrund der Inhomogenität des Bauteilaufbaus und des feuchteempfindlichen Baustoffes Holz besonders diffizil (s. auch Kap. 4.3.1). Erweiternd hierzu ist die feuchtetechnische Problematik einer Innendämmung zu betrachten, da bei der Berechnung nach dem Glaser-Verfahren (feuchtetechnische Bauteilberechnung nach DIN 4108) das Bauteil häufig als »nicht zulässig« zu bewerten ist. Besondere Maßnahmen oder Berechnungsmethoden sind in diesem Fall erforderlich.

Bild 4-22 zeigt die erforderliche Dämmschichtstärke einer Innendämmung bei Einhaltung der Grundanforderung bei Innendämmungen nach EnEV, Anlage 3 ($U < 0{,}35\,W/(m^2K)$). Bei den hiernach erforderlichen Dämmschichtstärken ist insbesondere bei nicht besonders geschützter Lage der Fassade Vorsicht geboten, da nicht ausgeschlossen werden kann, dass Feuchte über die Fuge Gefach-Holz in die Bauteilkonstruktion dringt. Diese Feuchte muss dann über die äußeren und inneren Bauteiloberflächen wieder abtrocknen können, sodass keine dampfsperrenden Schichten ein- oder aufgebracht werden dürfen. Die Ermöglichung der Abtrocknung einer Fachwerkaußenwand ist damit ein zentrales Thema. Durch eine verstärkte Innendämmung nimmt nun der Temperaturgradient zwischen innen und außen im Bereich der Ausfachung, der als Antriebsmotor für die Abtrocknung wirkt, zunehmend ab (s. Bild 4-23). Etwa ab einer zusätzlichen Innendämmung mit einem Wärmedurchlasswiderstand von $\Delta R_i = 0{,}8\,m^2K/W$ (ab ca. 3 cm WLG040 oder 5 cm WLG070) wird der Abtrocknungsprozess derart verlangsamt, dass es zu einer Auffeuchtung im Bauteilquerschnitt kommen kann. Dieser Wert ist aber je nach Konstruktion und insbesondere je nach Schlagregenbelastung neu zu definieren.

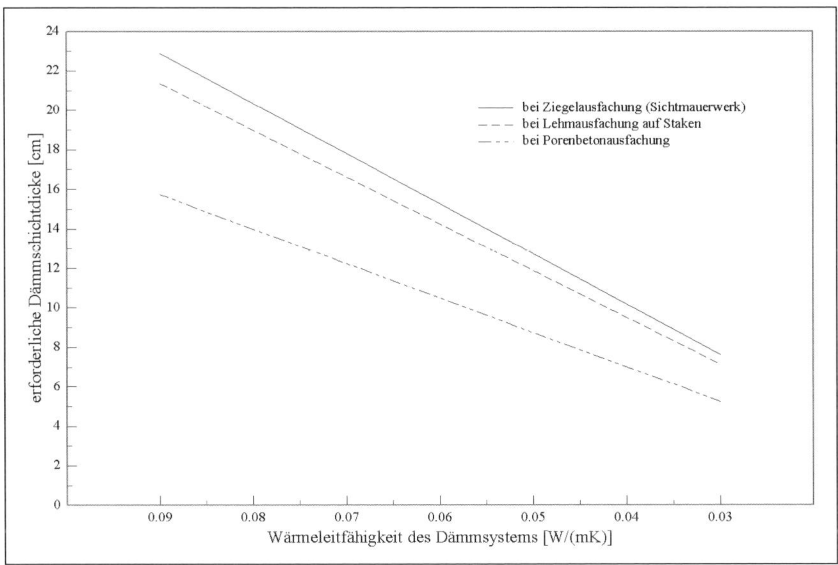

Bild 4-22
Erforderliche Dämmschichtstärke einer Innendämmung (allgemein) nach EnEV-Anforderung

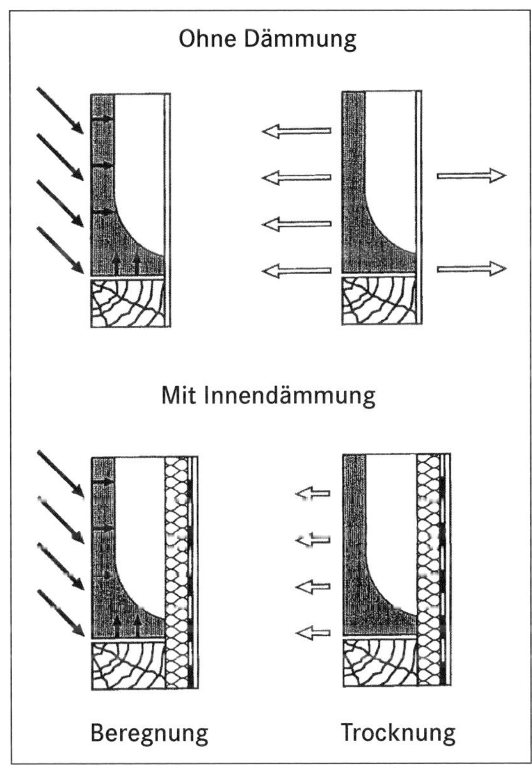

Bild 4-23
Beregnung und Abtrocknung einer Fachwerkaußenwand/Einfluss der Innendämmung (Quelle: [74])

Aufgrund der komplexen Zusammenhänge sind individuelle Lösungen für die jeweilige Bauaufgabe zu suchen. Durch die kontinuierliche Arbeit der WTA ist diesem Umstand mit der EnEV 2009 Rechnung getragen worden. In Anlage 3, Nr. 1, Satz 4 heißt es daher nun:

»Werden bei Außenwänden in Sichtfachwerkbauweise, die der Schlagregenbeanspruchungsgruppe I nach DIN 4108-3 : 2001-06 zuzuordnen sind und in besonders geschützten Lagen liegen, Maßnahmen gemäß Buchstabe a, c oder d [Anm.: Ersatz, erstmaliger Einbau, Einbau von Dämmschichten, Erneuerung des Außenputzes] durchgeführt, gelten die Anforderungen gemäß Satz 1 als erfüllt, wenn der Wärmedurchgangskoeffizient des entstehenden Wandaufbaus 0,84 W/(m^2*K) nicht überschreitet; im Übrigen gelten bei Wänden in Sichtfachwerkbauweise die Anforderungen nach Satz 1 nur in Fällen von Maßnahmen nach Buchstabe b [Anm.: Anbringen von Bekleidungen sowie Mauerwerks-Vorsatzschalen].«*

In der Begründung zur EnEV [60] heißt es weiter:

»Die Anforderungen an die Dämmung von Fachwerkwänden werden im Rahmen der wirtschaftlichen Vertretbarkeit den aktuellen wissenschaftlichen Erkenntnissen angepasst. [...] Um einen Mindestwärmeschutz bei Sichtfachwerken zu gewährleisten und die beschriebene Problematik zu vermeiden, soll die bisherige Sonderregelung des Buchstaben f durch die Regelung in dem neuen Satz 4 ersetzt werden.«

Als Randbedingungen werden somit in der EnEV die Schlagregenbeanspruchungsgruppe I **und** die besonders geschützte Lage genannt. In den WTA-Merkblättern wird dargestellt, dass ein besonderes Gefährdungspotenzial von Sichtfachwerkwänden vorliegt, wenn eine raumseitige Wärmedämmung bei einer Schlagregenbeanspruchungsgruppe I vorliegt, allerdings nicht bei einer besonders geschützten Lage. Die Formulierung der EnEV ist diesbezüglich irreführend.

Der in der EnEV genannte Anforderungswert von U = 0,84 W/(m^{2}K) kennzeichnet im Übrigen den Mindestwärmeschutz für Fachwerkwände wie er im aktuellen WTA-Merkblatt 8-1 [18] »Bauphysikalische Anforderungen an Fachwerkgebäude« mit R > 1,0 m^{2}K/W dargestellt ist. Für das jeweilige Projekt kann in Abhängigkeit der Nutzung, der vorhandenen Bauteile und der klimatischen Belastungen unter Umständen ein höherer Wärmeschutz erzielt werden. Das geeignete Dämmmaß ist mit einem sachverständigen Planer über ergänzende Untersuchungen und Berechnungen festzulegen.

4.3.7 Prämissen für die energetische Sanierung einer Fachwerkaußenwand

Aufgrund der vorgenannten Problemstellungen des Fachwerkbaus hinsichtlich seiner energetischen Sanierungsfähigkeit sind spezielle Anforderungen an die Sanierungsplanung zu stellen. Unter diesen Vorgaben ist für Fachwerkbauten in Abhängigkeit der folgenden Parameter ein jeweils abgestimmtes Instandsetzungskonzept zu erarbeiten:

- Schlagregenbelastung der Fassade (Regen und Wind!)
- feuchtetechnisches Verhalten der Baustoffe
- Lage und Stärke der Wärmedämmung
- Ausbildung der Fuge Gefach-Holz
- Beschichtung auf der Innen- und Außenseite des Bauteils
- Nutzerklima.

Selbstverständlich sind auch weitere Anforderungen wie Brand- bzw. Schallschutz oder die erforderliche Winddichtheit der Wand bei der Erstellung des Instandsetzungskonzeptes zu beachten.

Grundsätze der fachgerechten Planung einer Fachwerkaußenwand sind:

- Eine Fuge, wie sie in Massivbauten grundsätzlich zu unterbinden ist, kann in Fachwerkbauten im Bereich Gefach-Holz nicht vollständig verhindert werden.
- Mit einem Feuchtezutritt in die Konstruktion ist zu rechnen.
- Es sind Maßnahmen vorzusehen, diese Feuchte zu begrenzen. Im Zweifelsfall, also bei einer Fassade mit einer hohen Schlagregenbeanspruchung, darf diese nicht fachwerksichtig ausgeführt werden.
- Es sind Maßnahmen vorzusehen, dass eingedrungene Feuchte abtrocknen kann (nach außen wie auch nach innen).
- Es sind auf der Bauteilinnenseite keine Dampfsperren anzuordnen. Alternativ können im Einzelfall sogenannte feuchteadaptive Dampfbremsfolien auf Polyamidbasis eingesetzt werden, bei denen sich das Diffusionsverhalten der relativen Luftfeuchtigkeit anpasst. Im Winter verhält sich eine derartige variable Dampfbremse diffusionshemmend; im Sommer – bei witterungsbedingter Umkehrdiffusion – wird sie diffusionsoffener und fördert damit die Trocknung (s. Bild 4-24).

Die DIN 4108, die jahrzehntelang für den Fachwerkbau keine speziellen Anforderungen gestellt hat, gibt seit der Ausgabe der DIN 4108-3 vom Juli 2001 Anforderungen an den Wärme- und Feuchteschutz vor. Hierbei werden allgemeine

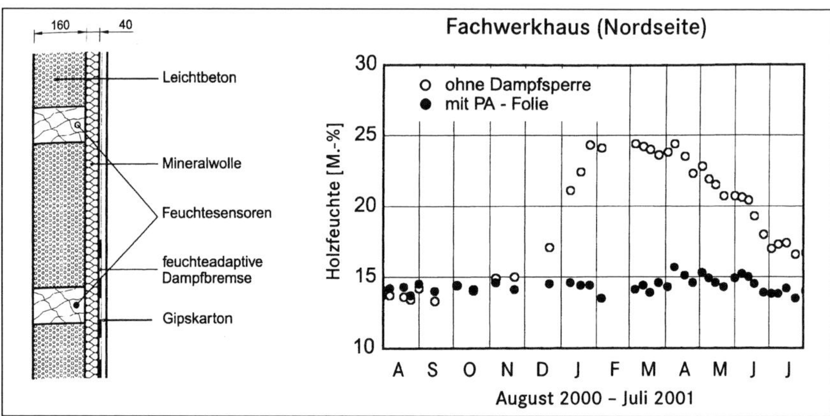

Bild 4-24 Innendämmung einer Fachwerkwand und Verlauf der Holzfeuchte im Fachwerk mit und ohne variable Dampfbremse (Quelle: [74])

Vorgaben zum Wärmedämmwert bzw. der diffusionsäquivalenten Luftschichtdicke bei Innen- und Außendämmungen gemacht.

Mit dem WTA-Merkblatt 8-1 wurden bereits ab 1996 weitergehende Grenzwerte formuliert, die auch in der Neuausgabe von 2004 [18] bestätigt sind. In den WTA-Merkblättern werden die Anforderungen an die bauphysikalischen Kennwerte weitergehend gefasst, da auch eine Abhängigkeit von der Schlagregenbelastung der Fassade gemacht wird. Somit sind auch teilweise Abweichungen von den DIN-Vorgaben vorhanden.

4.4 Fachwerkinstandsetzung nach WTA

4.4.1 Anerkannte Regeln der Technik

Es gibt für das Bauen im Bestand keine allgemein gültigen Regeln und Anweisungen, insbesondere keine DIN-Normen (die in der Regel für neu zu errichtende Gebäude Anwendung finden können); auch Instandsetzung oder Sanierung sind nicht durch Normen geregelt, d. h. man darf nicht den Fehler machen, anerkannte Regeln der Technik (a. R. d. T. [61]) automatisch mit DIN-Normen o. Ä. gleichzusetzen.

Eine a. R. d. T. ist, wenn diese wissenschaftlich begründet und technisch richtig ist, sich in der Praxis bewährt hat und in den betreffenden geschulten Fachkreisen bekannt ist. Folgende Methoden und Kriterien zur Beurteilung der Praxisbewährung (= volle Gebrauchstauglichkeit während der üblichen Lebensdauer) können angewandt werden:

- wissenschaftliche Untersuchungen durch Baustoffprüfungen, Labortests und ingenieurwissenschaftliche Berechnungen

- Bauschadensforschung durch Untersuchung und Auswertung von Schadensfällen
- Erprobungsdauer in Bezug auf das Langzeitverhalten unter Praxisbedingungen im Hinblick auf die übliche Lebensdauer.

Die Anerkennung einer allgemeinen Regel der Technik durch die Fachwelt kann nicht durch die Ansicht eines Sachverständigen nachgewiesen werden. Außerdem liegen für zahlreiche planerische und handwerkliche Bauleistungen gar keine wissenschaftlichen Untersuchungen vor, sodass es äußerst schwierig ist, zweifelsfrei festzustellen, ob es überhaupt anwendbare a. R. d. T. gibt. Hinzu kommt, dass a. R. d. T. nicht ausschließlich in förmlich veröffentlichten Vorschriften niedergelegt und solche Bestimmungen nicht selten durch einen neueren Stand der Technik überholt sind. Neben öffentlich-rechtlichen Regelwerken und überbetrieblichen technischen Normen gibt es auch noch ungeschriebene Regeln der Technik. Wenn es keine geschriebenen Regeln gibt, hat der Unternehmer so zu bauen, wie es »theoretisch richtig und in der Praxis erprobt« ist. Für die Bereiche Instandsetzung und Bauwerkserhaltung hat die WTA (Wissenschaftlich-Technische Arbeitsgemeinschaft für Bauwerkserhaltung und Denkmalpflege e. V.) in dieser Hinsicht wichtige Arbeit geleistet.

WTA-Merkblätter

Die WTA hat sich seit über 35 Jahren das Ziel gesetzt, die Forschung und deren praktische Anwendung auf dem multidisziplinären Gebiet der Bauwerkserhaltung und Denkmalpflege zu fördern. Um theoretisch richtige sowie praktisch erprobte Erfahrungen zu verarbeiten, nutzbar zu machen und damit die Anwendung neuer Erkenntnisse und moderner Technologien zu beschleunigen, hat die WTA den Kommunikationsweg der Veröffentlichung von WTA-Merkblättern für die Bereiche Holzschutz, Oberflächentechnologien, Naturstein, Mauerwerk, Beton, physikalisch-chemische Grundlagen und Fachwerk gewählt.

Aktuell existieren mehr als 50 dieser Merkblätter; eines der ältesten ist das WTA-Merkblatt 2-9 (als Nachfolger des Merkblattes 2-2-91/D) »Sanierputzsysteme« [62]. Seit mehr als 20 Jahren wird dieses Merkblatt als Grundlage zur Anwendung und Verarbeitung von WTA-Sanierputzen in der Fachwelt (Architekten, Ingenieure, Handwerker) benutzt und anerkannt. Es liegen ausreichende wissenschaftliche Untersuchungen vor, es wurde Bauschadensforschung betrieben und die Praxisbewährung ist sicher gestellt. Die Mehrzahl der Theoretiker und Praktiker ist von der Richtigkeit dieser Regeln überzeugt. Das WTA-Merkblatt 2-9 wird daher – neben mittlerweile vielen anderen auch – als a. R. d. T. eingestuft!

Vorgehensweise bei nachhaltigem Bauen im Bestand

Neben a. R. d. T. müssen auch bei der Fachwerkinstandsetzung wichtige Nachhaltigkeitsregeln mit Beachtung finden. Die gleichzeitige Berücksichtigung der ökologischen, ökonomischen und sozio-kulturellen Aspekte kann auf folgende Kriterien fokussiert werden:

- Anwendung umweltverträglicher und gesundheitlich unbedenklicher Baustoffe
- weitestgehende Erhaltung von in den Gebäuden bereits »verbauten« stoffgebundenen Energieinhalten (»Graue Energie«) und Reduzierung von Bauschuttmassen
- gleichzeitige Optimierung wirtschaftlicher Gesichtpunkte wie z. B. Verminderung der Investitionskosten, Optimierung der Betriebskosten usw.
- Berücksichtigung einer möglichst langen Lebensdauer und damit hohen Gebrauchstauglichkeit und Dauerhaftigkeit der eingesetzten Sanierungsbaustoffe
- Erhalt der die Baukultur der jeweiligen Errichtungszeit beeinflussenden Gebäude oder Bauteile.

Gleichzeitig gilt es, zeitgemäße Anforderungen zu berücksichtigen, wie DIN 4108, die Energieeinsparverordnung (EnEV), DIN 4109 [63] oder DIN 4102 [64].

4.4.2 WTA-Merkblätter zur Fachwerkinstandsetzung

Spezielle Anforderungen zum wärme- und feuchtetechnischen Verhalten von Fachwerkaußenbauteilen gab es lange Zeit nicht. Daher wurden an Neu- und Altbauten stillschweigend die Anforderungen der Normung, hier der DIN 4108, angesetzt. Dieses Vorgehen hat bekanntlich zu Fehlinterpretationen und auch zu Fehlbewertungen bei der Betrachtung von bestehenden Fachwerkgebäuden geführt. Bei Fachwerkbauten mit ihrer besonderen Baukonstruktion bedeutet die unbedachte Anwendung der DIN 4108 eine große Unsicherheit, was teilweise zu spezifischen Schäden geführt hat. So wurden ab Mitte der 1990er-Jahre im Rahmen der WTA-Tätigkeit verschiedene Merkblätter zur fachgerechten Fachwerkinstandsetzung erarbeitet, um die entstandene Planungslücke zu schließen.

Seit seiner Gründung 1992 hat das Referat 8 »Fachwerk« der WTA zwölf praxisorientierte WTA-Merkblätter 8-1 bis 8-12 [18], [19], [20], [65], [66] zur Erhaltung und Instandsetzung historischer Holzfachwerkbauten erstellt. Die Merkblätter 8-13 [67] und 8-14 [68] liegen als Entwürfe vor. Die Merkblätter, in die die Ergebnisse der Forschung und Praxis eingeflossen sind, stellen den Stand der Technik unter der Überschrift »Fachwerkinstandsetzung nach WTA« dar. Es handelt sich dabei um die folgenden Merkblätter:

Merkblatt-Nr.	Titel; letzte Ausgabe
8-1	Bauphysikalische Anforderungen an Fachwerkgebäude; 06.2004
8-2	Checkliste zur Instandsetzungsplanung und -durchführung; 05.2007
8-3	Ausfachungen von Sichtfachwerk; 09.2010
8-4	Außenbekleidungen; 07.2008
8-5	Innendämmungen; 05.2008
8-6	Beschichtungen auf Fachwerkwänden - Ausfachungen/Putze; 09.2009
8-7	Beschichtungen auf Fachwerkwänden - Holz; 10.2010
8-8	Tragverhalten von Fachwerkgebäuden; 10.2007
8-9	Gebrauchsanweisung für Fachwerkhäuser; 10.2000 (Neufassung in Vorbereitung)
8-10	EnEV: Möglichkeiten und Grenzen; 05.2011
8-11	Schallschutz von Holzfachwerkgebäuden; 10.2008
8-12	Brandschutz von Holzfachwerkgebäuden; 05.2011
Anmerkung: Frühere Merkblätter beinhalteten in der Merkblatt-Nummer auch das Ausgabe-Jahr (z. B. Merkblatt 8-5-00/D für Merkblatt 8-5 aus dem Jahr 2000). Neuere Merkblätter werden ohne Jahreszahl nummeriert, diese wird nachgestellt (z. B. Merkblatt 8-5, Ausgabe 05.2008/D). Die neue Schreibweise wurde in diesem Buch vollständig angewendet.	

In Zusammenhang mit der EnEV sind insbesondere die Merkblätter 8-1 und 8-10 zu sehen. Das Merkblatt 8-1 stellt sich, ausgehend von den angestiegenen Ansprüchen der Nutzer an die Behaglichkeit im Inneren von Gebäuden, einhergehend mit neuen komplexen Anforderungen an den historischen Gebäudebestand, dem Konflikt zwischen diesen Nutzungswünschen und der Leistungsfähigkeit historischer, bauzeitlicher Substanz von Gebäuden. Es werden, gegliedert nach den Themenbereichen Schlagregen-, Tauwasser-, Wärme-, Schall- und Brandschutz, die bestehenden Widersprüche zwischen der überlieferten Bausubstanz und dem geltenden DIN-Regelwerk analysiert, erläutert und sinnvolle Begrenzungen benannt.

Das Merkblatt 8-10 setzt sich eingehend mit den verschiedenen Forderungen der EnEV an alle Bauteile eines Fachwerkgebäudes, auch an Dächer, Fenster etc., auseinander. Dieses spezielle Merkblatt war nötig, da mit der EnEV für den Fachwerkbau schwer zu erfüllende Grenzwerte festgeschrieben wurden bzw. die Regelungen der Anlage 3 einer Kommentierung bedürfen. Insbesondere der geforderte U-Wert bei Einbau von innenraumseitigen Dämmschichten in Höhe von ≤ 0,35 W/(m^{2}K) gemäß Anlage 3, EnEV bereitet Probleme, da er bei einer Innendämmung den oben genannten Vorgaben des aktuellen Merkblattes 8-1 »Bauphysikalische Anforderungen an Fachwerkgebäude« widerspricht.

Kritisch ist zudem, dass kapillaraktive Innendämmsysteme mit den nach EnEV geforderten Werten häufig materialtechnisch nicht zu erreichen sind. Gerade bei Sichtausmauerungen der Gefache, die im norddeutschen Raum häufig anzutreffen sind, führen diese Abhängigkeiten zwangsläufig zu Konflikten. Eine unbedachte Anwendung der Verordnung für den Fachwerkbestand wird daher von Seiten der WTA als problematisch angesehen. Zahlreiche wissenschaftliche und baupraktische Erfahrungen [69], [70], [71] begründen diese Auffassung.

Bei Außenwänden in Sichtfachwerkbauweise, die der Schlagregenbeanspruchungsgruppe I nach DIN 4108-3 : 2001-06 zuzuordnen sind und in besonders geschützten Lagen liegen, gelten die Anforderungen der EnEV 2009 (Anlage 3) bei der Änderung von Außenbauteilen und bei Errichtung kleiner Gebäude für den Ersatz oder den einmaligen Einbau, für Bekleidungen in Form von Platten oder plattenartigen Bauteilen oder Verschalungen sowie Mauerwerksvorsatzschalen und für die Erneuerung des Außenputzes bei einer bestehenden Wand mit einem Wärmedurchgangskoeffizienten größer als 0,9 W/(m^{2}K) nunmehr als erfüllt, wenn der Wärmedurchgangskoeffizient des entstehenden Wandaufbaus 0,84 W/(m^{2}K) nicht überschreitet. Im Übrigen gelten bei Wänden in Sichtfachwerkbauweise die Anforderung $U \leq 0{,}35$ W/(m^{2}K) nur für das Anbringen von Bekleidungen in Form von Platten bzw. plattenartigen Bauteilen oder Verschalungen sowie Mauerwerksvorsatzschalen. Wenn die Dämmschichtdicke im Rahmen dieser Maßnahmen aus technischen Gründen begrenzt ist, so gelten die Anforderungen als erfüllt, wenn die nach den anerkannten Regeln der Technik höchstmögliche Dämmschichtdicke (bei einem Bemessungswert der Wärmeleitfähigkeit $\lambda = 0{,}040$ W/(mK)) eingebaut wird. Als anerkannte Regel der Technik können die vorgenannten WTA-Merkblätter 8-1 und 8-10 angesehen werden.

Eine besondere Bedeutung bei der Beurteilung einer Fachwerkaußenwand kommt der Schlagregenbeanspruchung der Fassade zu.

4.4.3 Ermittlung der Schlagregenbeanspruchung

Es wird sicher nicht die Regel sein, dass Werte über die tatsächliche Schlagregenbelastung einer Fassade vorliegen. In diesen Fällen kann sich mit einfachen Hilfsmitteln beholfen werden.

Eine gebietsweise Einordnung der Schlagregenbelastungen erfolgt zunächst nach DIN 4108-3 (s. Bild 4-25). Festzulegen sind dementsprechend die Wetterseiten und ob die Fassaden frei von Wind angeströmt werden können. Als frei angeströmt können Fassaden gewertet werden, die die umgebende Bebauung überragen oder bei denen der Abstand zur umgebenden Bebauung mehr als

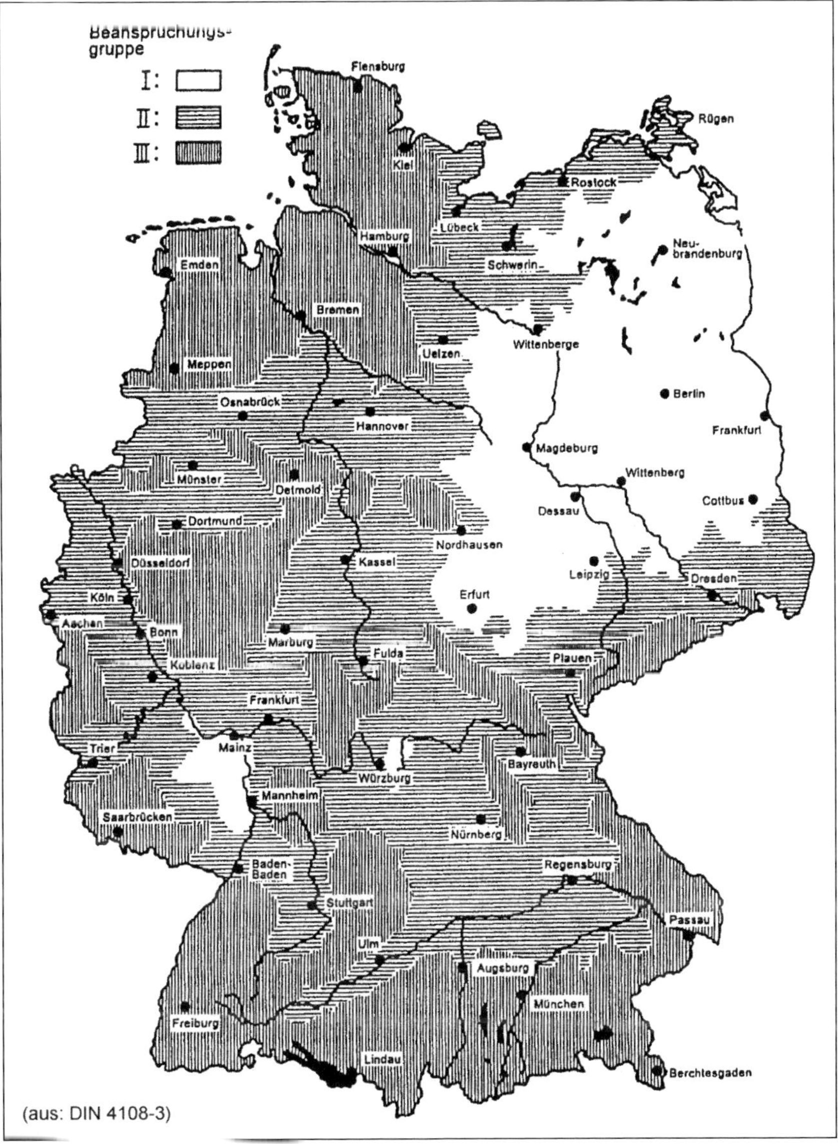

Bild 4-25
Schlagregenbeanspruchung in der Bundesrepublik Deutschland (nach DIN 4108-3 [75])

etwa das 2,5-fache der Fassadenhöhe beträgt. In jedem Fall ist es erforderlich, die Windexponierung des Einzelobjektes besonders zu beachten. Vorhandene Bekleidungen, auch an Nachbargebäuden, sowie Fassadenschäden weisen auf signifikante Schlagregenbelastungen hin.

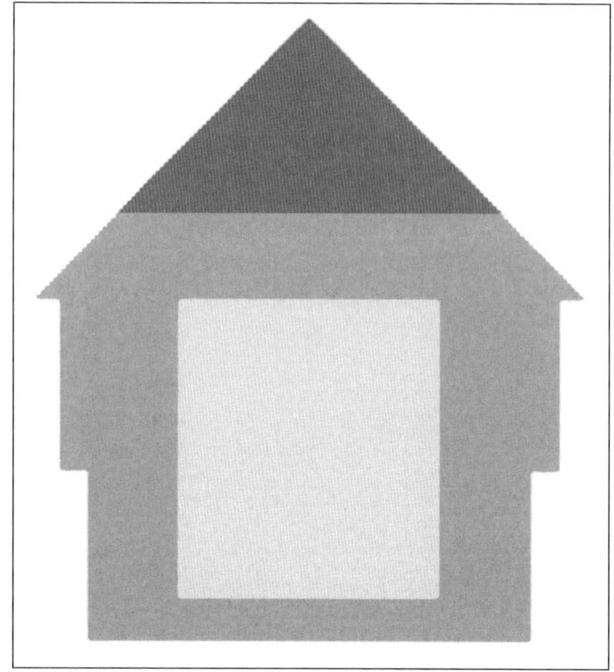

Bild 4-26
Übliche Verteilung der Schlagregenbeanspruchung einer Giebelwand (dunkle Flächen mit erhöhter Beanspruchung). Grundlage: Testhaus Lauterbach-Maar, West-Giebelwand (Quelle: [18])

So kann es durchaus sein, dass Fassaden eines Gebiets der Schlagregenbeanspruchungsgruppe I eine erhöhte Schlagregenbelastung aufweisen bzw. dass Fassaden eines Gebiets der Beanspruchungsgruppe II oder sogar III eine Einstufung wie I erfahren, sodass hier sogar ein Sichtfachwerk möglich ist.

In einem nächsten Schritt sind Teilflächen einer Fassade besonders zu betrachten (s. Bild 4-26). Die Verteilung der Schlagregenbelastung zeigt, dass Giebelbereiche deutlich höher belastet sind als die restlichen Fassadenflächen. Aus diesem Grund finden sich an vielen Bestandsgebäuden Bekleidungen der Giebelspitzen. Des Weiteren sind die jeweiligen Randbereiche der Fassaden höher schlagregenbelastet als die mittleren Flächenfelder.

4.4.4 Allgemeine Hinweise für Planung und Ausführung

Bei der Instandsetzung einer Fachwerkwand ist zunächst darauf zu achten, ob diese Fassade einer erhöhten Schlagregenbelastung ausgesetzt ist. Fachwerksichtige Fassaden zeigen in der Regel keine schlagregenbedingten Schäden, wenn die jährliche Schlagregenmenge, die auf die Fassade auftrifft, max. 140 l/m² beträgt. Dieser Grenzwert wurde durch umfangreiche Forschungsarbeiten, u. a. am Fraunhofer-Institut für Bauphysik (IBP) Holzkirchen, ermittelt und ist vergleichbar mit der Schlagregenbeanspruchungsgruppe I nach DIN 4108. Bei erhöhter Schlagregenbelastung sollte daher auf Sichtfachwerk verzichtet und eine Außenbekleidung (Verkleidung, Außenbekleidung mit kombinierter Wärmedämmung o. Ä.) bei einer geplanten energetischen Verbesserung der Fachwerkaußenwände in Erwägung gezogen werden. Bei Verwendung einer Außenbekleidung oder eines Außenputzes greift EnEV Anlage 3, Pkt. 1 b), womit ein U-Wert der Außenwand von $\leq 0{,}24\ W/(m^2K)$ erforderlich ist.

Der im norddeutschen Raum als Ausfachungsmaterial häufig verwendete »Backstein« weist aufgrund seiner feuchtetechnischen Kennwerte häufig ein günstiges Verhalten auf, sodass hier auch bei höherer Schlagregenbelastung eventuell ein Sichtfachwerk möglich ist.

Tabelle 4-2
Schlagregenbeanspruchung

Schlagregenbeanspruchung	Ausführung
wetterabgewandte Fachwerkfassaden oder Fassaden, die durch benachbarte Bebauung geschützt sind	Außenwand fachwerksichtig möglich. Größte Freiheit bei Materialwahl. Keine zusätzlichen Anforderungen an die Wahl der Bau- und Dämmstoffe; auch historische Baustoffe einsetzbar
freistehende Fachwerkfassaden bei geringer Schlagregenbeanspruchung (Beanspruchungsgruppe I und geschützte Lagen Beanspruchungsgruppe II nach DIN 4108-3)	Außenwand fachwerksichtig möglich. Eine ausreichende Trocknung des Bauteils nach innen und außen muss sichergestellt sein. Verwendung stark kapillar wirksamer Baustoffe
freistehende Fachwerkfassaden bei starker Schlagregenbeanspruchung (Beanspruchungsgruppe II und III nach DIN 4108-3)	zusätzlicher konstruktiver Schlagregenschutz erforderlich, z.B. durch Verputzen oder Bekleiden des Fachwerks, Regendächer

Handelt es sich um eine Schlagregenbelastung der Fassade der Schlagregenbeanspruchungsgruppe I und liegt die Fassade in besonders geschützter Lage (z. B. vollständig witterungsgeschützt unter großen Vordächern), so kann durch eine Innendämmung ein verbesserter Wärmeschutz auch mit einem Sichtfachwerk erreicht werden. Ein bauphysikalischer Nachweis der Wandkonstruktion ist aber in jedem Fall zu führen.

Trifft die Einstufung der Schlagregenbeanspruchungsgruppe I zu und handelt es sich nicht um eine besonders geschützte Lage, so kann ein Sichtfachwerk zwar ausgeführt werden, aber die Anforderungen nach Anlage 3, EnEV sind hier in der Regel gesondert nachzuweisen.

Nach derzeitigem Kenntnisstand ist die Fuge wenigstens wind- und feuchtesperrend auszubilden. Dazu ist im Regelfall die Anwendung einer Trapez- oder

Dreikantleiste, unter Umständen mit flankierendem Einbau von dichtenden Naturfasern oder vorkomprimierten Bändern vor der Leistenanpassung, zu empfehlen [55]. Weitere Maßnahmen bezüglich des wärme- und feuchtetechnischen Verhaltens der Fachwerkwand sind zu beachten. Da das Abtrocknungsvermögen auch von der Orientierung der Fassade abhängt, ist die Wärmedämmung auf nordorientierten Außenwänden vorsichtig zu dimensionieren. Wird kein gesonderter rechnerischer Nachweis erbracht, gelten die folgenden Aspekte.

Der Wärmedurchlasswiderstand einer Innendämmung soll den Wert ΔR_i = 0,8 m^2K/W nicht übersteigen, um eine Abtrocknung der von außen unvermeidbar über die Fuge Gefach-Holz eingedrungenen Feuchte auch nach innen zu ermöglichen. Um diese Abtrocknung nicht zu behindern, dürfen die Oberflächenbeschichtungen auf der Innen- und Außenseite nicht zu dicht sein. Dieses widerspricht nun eigentlich den Erfahrungen aus den Berechnungen bei Innendämmungen (Glaser), die ihrerseits eher eine dampfsperrende oder zumindest dampfbremsende Wirkung auf der Innenseite verlangen. Es hat sich aber herausgestellt, dass eine Abwägung zwischen diesen beiden Polen erforderlich ist. Für die Innenseite hat sich eine Begrenzung der diffusionsäquivalenten Luftschichtdicke der innen liegenden Bauteilschichten auf $0{,}5 \leq s_{di} \leq 2{,}0$ m ergeben. Dieses betrifft insbesondere feuchtebelastete Fassaden; bei anderen Fassaden können je nach örtlichen Gegebenheiten geänderte Kennwerte möglich sein. Auf der Bauteilaußenseite sind auf Holz und Ausfachung nur diffusionsoffene Anstriche bzw. Putze aufzubringen.

Um die oben beschriebenen Feuchteprozesse zu erhalten, sollten kapillaraktive Baustoffe in Ausfachung und Innendämmung verwendet werden. Hierzu sind in der Regel Ziegel mit bis ca. 1.800 kg/m^3 Rohdichte, Lehme und mineralische Systeme zu nennen.

5 Wärme- und feuchtetechnische Bewertung

5.1 Fachwerkdiagnostik

5.1.1 Ziel

Unter Fachwerkdiagnostik (in Anlehnung an [76]) ist die Gesamtheit aller Maßnahmen zu verstehen, die an einer bestehenden Fachwerkkonstruktion zur Erfassung des Zustandes, zur Klärung der Schadensursachen und der daraus abzuleitenden Instandsetzungsplanung erforderlich sind. Ziel ist es, die vorhandenen Bauschäden zu erfassen sowie den baulichen Zustand zu beschreiben und zu bewerten, um daraus die erforderlichen - und vor allem die dem historischen Fachwerkhaus angepassten und dafür geeigneten - Maßnahmen zur Schadensbeseitigung abzuleiten. Handlungsanweisungen für ein durch Erfahrung gestütztes und rationelles Vorgehen am reparaturbedürftigen Fachwerk-Altbau können z. B. einer Checkliste entnommen werden, die alle Leistungsphasen nach der Honorarordnung für Architekten und Ingenieure (HOAI) erfasst und zur Planung und zum Ablauf einer Fachwerkinstandsetzung ausgewählte kritische Punkte benennt [77]. Hinweise hierzu sind ebenfalls in [78] zu finden. Für die Fachwerkdiagnostik kann in der Praxis das nachfolgende Ablaufschema sehr hilfreich sein, das sich bei häufig auftretenden Schäden bewährt hat [76].

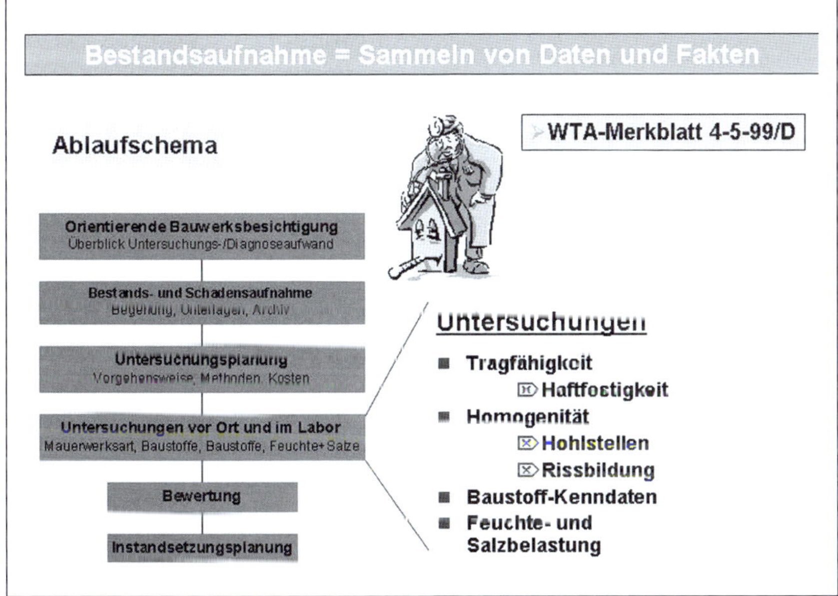

Bild 5-1 Ablaufschema Fachwerkdiagnostik

5.1.2 Phasen der Fachwerkdiagnostik

Es werden an dieser Stelle nur die für die Vorbereitung einer energetischen Sanierung erforderlichen Phasen erläutert; für eine umfassende Fachwerkinstandsetzung können noch weitere Arbeitsschritte, auf die hier nicht eingegangen wird, erforderlich sein.

Orientierende Bauwerksbesichtigung

Für eine Fachwerkdiagnostik ist zunächst eine orientierende Bauwerksbesichtigung durchzuführen, um sich einen Überblick über den voraussichtlich erforderlichen Untersuchungsaufwand verschaffen zu können, aus dem die geschätzten Untersuchungskosten abgeleitet werden können. Dieser Schritt stellt sicher, dass nur diejenigen Daten und Fakten ermittelt werden, die auch tatsächlich für den vorliegenden Einzelfall benötigt werden.

Bestands- und Schadensaufnahme

Mit der ausführlichen Bauwerksbegehung beginnt die visuelle Bestands- und Schadensaufnahme am Fachwerk. Dazu zählen u. a. die fotografische, textliche und zeichnerische Erfassung des Bestandes und der Schäden und einfache Untersuchungsmethoden. Die Ortsbesichtigung liefert somit wichtige allgemeine Angaben zum Bauwerk wie z. B. Konstruktionsart, Baujahr, Lage des Bauwerks und seine Abmessungen, Besonderheiten. Weiterhin ist eine Anamnese, also die Summe aller Erkenntnisse zur Vorgeschichte des Fachwerkgebäudes aus Archiven, Bauunterlagen, altem Bildmaterial, Sekundärliteratur oder Nutzungsgeschichte durchzuführen. Die Kenntnis der Anamnese oder Vorgeschichte einer Fachwerkkonstruktion hilft, die Bedingungen seiner Errichtung, Art, Umfang und Zeitpunkt der Änderungen sowie damit verbundene Eingriffe in die Konstruktion und in das Gefüge Holzfachwerk/Ausfachungen zu klären. Wichtig ist, Schadensart, -ort und -umfang nach Lokalisierung genau zu beschreiben und am besten zeichnerisch darzustellen.

Untersuchungsplanung

Ziel eines Untersuchungsplans ist es, aus den gesammelten Erkenntnissen der Bestands- und Schadensaufnahme sowie der Anamnese die notwendigen Untersuchungen zur Ursachenermittlung festzulegen. Dabei sind möglichst substanzschonende Methoden auszuwählen. Die Untersuchungsverfahren, der notwendige Umfang, der Ort zerstörender Probeentnahmen und die dafür zu erwartenden Kosten sind zu präzisieren. Die geplanten Untersuchungen sollen in repräsentativen Bereichen Aussagen zur Konstruktion, zu den vorhandenen Materialien, zum Zustand und zu Art und Umfang der Schäden liefern.

Untersuchungen

Grundsätzlich muss die Primärursache eines Schadens ermittelt werden. Dazu werden verschiedene Methoden und Verfahren angewandt [79]. Beobachtungen beruhen auf einer einmaligen oder in bestimmten Zeitabständen wiederholten visuellen Feststellung über das Erscheinungsbild von Schäden (z.B. Befall mit Mikroorganismen). Messungen sind erforderlich, um Daten über z.B. geometrische, physikalische oder chemische Veränderungen zu erfassen (z.B. Rissbreitenmessung). Prüfungen sind meist aufwendige Verfahren z.B. zur Ermittlung von Baustoffeigenschaften, Festigkeiten, Rohdichten. Zerstörungsfreie oder -arme Prüfverfahren sind bei vertretbaren Kosten und vergleichbarer Aussagekraft vorzuziehen.

Berechnungen müssen z.B. zur Bewertung bauphysikalischer Funktionen durchgeführt werden. Da die meisten Berechnungsverfahren mit stationären Randbedingungen arbeiten (Klimabedingungen usw.), in der Praxis jedoch instationäre, d.h. schwankende oder variable Randbedingungen anzutreffen sind, gewinnen Simulationen mit geeigneten Computerprogrammen auf der Basis vorhandener Kenndaten bzw. der gewonnenen Prüf- und Messergebnisse immer mehr an Bedeutung (s. Kap. 5.2.1).

5.1.3 Vor-Ort-Untersuchungen

Typische Untersuchungen am Bauwerk vor Ort sind Sondierungsbohrungen und Endoskopie zur Erfassung des Gefüges und dessen Abmessungen, IR-Thermografie, Erfassung von Rissverläufen, Rissbreiten und -tiefen, Beobachtung von Bauteilbewegungen, Tragfähigkeit vorhandener Altputze, qualitative Messungen des Durchfeuchtungs- und Versalzungsgrades, Klimamessungen und Untersuchungen zu Baugrund und hydrogeologischen Verhältnissen.

Sondierungsbohrungen und Endoskopie

Sondierungsbohrungen werden mit einfachem Bohrgerät unter Verwendung von Spiral- oder Kernbohrern durchgeführt. Diese zerstörende Standardmethode dient zum Erkennen des Wand- und Schichtenaufbaus und zur Ermittlung schadhafter und schadfreier, d.h. tragfähiger Holzbauteile bei Befall mit holzzerstörenden Pilzen.

Endoskope und Videoskope erlauben eine visuelle Inspektion von vorhandenen und zu schaffenden Hohlräumen, die für eine energetische Sanierung von Interesse sein können. Darüber hinaus werden die Geräte zur visuellen Zustandserfassung des untersuchten Bauteils eingesetzt. Einsatzgebiete sind u.a. die

Bild 5-2
Sondierungsbohrungen in Ausfachung und Holzfachwerk

Erkundung von Bauwerksfugen und die Ermittlung des Schalenaufbaus von Bauwerkskonstruktionen.

Infrarot-Wärmebildaufnahmen (IR-Thermografie)

Die Untersuchungsergebnisse mittels IR-Wärmebildkameras geben Auskunft über die prinzipielle Funktionsfähigkeit der zu untersuchenden Außenwandkonstruktionen. Es ist somit auch möglich, den Wandaufbau in der Fläche den Anforderungen des Mindestwärmeschutzes bzw. den vereinbarten Anforderungen gegenüberzustellen. Weiterhin können sehr detaillierte Problemstellen wie Wärmebrücken, Undichtheiten, unbekanntes, verputztes Fachwerk usw. aufgespürt werden.

Im folgenden Beispiel sind Normalbild und IR-Wärmebild gegenübergestellt. Bei der Betrachtung der Aufnahmen von Oberflächen im wärmeren Bereich (im Winter innen, im Sommer außen) bedeuten zunehmend rote Flächen Bereiche mit erhöhter Temperatur, d. h. mit reduzierter Wärmeabfuhr über die Bauteiloberflächen. Blaue Flächen kennzeichnen Bereiche mit niedriger Oberflächentemperatur, d. h. erhöhter Wärmeabfuhr über die Bauteiloberflächen. Hierbei handelt es sich dann um Wärmebrücken (= Wärmeverluste).

Bei dem abgebildeten Beispiel, das im Sommer thermografiert wurde, handelt es sich um eine verputzte Fachwerkkonstruktion; das Dachgeschoss ist wahrscheinlich ungenutzt. Die Gefache besitzen dort kaum wärmedämmende Eigenschaften. Da Schmuck- und Zierbänder fehlen, ist es möglich, dass das Fachwerk

Bild 5-3
Beispiel einer IR-Wärmebild-überprüfung einer verputzten Fassade

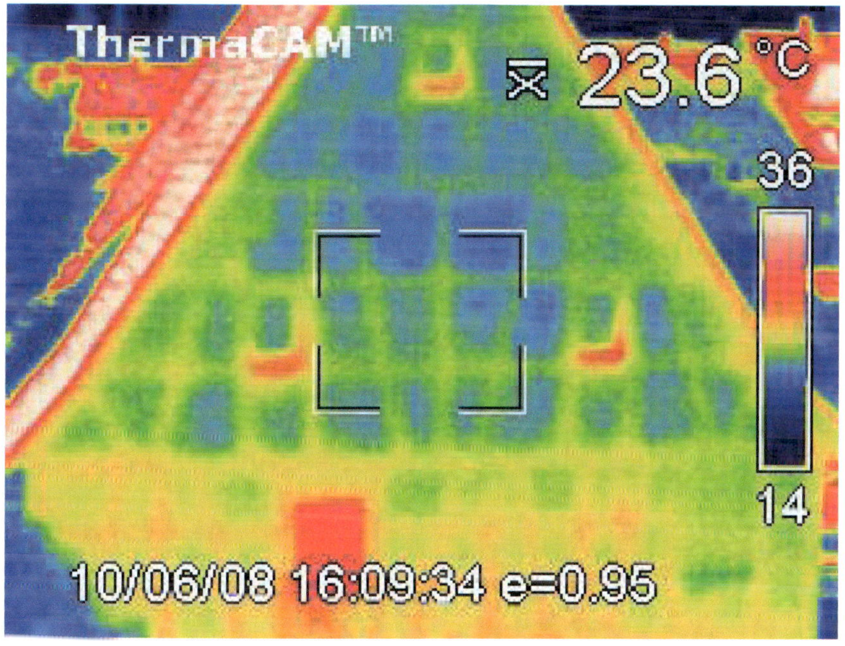

Bild 5-4
Das IR-Wärmebild gibt Aufschluss über verborgenes Fachwerk und Wärmebrücken.

bauzeitlich bewusst als konstruktive, verputzte Tragkonstruktion erstellt wurde. Diese Informationen können zerstörungsfrei nur durch IR-Thermografie gewonnen werden.

Hohlstellen und Risse

Die Wandflächen im Innen- und Außenbereich werden mit einem speziellen Drahtbügel überprüft und vorsichtig abgeklopft; aus dem Klangunterschied hell/dunkel erkennt man eindeutig die Lage und Größe von Hohlstellen. Die Verteilung und der Verlauf von Rissen können z. B. in Ansichtsplänen eingetragen und festgehalten werden; dies gilt auch für die Dokumentation von Hohlstellen.

Die Rissbreite lässt sich vor Ort mit einer geeigneten Messlupe untersuchen. Die Bestimmung der Rissbreite erfolgt am besten mit einem Rissbreiten-Vergleichsmaßstab. Zur Kennzeichnung feinster Risse auf der Fotografie hat sich ein Hinweispfeil bewährt.

Bauteilbewegungen

Bauteilbewegungen können mittels Gipsmarken oder mit speziellen Rissmonitoren (zwei übereinander liegende durchsichtige Vergleichsmaßstäbe) überwacht werden. Gipsmarken können an Ort und Stelle angesetzt werden; auch eine Vorfertigung ist möglich. Das Ansetzen erfolgt dann mit Sekunden- oder Zweikomponentenkleber.

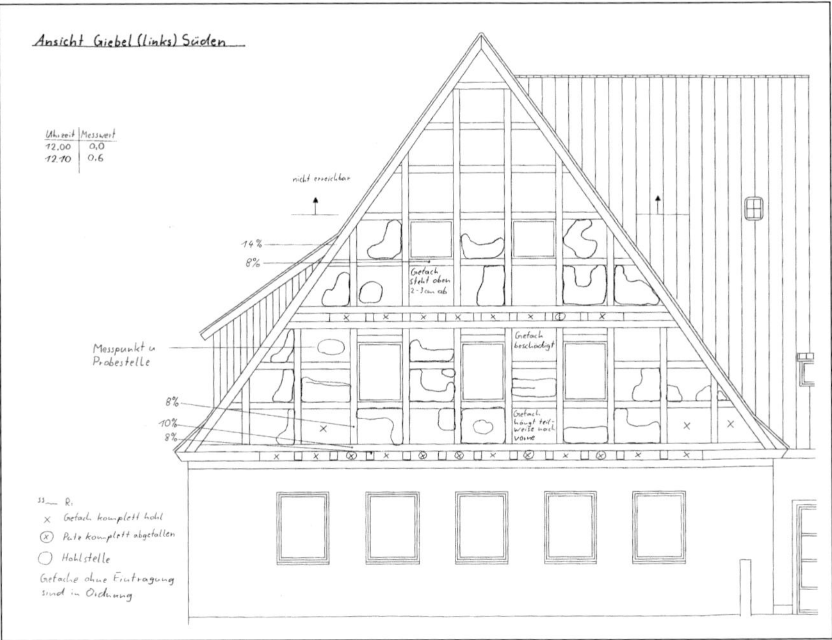

Bild 5-5 Beispiel der Kartierung von Hohlstellen an einer Fachwerkfassade

Bild 5-6
Rissbreitenbestimmung mit Vergleichsmaßstab

Bild 5-7
Überprüfung der Bauteilbewegung mit Rissmonitor

Kapillare Wasseraufnahme

Nach dem Entfernen einer eventuell vorhandenen Beschichtung wird das Saugverhalten, d.h. die kapillare Wasseraufnahme der vorhandenen Baustoffe überprüft, indem mit der Spritzflasche einige Tropfen Wasser auf die Oberfläche des Altputzes gespritzt werden. Bei sehr saugfähigen Putzen dringt das Wasser schnell in die Oberfläche ein, bei weniger saugfähigen Putzen langsamer. Bei hydrophobierten oder nur gering saugfähigen Putzen laufen Wassertropfen ab. Gegebenenfalls kann die Saugfähigkeit auch mit Hilfe von Wassereindring-Prüfröhrchen (nach Karsten) bestimmt werden.

Tragfähigkeit vorhandener Altputze

Um z.B. die Möglichkeit des Auftragens eines neuen Ober- oder Wärmedämmputzsystems auf einem vorhandenen Innen- oder Außenputz ermitteln zu kön-

Bild 5-8 Überprüfung der kapillaren Wasseraufnahme von Holzfachwerk mit Prüfröhrchen nach Karsten

nen, ist dessen ausreichende Tragfähigkeit von Bedeutung. Daher sind an charakteristischen Stellen sogenannte Abreißversuche durchzuführen, bei denen ein Armierungsgewebe mit einem sichtbar freien Ende in einem handelsüblichen Klebe- und Armierungsputz (Dicke ca. 3-5 mm) auf den Altputz aufgetragen wird. Einige Tage später ist das Gewebe an dem freien Ende ruckartig abzureißen. Wird beim Abreißen auch Altputz mit entfernt, ist keine ausreichende Tragfähigkeit gegeben; reißt das Armierungsgewebe ohne Materialreste durch die Armierungsputzschicht, ist der vorhandene Altputz in der Regel tragfähig.

Feuchtigkeitsbeurteilung

Ein halbdirektes Verfahren ist die Calciumcarbid-Methode (CM-Bestimmung). Dabei wird in einem verschließbaren Stahlzylinder mit aufgeschraubtem Manometer eine bestimmte Menge feuchter Baustoffprobe mit pulverisiertem Calciumcarbid durch Schütteln in Verbindung gebracht. Die Feuchtigkeit im Baustoff reagiert mit dem Calciumcarbid zu Acetylengas, wobei sich ein Druck entwickelt, der proportional zum Feuchtigkeitsgehalt ist und am Manometer abgelesen werden kann.

Elektrische Messgeräte (Widerstands- bzw. Kapazitätsmessgeräte) wurden ursprünglich zur Messung von Holzfeuchtigkeit entwickelt und liefern dabei relativ genaue Messwerte. Bei mineralischen Baustoffen erlauben sie meist nur einen Rückschluss auf Feuchtigkeit bzw. auf die Feuchtigkeitsverteilung im Baustoff. Um eine quantitative Aussage zu machen, müsste für jeden Baustoff

Bild 5-9
Abreißtest an Innenputz auf Fachwerk »positiv«

eine eigene Kalibrierung erfolgen, da das Messverfahren von der Rohdichte des Baustoffes, den Bindemitteln und Zuschlägen abhängt und vorhandene Salze die Leitfähigkeit stark beeinflussen können.

Zur Messung werden die Elektroden in das Holz eingeschlagen, die entsprechende Temperatur und Holzart eingestellt und anschließend wird direkt der Feuchtigkeitsgehalt im Holz abgelesen. Es empfiehlt sich ein Vergleich der überprüften Holzfeuchtigkeiten mit den gebrauchsüblichen Werten, die von Nutzung und Bauwerksart abhängen. Die Holzfeuchtigkeit steht in direktem und bekanntem Verhältnis zur relativen Luftfeuchtigkeit; bei Abweichungen davon lässt sich schlussfolgern, ob Holz durch Feuchtigkeitseinfluss infolge Bewitterung, Kondensatbildung usw. beeinträchtigt wurde.

Bild 5-10 Elektrisches Messgerät zur Überprüfung der Holzfeuchtigkeit

Gebrauchsfeuchte von Holz je nach Nutzung und Bauwerksart		
Bauwerkskategorie	Ausgleichsfeuchte	Luftfeuchte
geschlossene Bauten mit Heizung	ca. 9 %	ca. 48-50 % r.F.
geschlossene Bauten ohne Heizung	ca. 12 %	ca. 64-67 % r.F.
offene und teilweise offene Bauten	ca. 15 %	ca. 76-78 % r.F.
freistehende Tragwerke ohne Wetterschutz	ca. 18 %	ca. 84-86 % r.F.

Tabelle 5-1 Gebrauchsfeuchten von Holz [80]

Raumklima

Zur Kontrolle des Raumklimas sind Messgeräte geeignet, die gleichzeitig die relative Luftfeuchtigkeit und die Raumtemperatur anzeigen. Für Stichprobenmessungen werden von verschiedenen Herstellern preisgünstige, robuste und einfach zu bedienende Hand-Messgeräte angeboten, die auch den Nutzern zur laufenden Kontrolle ihres persönlichen Lüftungsverhaltens an die Hand gegeben werden können. Für Gutachten werden meist kalibrierfähige Messgeräte verwendet.

Eine kontinuierliche Überwachung des Raumklimas ist mit mechanischen Thermohygrografen möglich; diese relativ großen Messgeräte konnten sich jedoch nicht überall durchsetzen (aufwendiger Messbetrieb, hohe Anschaffungskosten u. a.). Eleganter ist die professionelle Messdatenspeicherung mit sogenannten Messdatenloggern. Diese elektronischen Mini-Thermohygrografen zeichnen mit internen Sensoren Raumtemperatur, relative Luftfeuchtigkeit, Tautemperatur und absoluten Wassergehalt der Luft sicher und unauffällig auf. Die Messdaten werden nach Beendigung der Messung ausgewertet. Auf diese Weise lässt sich über einen längeren Zeitraum das Raumklima in einem Fachwerkgebäude überwachen, woraus sich gegebenenfalls Rückschlüsse auf mögliche Ursachen für erhöhte Baustofffeuchten ziehen lassen.

5.1.4 Probeentnahmen

Die Probeentnahme dient zur Gewinnung von Material aus der Fachwerkkonstruktion für weitere Untersuchungen im Labor. Menge und Art der Proben hängen von dem Untersuchungsziel und den vorgesehenen Untersuchungsmethoden ab. In der Regel sind Proben vom Holzfachwerk, den Ausfachungen und den verwendeten Putzen erforderlich.

Bild 5-11 Bohrkernentnahme in Gefachmitte und Prüfung Haftzugfestigkeit (rechts)

5.1.5 Laboruntersuchungen

Im Vordergrund bei Untersuchungen im Labor stehen im Regelfall die Ermittlung der Rohdichten vorhandener Wandbaustoffe, Analyse des Feuchteverhaltens und werkstoffzerstörender Salze, Untersuchung der Eigenschaften vorhandener, oft bauzeitlicher Baustoffe (Zusammensetzung, Festigkeit, Schadstoffe usw.) und die Bestimmung der Art des Befalls mit holzzerstörenden Pilzen oder Insekten.

Analyse des Feuchteverhaltens

Nach Entnahme der Probestücke wird zunächst das Ausgangsgewicht und nach Trocknung bei +105 °C bis auf Gewichtskonstanz das Trockengewicht bestimmt (gravimetrische Bestimmung oder Darr-Methode). Der Gewichtsverlust, bezogen auf das Trockengewicht, wird in [M.-%] als vorhandene gesamte Materialfeuchtigkeit angegeben. Der Arbeitsaufwand ist zwar größer als bei einfachen Feuchtigkeitsbestimmungen vor Ort, aber der Vorteil dieses Verfahrens liegt darin, dass man mit den nunmehr getrockneten Proben das Feuchteverhalten der vorhandenen Baustoffe weiter untersuchen und die Sättigungsfeuchte (maximale Wasseraufnahme bei Wasserlagerung) bestimmen kann. Außerdem ist es möglich, mittels Höhen- oder Tiefenprofilen zu untersuchen, ob und wo Durchfeuchtungen vorhanden sind. Aus dem Verlauf der Messwerte lässt sich in

Tabelle 5-2
Beispiel einer Feuchtebilanz

Laboruntersuchung

Durchfeuchtungsgrad

Objekt: Rathaus Eberdingen (ehemalige Zehntscheuer)

Datum Probenahme: 23.–25.09.03

Kennung Nr.	Probe Nr.	Beschreibung	Durchfeuchtungsgrad (%)			U_{prakt} (M.-%)	U_{S90} (M.-%)	U_f (M.-%)
			DF_{prakt}	DF_{S90}	DF_f			
	5	Außenputz	23	105	100	2,1	10,0	9,4
	1	Außenputz	29	75	100	3,6	9,3	12,5
	3	Außenputz	19	84	100	1,7	7,7	9,3
50	15	Putz in Feuchteflecken	14	73	100	1,2	6,6	9,0
	8	Außenputz verschmutzt	21	42	100	1,9	3,8	9,0
	4	Außenputz weiß	46	66	100	2,6	3,7	5,7
	5	Stein	15	40	100	0,9	2,3	5,8
	16	Außenputz	27	29	100	1,9	2,0	6,9
40	11	Putz mit Wärmedämmung	6	13	100	0,5	1,2	9,0
37	9	Putz mit Treiberkorn	12	12	100	1,1	1,1	9,0
49	13	Putz (alt)	7	9	100	0,7	0,9	9,9
49	13	Putz (neu)	17	21	100	0,7	0,9	4,3

vielen Fällen der Feuchteeintrag in die Fachwerkkonstruktion eingrenzen. Die Darr-Methode liefert so zusätzliche Informationen über das Feuchtespeicherverhalten der vorhandenen Baustoffe und ermöglicht das Aufstellen einer Feuchtigkeitsbilanz. Diese ist neben der Ursachenermittlung auch für die Festlegung der späteren Instandsetzungsverfahren und insbesondere für die bauphysikalische Berechnung und Klimasimulation von Bedeutung.

Rohdichten vorhandener (Wand-)Baustoffe und Bestimmung der Wärmeleitfähigkeit

Von den entnommenen, getrockneten und bis auf Ausgleichsfeuchte vorgelagerten Proben der vorhandenen Ausfachungsbaustoffe und Putze werden stichprobenartig die Rohdichten bestimmt. Diesen Rohdichten können Durchschnittswerte für Wärmeleitfähigkeiten trockener Baustoffe zugeordnet und gleichzeitig die Wärmeleitzahlen nach DIN 4108-4 bzw. DIN EN 1745 [81] ermittelt werden. Um den Einfluss der Materialfeuchtigkeit auf die Wärmeleitfähigkeit in Simulationen berücksichtigen zu können, ist die Angabe der Materialfeuchtigkeit und der praxisüblichen Ausgleichsfeuchtigkeit wichtig. Da es sich meist um historische Baustoffe handelt, ist es empfehlenswert, für Wärmeschutznachweise usw. die Werte nach Cammerer [82] zu verwenden.

In den beiden folgenden Abbildungen ist die Vorgehensweise anhand einer konkreten Bestimmung dargestellt. Zunächst werden die entnommenen Proben so

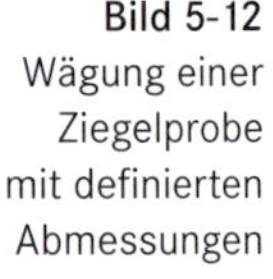

Bild 5-12 Wägung einer Ziegelprobe mit definierten Abmessungen

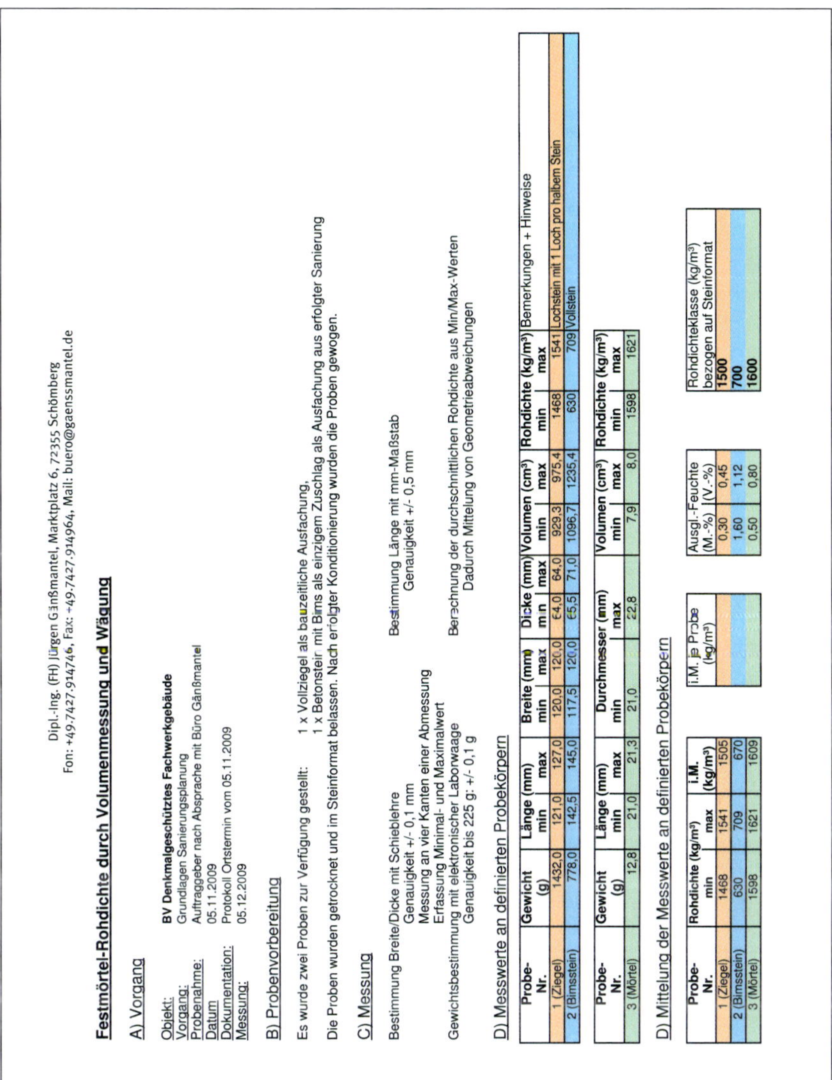

Dipl.-Ing. (FH) Jürgen Gänßmantel, Marktplatz 6, 72355 Schömberg
Fon: +49.7427.914746, Fax: +49.7427.914964, Mail: buero@gaensmantel.de

Festmörtel-Rohdichte durch Volumenmessung und Wägung

A) Vorgang

Objekt:	**BV Denkmalgeschütztes Fachwerkgebäude**
Vorgang:	Grundlagen Sanierungsplanung
Probenahme:	Auftraggeber nach Absprache mit Büro Gänßmantel
Datum	05.11.2009
Dokumentation:	Protokoll Ortstermin vom 05.11.2009
Messung:	05.12.2009

B) Probenvorbereitung

Es wurde zwei Proben zur Verfügung gestellt: 1 x Vollziegel als bauzeitliche Ausfachung,
1 x Betonstein mit Bims als einzigem Zuschlag als Ausfachung aus erfolgter Sanierung
Die Proben wurden getrocknet und im Steinformat belassen. Nach erfolgter Konditionierung wurden die Proben gewogen.

C) Messung

Bestimmung Breite/Dicke mit Schieblehre
Genauigkeit +/- 0,1 mm
Messung an vier Kanten einer Abmessung
Erfassung Minimal- und Maximalwert
Gewichtsbestimmung mit elektronischer Laborwaage
Genauigkeit bis 225 g: +/- 0,1 g

Bestimmung Länge mit mm-Maßstab
Genauigkeit +/- 0,5 mm

Berechnung der durchschnittlichen Rohdichte aus Min/Max-Werten
Dadurch Mittelung von Geometrieabweichungen

D) Messwerte an definierten Probekörpern

Probe-Nr.	Gewicht (g)	Länge (mm) min	Länge (mm) max	Breite (mm) min	Breite (mm) max	Dicke (mm) min	Dicke (mm) max	Volumen (cm³) min	Volumen (cm³) max	Rohdichte (kg/m³) min	Rohdichte (kg/m³) max	Bemerkungen + Hinweise
1 (Ziegel)	1432,0	121,0	127,0	120,0	120,0	64,0	64,0	929,3	975,4	1468	1541	Lochstein mit 1 Loch pro halbem Stein
2 (Bimsstein)	778,0	142,5	145,0	117,5	120,0	65,5	71,0	1096,7	1235,4	630	709	Vollstein

Probe-Nr.	Gewicht (g)	Länge (mm) min	Länge (mm) max	Durchmesser (mm) min	Durchmesser (mm) max	Volumen (cm³) min	Volumen (cm³) max	Rohdichte (kg/m³) min	Rohdichte (kg/m³) max
3 (Mörtel)	12,8	21,0	21,3	21,0	22,8	7,9	8,0	1598	1621

D) Mittelung der Messwerte an definierten Probekörpern

Probe-Nr.	Rohdichte (kg/m³) min	Rohdichte (kg/m³) max	i.M. (kg/m³)	i.M. je Probe (kg/m³)	Ausgl.-Feuchte (M.-%)	Ausgl.-Feuchte (V.-%)	Rohdichteklasse (kg/m³) bezogen auf Steinformat
1 (Ziegel)	1468	1541	1505		0,30	0,45	**1500**
2 (Bimsstein)	630	709	670		1,60	1,12	**700**
3 (Mörtel)	1598	1621	1609		0,50	0,80	**1600**

Bild 5-13 Bestimmung der Rohdichte und Festlegung der Rohdichteklasse für verschiedene Ausfachungsbaustoffe (bauzeitlich und saniert) und Mauermörtel

vorbereitet, dass die Abmessungen hinreichend genau bestimmt werden können. Es eignen sich dazu sowohl quader- oder würfelförmige Proben als auch zylindrische Bohrkerne. Die Proben werden anschließend nochmals in einem Normalklima (üblicherweise ca. 20 °C und 50 % r. F.) so lange gelagert, bis sie Gewichtskonstanz und damit ihre Ausgleichsfeuchtigkeit erreicht haben. Anschließend werden die Proben gewogen, mit Hilfe der ermittelten Abmessungen Einzelwerte für das Volumen und damit anschließend die Rohdichte des Baustoffes berechnet. Aus dem Mittelwert wird dann die Rohdichteklasse festgelegt.

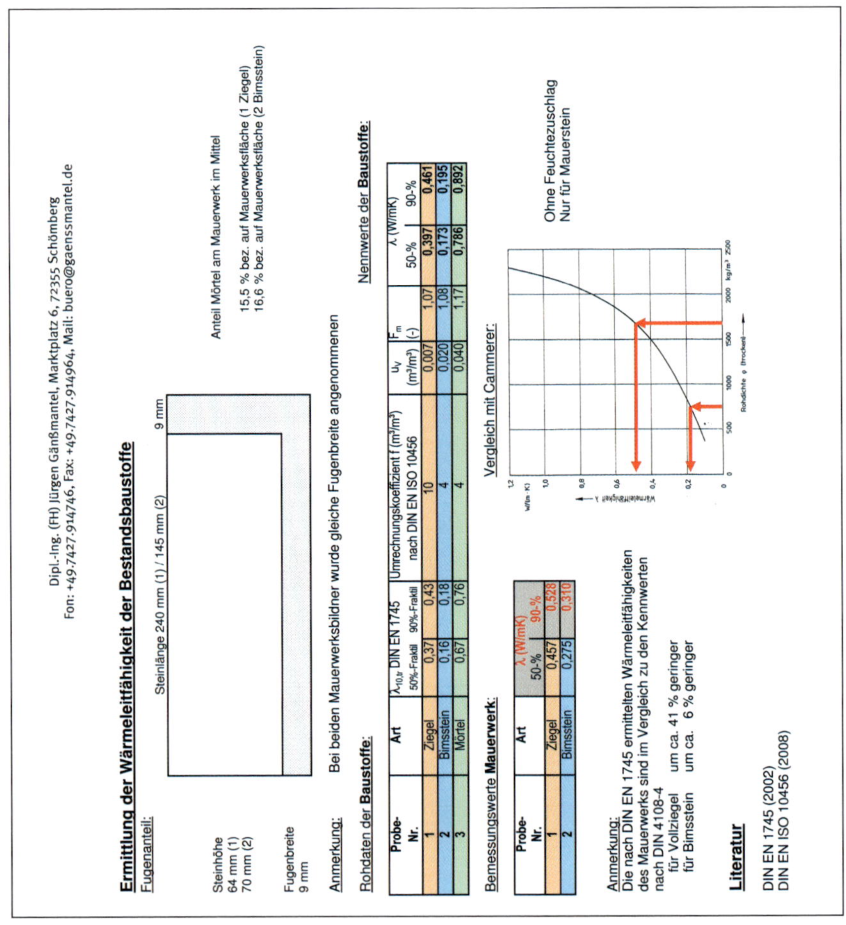

Dipl.-Ing. (FH) Jürgen Gänßmantel, Marktplatz 6, 72355 Schömberg
Fon: +49.7427.914746, Fax: +49.7427.914964, Mail: buero@gaenssmantel.de

Ermittlung der Wärmeleitfähigkeit der Bestandsbaustoffe

Fugenanteil:

Steinlänge 240 mm (1) / 145 mm (2)

9 mm

Steinhöhe
64 mm (1)
70 mm (2)

Fugenbreite
9 mm

Anteil Mörtel am Mauerwerk im Mittel

15,5 % bez. auf Mauerwerksfläche (1 Ziegel)
16,6 % bez. auf Mauerwerksfläche (2 Bimsstein)

Anmerkung: Bei beiden Mauerwerksbildner wurde gleiche Fugenbreite angenommenen

Rohdaten der **Baustoffe**: / Nennwerte der **Baustoffe**:

Probe-Nr.	Art	$\lambda_{10,tr}$ DIN EN 1745 50%-Fraktil	90%-Fraktil	Umrechnungskoeffizient f (m³/m³) nach DIN EN ISO 10456	u_v (m³/m³)	F_m (-)	λ (W/mK) 50-%	90-%
1	Ziegel	0,37	0,43	10	0,007	1,07	0,397	0,461
2	Bimsstein	0,16	0,18	4	0,020	1,08	0,173	0,195
3	Mörtel	0,67	0,76	4	0,040	1,17	0,786	0,892

Bemessungswerte **Mauerwerk**:

Probe-Nr.	Art	λ (W/mK) 50-%	90-%
1	Ziegel	0,457	0,528
2	Bimsstein	0,275	0,310

Vergleich mit Cammerer:

Ohne Feuchtezuschlag
Nur für Mauerstein

Anmerkung:
Die nach DIN EN 1745 ermittelten Wärmeleitfähigkeiten des Mauerwerks sind im Vergleich zu den Kennwerten nach DIN 4108-4
für Vollziegel um ca. 41 % geringer
für Bimsstein um ca. 6 % geringer

Literatur

DIN EN 1745 (2002)
DIN EN ISO 10456 (2008)

Bild 5-14 Ableitung des Bemessungswertes der Wärmeleitfähigkeit für die ausgemauerten Gefache (Mauerstein und Mauermörtel) im Bestand

Die meist in M.-% gemessene Ausgleichsfeuchte wird mit dem Rohdichtewert in V.-% umgerechnet.

Dieses Vorgehen erfolgt sowohl für die Mauersteine als auch für den verwendeten Mauermörtel. Für beide Baustoffe werden nun in DIN EN 1745 aus der jeweiligen baustoffspezifischen Tabelle die Rechenwerte für die Wärmeleitfähigkeit ($\lambda_{10,dry}$) als 90-%-Fraktil und in DIN EN ISO 10456 die Kennwerte der Ausgleichsfeuchte und der jeweilige Feuchteumrechnungsfaktor für die Ausfachungsbaustoffe entnommen. Damit werden die Nennwerte der Wärmeleitfähigkeit der in der Ausfachung verwendeten Baustoffe berechnet. Aus den vor Ort ermittelten Fugenabmessungen können anschließend der Anteil Mauerstein und der Anteil Mauermörtel am Gesamtmauerwerk der Ausfachung bestimmt werden. Entsprechend dieser Anteile wird schließlich der Bemessungswert der Wärmeleitfähigkeit für das Mauerwerk der Gefache ermittelt.

Bild 5-15
Nachweis bauschädlicher Salze durch Farbreaktion an Teststäbchen: Chlorid (links) negativ, Sulfat (Mitte) positiv = vorhanden, Nitrat (rechts) positiv = vorhanden

Analyse werkstoffzerstörender Salze

Labortechnisch ist an den entnommenen Proben das Vorhandensein bauschädlicher Salze in Bauteilen nachweisbar. Die Proben von Ausfachungen, Mauermörteln und Putzmörteln werden hinsichtlich Art und Menge der werkstoffzerstörenden Salze untersucht. Vorwiegend werden die Anionen Chlorid, Nitrat und Sulfat gemessen; eine Überprüfung der Kationen (Bestandteile wie Kalium, Magnesium, Kalzium usw.) kann weiteren Aufschluss über die Art und Herkunft der Salze geben. Quantitative Bestimmungen können mit geeigneten Prüfverfahren wie der Ionenchromatografie durchgeführt werden. Die Bewertung der Versalzungsgrade erfolgt nach [76]; es empfiehlt sich auch hier wieder eine nach Probeentnahme sortierte Darstellung der Messergebnisse als Salzbilanz. In vielen Fällen genügt jedoch eine halbquantitative Bestimmung. Dazu werden meist Teststäbchen verwendet, wie sie u.a. zur Qualitätskontrolle von (Trink-)Wasser benutzt werden. Die Farbreaktion und ihre Intensität zeigt quantitativ vor Ort die vorliegenden substanzschädlichen Salze an.

Untersuchung der Baustoffeigenschaften

Da bei historischen Fachwerkhäusern vielfach eine denkmalgerechte Instandsetzung bzw. eine dem bauzeitlichen Vorbild angepasste Sanierung erforderlich ist, müssen Informationen über die vorhandenen Baustoffe gewonnen werden.

Tabelle 5-3
Praxisbeispiel Salzbilanz und Bewertung des Versalzungsgrades

Laboruntersuchung

Bestandteile

Objekt: Schloss Freudental

Datum Probenahme: 05. 06. 2000

Kennung Nr. *1)	Probe Nr.	Beschreibung	Werkstoffzerstörende Salze: Chloride (mg/l)	Chloride (M.-%)	Chloride Wertung	Nitrate (mg/l)	Nitrate (M.-%)	Nitrate Wertung	Sulfate (mg/l)	Sulfate (M.-%)	Sulfate Wertung
2	1	Alter Unterputz	0,54	0,003	-	0,00	0,000	-	8,73	0,044	-
3	1	alter Oberputz	7,29	0,036	-	3,69	0,018	-	16,10	0,081	-
4	1	Neuer Oberputz	1,85	0,009	-	3,01	0,015	-	155,37	0,777	+
9	2	Ausbesserungsputz	4,81	0,024	-	5,97	0,030	O/-	95,80	0,479	O
10	3	Oberputz	208,78	1,044	++	8,62	0,043	O/-	115,52	0,578	O
13	4	Unterputz (Zementputz)	8,47	0,042	-	146,73	0,734	++	32,28	0,161	O/-
15	5	Oberputz (weiss)	0,25	0,001	-	0,00	0,000	-	6,28	0,031	-

Gesamtgehalt werkstoffzerstörender Salze zu hygroskop. Gleichgewichtsfeuchte (20 °C/85% r. F.)

Kennung Nr. *1)	Probe Nr.	Beschreibung	Chloride (M.-%)	Nitrate (M.-%)	Sulfate (M.-%)	Gesamt (M.-%)	U_{S85} (M.-%)	U_{S85} (V.-%)
2	1	Alter Unterputz	0,003	0,000	0,044	0,047	0,8621	0,95
3	1	Alter Oberputz	0,036	0,018	0,081	0,135	0,7353	0,96
4	1	Neuer Oberputz	0,009	0,015	0,777	0,801	1,4085	2,54
9	2	Ausbesserungsputz	0,024	0,030	0,479	0,533	1,4851	2,45
10	3	Oberputz	1,044	0,043	0,578	1,665	14,437	26,71
13	4	Unterputz (Zementputz)	0,042	0,734	0,161	0,937	2,6887	4,97
15	5	Oberputz (weiss)	0,001	0,000	0,031	0,032	1,5748	n.m.

Wertung:
- \- negativ
- O schwach
- \+ mittel
- ++ stark

Abkürzungen:
- n.b. nicht beurteilt
- n.m. nicht messbar

Die wichtigsten Fragestellungen konzentrieren sich dabei auf Art und Größe der verwendeten Zuschläge, Zusammensetzung der Bindemittel, Farbe und Porosität der Materialien, Zusammensetzung von Anstrichstoffen und schädliche Bestandteile. So sind dispersionshaltige Anstriche – besonders wenn sie als Instandhaltungsmaßnahme mehrfach aufgetragen wurden – in der Regel als dampfdicht zu bewerten, d.h. sie behindern eine Austrocknung von Holz oder Ausfachung und müssen daher im Rahmen einer energetischen Fachwerkinstandsetzung grundsätzlich entfernt werden.

Schädliche Bestandteile können oft bereits mit dem »unbewaffneten« Auge erkannt werden. Dabei handelt es sich vielfach um Branntkalk-Körner, z.T. bis 10 mm Durchmesser (»Treiberkörner«). Bei der Herstellung von Ziegeln war es in der Brennpraxis durchaus üblich, ungelöschten Kalk zu verwenden; das Gleiche gilt für das gezielte Löschen von bauzeitlichem Branntkalk mit feuchtem Sand (»Sandkalkmörtel«). Weiterhin werden oft Zuschläge mit fehlender mechanischer Festigkeit festgestellt, die durch Alkali-Kiesel-Reaktion mit dem vorhandenen Bindemittel angegriffen wurden.

Vorhandene Ausfachungen oder Putze aus Lehm bedürfen besonderer Aufmerksamkeit. Lehm ist kein einheitlicher Baustoff, d.h. die Zusammensetzung kann je nach Lehmgrube stark schwanken und damit auch der Anteil an quellenden oder schädigenden Komponenten. Bestimmte Lehmqualitäten enthalten u.U. auch einen nicht unwesentlichen Anteil an Salzen.

Mikroskopische Untersuchungen

Um weiteren Aufschluss über die Zusammensetzung der vorhandenen Baustoffe, deren Bestandteile und mögliche Schädigungen sowie Schichtdicken zu erhalten, können mikroskopische Untersuchungen durchgeführt werden. Mit der sogenannten Raster-Elektronen-Mikroskopie (REM) können genaue Aussagen z.B. zu Porosität und Zusammensetzung gewonnen werden. In vielen Fällen reicht jedoch eine Untersuchung mit dem einfachen Lichtmikroskop aus.

Bestimmung des Befalls mit holzzerstörenden Pilzen

Liegt augenscheinlich ein Befall durch holzzerstörende Pilze vor, ist zunächst festzustellen, ob Befall durch den echten Hausschwamm oder eine andere Pilzart vorliegt, da sich hieraus unterschiedliche Bekämpfungsmaßnahmen ableiten können. Pilzbestimmungen führen Holzforschungsinstitute, botanische Universitätsinstitute, staatliche Materialprüfanstalten oder erfahrene Holzschutz-Sachverständige durch. Für die Entnahme und Überprüfung der Pilzproben sind entsprechende Regelwerke, Richtlinien und Erfahrungsgrundsätze zu beachten [83], [84], [85].

Bild 5-16
Treiberkorn in einem bauzeitlichen Putz auf Ziegelausfachung

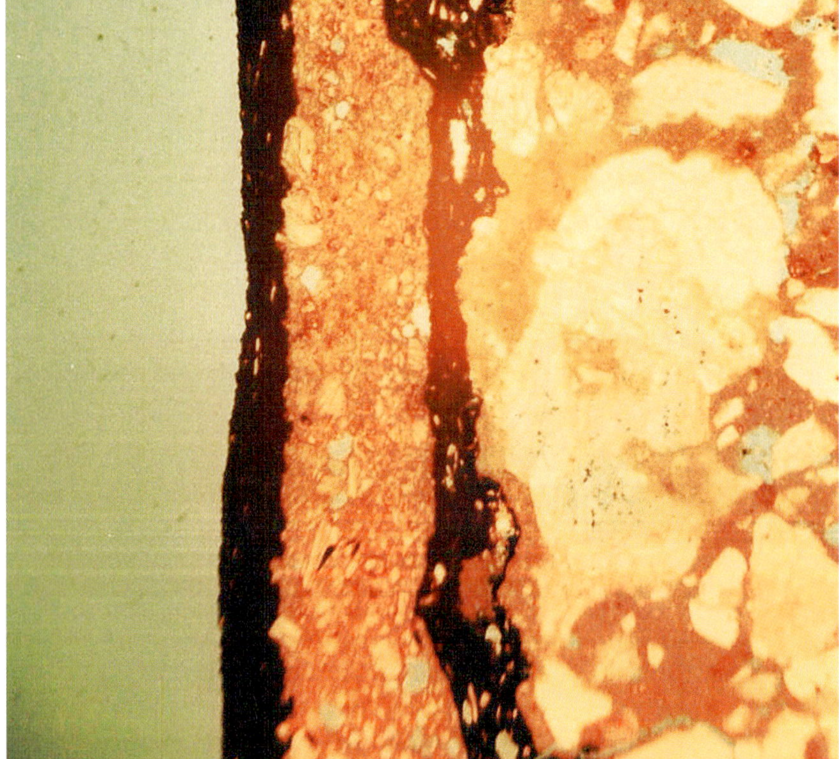

Bild 5-17
Mikroskopische Untersuchung dreier Anstrichschichten auf Gefacheputz (40-fache Vergrößerung, im Durchlicht, ohne Polarisatoren)

5.1.6 Bewertung / Diagnose

Mit den Kenndaten aus sämtlichen Untersuchungen am Fachwerk stehen dem Fachmann Grundlagen zur Verfügung, mit denen der bauliche Zustand des Bauwerks und die Schadensursachen beschrieben werden können. Daraus ableitend kann schließlich eine Diagnose erstellt werden. Dazu werden die einzelnen Ergebnisse geordnet dokumentiert, unter Berücksichtigung aller Zusammenhänge bewertet und die erkannten Ursachen für Primär- und Folgeschäden beschrieben. Mit der Diagnose ist die Voraussetzung für eine fachgerechte Erstellung der Instandsetzungsplanung auf der Basis der Stand- und Funktionssicherheit des Fachwerkgebäudes geschaffen. Die Maßnahmen und Materialien für eine nachhaltige Instandsetzung und optimale energetische Sanierung bei möglichst hoher Lebensdauer unter weitestgehender Schonung der Ressourcen können auf dieser Basis geplant werden.

Die Untersuchungsergebnisse der Bestandsaufnahme dienen auf verschiedenen Wegen der eigentlichen Diagnose. Zum einen muss ein Abgleich mit wissenschaftlich oder empirisch ermittelten Vergleichswerten in Datenbanken, Wertetabellen usw. erfolgen, damit durch die Abweichung der Ist-Werte von den praxisüblichen Sollwerten eine Einschätzung der wahrscheinlichen Schadens-

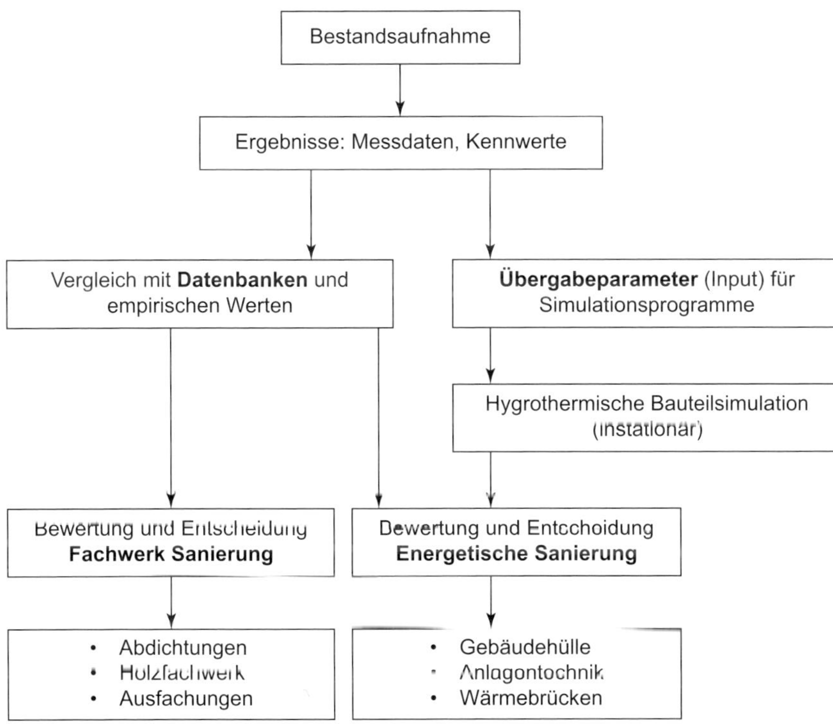

Bild 5-18 Anwendung der Ergebnisse und der Bestandsaufnahme zur Bewertung und Entscheidung

ursachen möglich ist. Zum anderen werden die Untersuchungsergebnisse der Bestandsaufnahme als Übergabeparameter im Inputbereich spezieller Programme, wie z.B. zur instationären, hygrothermischen Bauteilsimulation, benutzt. Beide Wege - Vergleich mit Sollwerten und Berechnung weiterer Kenndaten - führen schließlich zur Bewertung der Wahrscheinlichkeit von Schadensursachen und somit zur Entscheidung und Festlegung geeigneter Beseitigungs- bzw. Ertüchtigungsverfahren.

Vergleich mit Sollwerten

Unter Sollwerten versteht man materialspezifische Kenndaten der Praxis. Zum Beispiel ist nach DIN 4108-4 bzw. DIN EN ISO 10456 bzw. DIN EN 12524 die sogenannte praxisübliche Ausgleichsfeuchte bekannt, also derjenige Feuchtigkeitsgrad in Baustoffen, der in bewohnten Räumen entweder am häufigsten oder am wahrscheinlichsten vorkommt. So lassen sich z.B. die Sollwerte für materialspezifische Ausgleichsfeuchtigkeiten und deren Abhängigkeit von der relativen Luftfeuchtigkeit (Feuchtespeicherfunktion bzw. Sorptionsisotherme) zusammenstellen.

Besonders wichtig bei Fachwerkgebäuden ist die Kenntnis der o.g. Sorptionsisothermen, um einschätzen zu können, ob die ermittelten Holzfeuchtigkeiten eher auf ein trockenes oder ein feuchtes Holzfachwerk schließen lassen.

Neben der Bewertung der Feuchtigkeitsgrade ist eine sachgerechte Einschätzung der vorhandenen werkstoffzerstörenden Salze und insbesondere eine Bewertung des Versalzungsgrades erforderlich. Für diesen Zweck kann z.B. die Bewertungsmatrix aus WTA-Merkblatt 4-5 [76] verwendet werden.

Tabelle 5-4 Praxisübliche Ausgleichsfeuchten verschiedener Baustoffe im Fachwerkbau

Baustoff	Wert in M.-%
Historischer Vollziegel	2,0-3,0
Vollziegel	1,0-1,5
Sandstein Kalk	0,3-0,8
Naturstein	0,1-0,2
Mauermörtel Kalk/Zement	1,5-2,0
Beton	1,5-2,0
Kalkputz	0,4-0,5
Kalk/Zement-Putz	0,9-1,5
Zement-Putz	1,5-2,2
Gipsputz	0,5-1,5

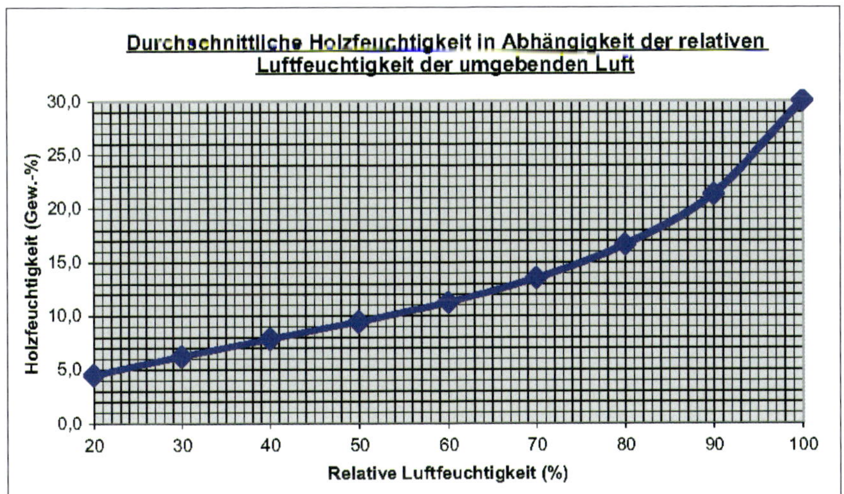

Bild 5-19
Praxisübliche Holzfeuchtigkeit in Abhängigkeit der relativen Feuchtigkeit der Umgebungsluft [80]

Tabelle 5-5
Bewertung des Versalzungsgrades nach WTA-Merkblatt 4-5 (Angaben in M.-%)

Chloride[1]	< 0,2	0,2 - 0,5	> 0,5
Nitrate	< 0,1	0,1 - 0,3	> 0,3
Sulfate[2]	< 0,5	0,5 - 1,5	> 1,5
Bewertung[3]	Belastung gering - Maßnahmen im Ausnahmefall erforderlich	Belastung mittel - Weitergehende Untersuchungen zum Gesamtsalzgehalt (Salzverbindung, Kationenbestimmung) erforderlich Maßnahmen im Einzefall erforderlich	Belastung hoch - Weitergehende Untersuchungen zum Gesamtsalzgehalt (Salzverbindung, Kationenbestimmung) erforderlich Maßnahmen erforderlich

1) Bei tragswerksichernden Maßnahmen, wie dem Einbau von Ankern/Nadeln, ist bei Chloridbelastungen > 0,1 M.-% auf die Auswahl besonderer Stahlgüten und speziell rezeptierter Verpress-/Verfüllmörtel zu achten.

2) Beurteilung bezogen auf leicht lösliche Sulfate; besonders zu bewerten sind sulfathaltige Baustoffe.

3) Für die Entscheidung über das Erfordernis von Maßnahmen sind nicht allein die Ergebnisse der Salzuntersuchung ausschlaggebend.

Eingabeparameter für Simulationsprogramme

Für die in der Praxis zur Anwendung kommenden Programme zur instationären hygrothermischen Bauteilsimulation werden grundsätzlich Eingabeparameter benötigt, die in Anzahl und Datengüte weit über die Anforderungen bisheriger bauphysikalischer Berechnungen hinausgehen. Die Anforderungen an Inputparameter wurden in speziellen Richtlinien zusammengestellt (s. Kap. 5.2). Dabei ist zunächst die vorhandene Materialfeuchtigkeit von Bedeutung, da die Wärmeleitfähigkeit mit zunehmendem Feuchtigkeitsgrad materialspezifisch unterschiedlich zunimmt. Der Kennwert der Wärmeleitfähigkeit als baustoffcharakteristische Größe wird am besten durch eine eigenständige Messung bestimmt

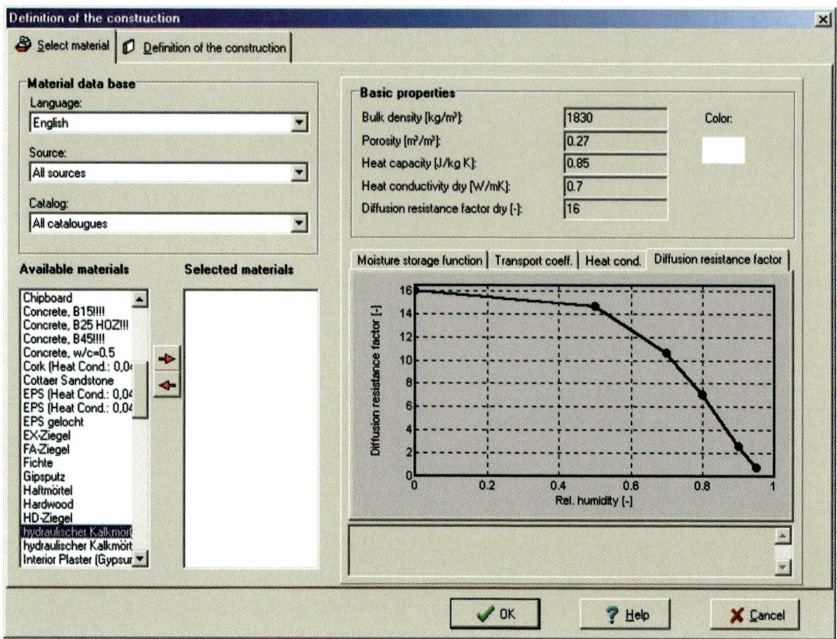

Bild 5-20
Beispiel eines Eingabeparameters für das Berechnungsprogramm WUFI des Fraunhofer Instituts für Bauphysik IBP (m-Wert als Funktion der relativen Luftfeuchtigkeit)

und muss dann als Eingabeparameter mit berücksichtigt werden (s. Kap. 5.1.5). Üblicherweise sind Wärmeleitfähigkeiten der verschiedenen Baustoffe in den Datenbanken der Simulationsprogramme bereits hinterlegt, auf die diese dann zugreifen.

Da Feuchtespeichervorgänge von der Baustoffdichte und der Porosität abhängig sind, müssen auch diese Kennwerte/Messwerte vor der eigentlichen Simulationsberechnung eingegeben werden. Da auch der kapillare Flüssigkeitstransport berücksichtigt wird, und dieser wiederum vom vorhandenen Durchfeuchtungsgrad abhängig ist, muss auch dieser Parameter gegebenenfalls angegeben werden.

Entscheidung für Sanierungslösungen

Soll-/Ist-Vergleiche und Simulationsberechnungen ermöglichen schließlich geeignete nachhaltige Lösungen zur Verbesserung des Feuchte- und Wärmeschutzes bei gleichzeitiger Wiederherstellung bzw. Ertüchtigung des Tragverhaltens des Holzfachwerkes auszuwählen.

Neben der Entscheidung für die Art und Ausführung von Maßnahmen zur energetischen Fachwerksanierung ist es in vielen Fällen möglich, durch iterative Lösungen, d. h. Annahme bestimmter Baustoffarten mit anschließender rechnerischer Überprüfung und weiterer Anpassung, optimale Kombinationslösungen zu untersuchen. So entstand z. B. die Kombination aus WTA-Sanierputz auf feuchten und versalzten Ausfachungen mit darauf aufgebrachtem Wärmedämmputz als Innendämmung.

5.2 Rechnerische Möglichkeiten

5.2.1 Bauteilberechnungen

Stationäre Berechnungen nach DIN

Bei den Berechnungen des Bauteils nach DIN 4108 ist zu berücksichtigen, dass der U-Wert bei zusammengesetzten Bauteilen (Gefach- und Holzbereich) nach DIN EN ISO 6946 [86] zu ermitteln ist. Dabei ist das Bauteil nicht mehr wie in früheren Normen aus den flächenanteiligen Werten für U_{Gefach} und U_{Holz} zu ermitteln, sondern getrennt in x- und y-Richtung über den oberen und unteren Grenzwert R'_T bzw. R''_T zu betrachten (Achtung: Für die Wärmeleitfähigkeit ist jeweils der Bemessungswert des Materials anzusetzen). Der Wärmedurchgangswiderstand der Fachwerkwand mittelt sich dann über $R_T = (R'_T + R''_T)/2$. Heutige PC-Programme lösen diese Algorithmen meistens selbstständig. Mit diesem Ergebnis kann der Temperaturverlauf im Bauteil unter den stationären Klimaverhältnissen

Winter: -10 °C / 80 %; +20 °C / 50 %
Sommer: +12 °C / 70 %; +12 °C / 70 %

ermittelt werden.

Das feuchtetechnische Verhalten des Bauteils wird dann mit dem sogenannten Glaser-Verfahren, das ausschließlich Diffusionsprozesse berücksichtigt, abgebildet. Im Glaser-Verfahren wird die winterliche Tauwassermenge $m_{W,T}$ ermittelt, die einen Grenzwert nicht überschreiten darf (in der Regel $m_{W,T} \leq 1{,}0$ kg/m^2; bzw. Erhöhung der Holzfeuchte ≤ 5 M.-%), und die sommerliche Verdunstungswassermenge $m_{W,V}$, die größer als die Tauwassermenge sein muss ($m_{W,V} \geq m_{W,T}$), damit es nicht zu Feuchteanreicherungen über einen längeren Zeitraum kommt.

Da mit diesem Modell-Verfahren nur ein stationärer Wasserdampfdiffusions-Prozess betrachtet wird, der an den tatsächlichen Feuchteleitvorgängen nur untergeordnet beteiligt ist, und bei der Fachwerkwand zweidimensionale Verhältnisse vorliegen, bildet dieses Verfahren die realen Verhältnisse nicht ausreichend ab. Der Nachweis ist jedoch aus bauordnungsrechtlichen Gründen für Gefach und Holz zu führen.

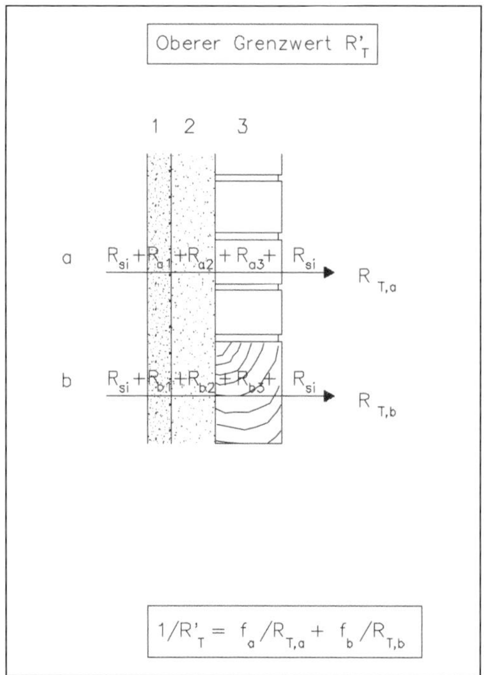

Bild 5-21
Berechnung Fachwerkwand (oberer Grenzwert)

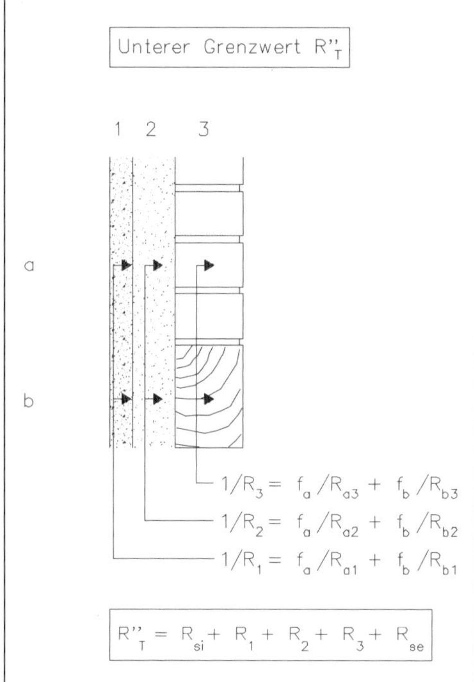

Bild 5-22
Berechnung Fachwerkwand (unterer Grenzwert)

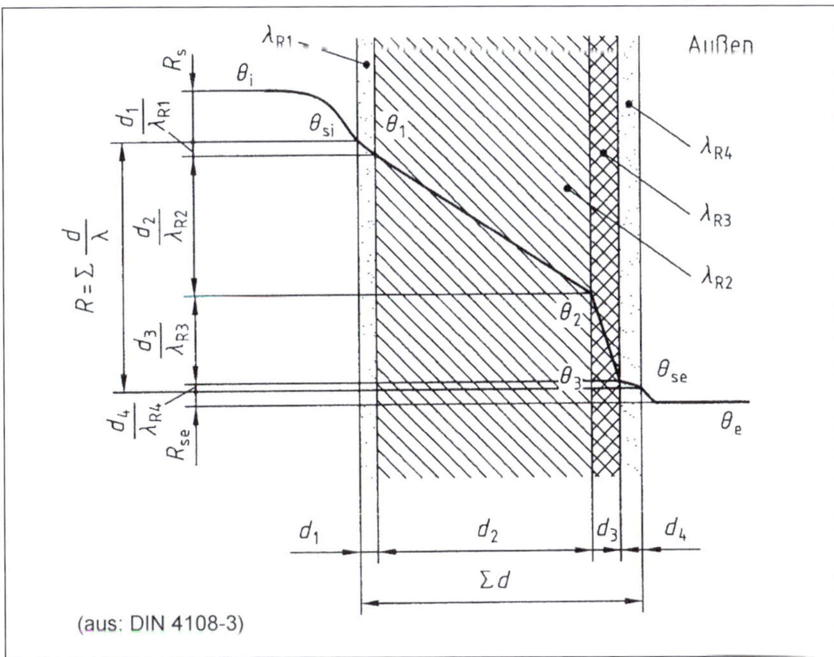

Bild 5-23
Temperaturverlauf im Bauteil (nach DIN 4108 – stationärer Zustand [75])

Tabelle 5-6
Wärme- und feuchtetechnische Berechnungen nach DIN 4108 für zwei unterschiedliche Wandaufbauten

Bauteilaufbau		R [m²K/W]	U [W/(m²K)]	$m_{W,T}$ [kg/m²]	$m_{W,V}$ [kg/m²]
11⁵ cm Vollziegel + 4 cm Mineralfaser (ohne Dampfsperre)	Gefach	1,21	0,69	5,313	4,660
	Holz	2,13		2,111	4,418
11⁵ cm Vollziegel + 8 cm WD-Putz	Gefach	1,32	0,64	1,141	1,298
	Holz	2,24		0,468	1,057

Sofern das Nachweisverfahren ein feuchtetechnisch zulässiges Bauteil ergibt, kann eine weitere Betrachtung entfallen. Sobald bei den Berechnungen ein nicht zulässiges Bauteil ausgegeben wird, was im Fachwerkbau mit Innendämmung sehr häufig der Fall ist, muss es jedoch nicht zwangsläufig sein, dass das Bauteil nicht funktionsfähig ist. Genauere Untersuchungen sind in diesen Fällen erforderlich.

Instationäre Berechnungen

Moderne Berechnungsprogramme zur Abbildung des gekoppelten Wärme- und Feuchtetransports in Bauteilen (hygrothermische Bauteilsimulation) berücksichtigen neben der oben bereits erwähnten Wasserdampfdiffusion auch die

- Kapillarität
- Sorption und
- feuchteabhängige Veränderung der Wärmeleitfähigkeit und des Diffusionsvermögens.

Diese Programme basieren auf den Vorgaben der WTA-Merkblätter 6-1 [87], 6-2 [88] sowie DIN EN 15026 [89]. Die erforderlichen hygrothermischen Materialdaten können weitgehend bereits vorhandenen Datenbanken entnommen werden, sind teilweise aber im Vorfeld gesondert zu ermitteln (s. Kap. 5.1).

Bild 5-24
Üblicher Ansatz für Außen- und Innenklima

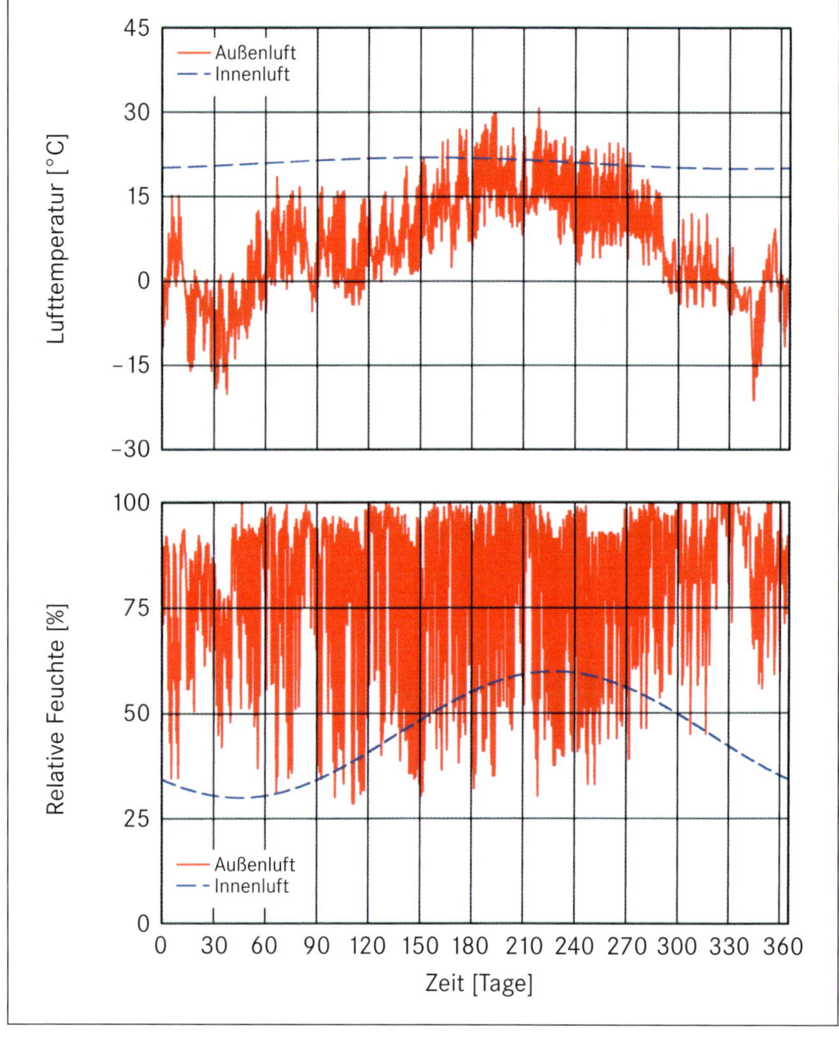

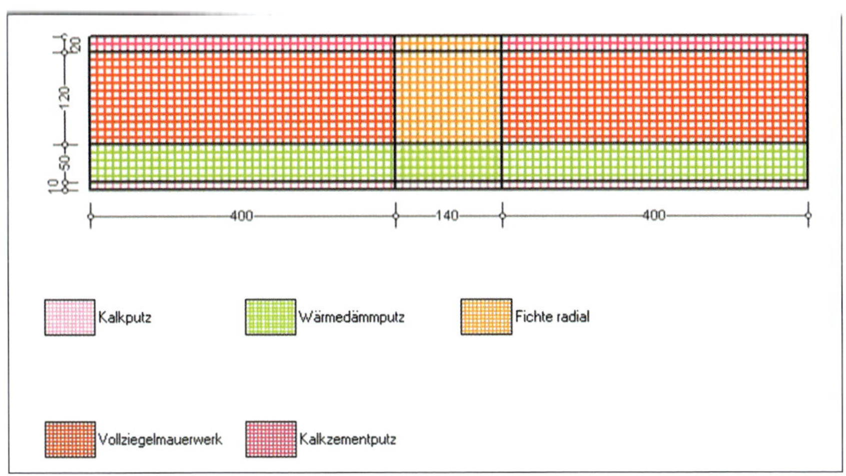

Bild 5-25
Materialzuordnung einer untersuchten Fachwerkaußenwand

Besonderheit dieser Rechenverfahren ist neben der umfassenden Berücksichtigung der Transportvorgänge, die Möglichkeit, ein instationäres, also ein im Tages- und Jahresverlauf schwankendes Außen- wie Innenklima ansetzen zu können. Die erforderlichen Klimadaten können den Dokumentationen der 15 verschiedenen Testreferenzjahre des Deutschen Wetterdienstes [90] oder weiteren Quellen (u. a. [91]) entnommen werden. Dabei ist darauf zu achten, dass die verwendeten Werte im Allgemeinen mittlere Verhältnisse abbilden, aber auch extreme Wettersituationen beinhalten können. Das Innenklima, das sich auch im Jahresverlauf als relativ konstant ergibt, kann im üblichen Fall vereinfacht über eine eingeschwungene Sinuskurve (etwa: Temperatur: 21 °C ± 1 K; Rel. Feuchte: 45 % ± 15 %) angesetzt werden.

Mit diesen Berechnungen können eindimensionale, aber auch zweidimensionale Verhältnisse betrachtet werden. Wichtig ist, dass die Berechnung über einen Zeitraum von mehreren Jahren vorgenommen wird, um eventuelle Feuchteadditionen über einen längeren Zeitraum ermitteln zu können, und um Einschwingungsvorgänge auszuschließen. In der Regel ist eine Berechnung über fünf bis zehn Jahre ausreichend.

Bei der Auswertung der Berechnungen sind die folgenden Fragen zu beantworten:

- Kommt es zu einer Feuchteanreicherung im Bauteil oberhalb kritischer Werte?
- Trocknen die Bauteile auf Ausgleichsfeuchte zurück?
- Gibt es langjährige Aufschaukelungsprozesse?
- Wird durch die Feuchte die Funktionsfähigkeit des Bauteils (z. B. die Wärmedämmfähigkeit) beeinträchtigt?

Mit diesen Simulationsprogrammen können gerade die nach dem Glaser-Verfahren als nicht zulässig einzustufenden Fachwerkaußenwände mit Innendämmung deutlich realitätsnäher abgebildet werden, sodass diese Bauteile u. U. doch den Anforderungen des Wärme- und Feuchteschutzes genügen. Besondere Effekte wie »Schlagregeneintrag in Fuge« oder »Luftkonvektion« können nur eingeschränkt bzw. nicht mit den Programmen betrachtet werden.

Untersuchung von Wärmebrücken

Mit Wärmebrückenuntersuchungen können zum einen die Gefahren der Schimmelpilzbildung und zum anderen die zusätzlichen energetischen Verluste über Wärmebrücken ermittelt werden. Wärmebrücken im Fachwerkbau sind geometriebedingt (z. B. die Außenwandkante oder der Sockelanschluss) und stoffbedingt (Wechsel zwischen Ausfachung und Holz).

Beim Bestandsgebäude sind die energetischen Verluste über Wärmebrücken jedoch solange nicht bedeutsam, solange das Gebäude im ungedämmten bzw. schlecht gedämmten Zustand ist. Wird das Gebäude im Rahmen einer energetischen Instandsetzung diesbezüglich besser beurteilt, können Wärmebrücken sehr wohl einen entscheidenden Einfluss bekommen.

Bei diesen Berechnungen kann der energetische Verlust über eine Wärmebrücke ermittelt werden. Er drückt sich aus durch den sogenannten Wärmebrückenverlustkoeffizienten bzw. längenbezogenen Wärmedurchgangskoeffizienten (ψ-Wert), der die Differenz zu den tatsächlichen Wärmeverlusten im Bauteil beschreibt. Nach DIN 4108-6 [31] sind die Transmissionswärmeverluste H_T für Bauteile an Außenluft zu

$$H_T = \sum (F_{xi} * U_i * A_i) + \sum (l * \psi)$$

mit
l = Länge der Wärmebrücke [m]
ψ = Wärmebrückenverlustkoeffizient [W/(mK)]

zu ermitteln.

Die Ermittlung der energetischen Verluste beim Bilanzverfahren nach EnEV (beim Bauteilverfahren sind Wärmebrücken nicht zu berücksichtigen!) kann auf vier Wegen erfolgen:

1. Pauschaler Ansatz der Wärmebrückenverluste über einen Zuschlag von ΔU_{WB} = 0,10 W/(m²K). Diese Verschlechterung des U-Wertes um einen Zehntelpunkt wird für alle Bauteile vorgenommen und kann bei gut gedämmten Gebäuden über 20 % höhere Verluste bedeuten.

2. Werden Detailkonstruktionen nach DIN 4108, Beiblatt 2 [92] verwendet, kann der obige Zuschlag halbiert werden auf ΔU_{WB} = 0,05 W/(m²K). Da aber in dem besagten Beiblatt keine Bestandskonstruktionen, und erst recht keine Fachwerkkonstruktionen enthalten sind, entfällt diese Nachweismöglichkeit hier. Auch wird die Erstellung eines rechnerischen Gleichwertigkeitsnachweises für den Fachwerkbau als nicht praktikabel eingestuft. In diesem Fall kann gleich eine detaillierte Ermittlung (s. Punkt 4) vorgenommen werden.

3. Pauschaler Ansatz der Wärmebrückenverluste über einen Zuschlag von ΔU_{WB} = 0,15 W/(m²K), wenn mehr als 50 % der Außenwand mit einer Innendämmung versehen ist und einbindende Massivdecken vorliegen. Da im Fachwerkbau - bis auf wenige Sonderfälle - keine Massivdecken vorliegen, entfällt dieser Punkt hier in der Regel.

4. Es kann ein detaillierter rechnerischer Nachweis nach DIN 4108-6 in Verbindung mit DIN EN ISO 10211 [93] durchgeführt werden. Bei diesem recht aufwendigen Nachweis ist für jede Wärmebrücke der Wärmebrückenverlustkoeffizient zu ermitteln. Dabei handelt es sich hauptsächlich um die geometrischen Wärmebrücken, da die stofflichen zumeist in der U-Wert-Berechnung berücksichtigt sind.

Betrachten wir aber zunächst das Problem kritischer Oberflächenfeuchte an der raumseitigen Wandoberfläche. Was passiert hier eigentlich?

Bei Abkühlung der Raumluft steigt die relative Luftfeuchte an, da kühlere Luft weniger Wasser in gasförmigem Aggregatzustand aufnehmen kann. Bei weiterer Abkühlung (zum Beispiel an einer kalten Bauteiloberfläche) wird die Sättigungsfeuchte erreicht und Tauwasser fällt aus. Diesen Effekt kann man gut an den beschlagenen Badezimmer-Spiegeln nach dem Duschen erkennen. Als Taupunkttemperatur θ_S bezeichnet man die Temperatur, bei der die Luft eine relative Feuchte von ϕ = 100 % bezüglich Wasserdampf erreicht. Bei einem Innenraumklima θ_i = +20 °C und ϕ_i = 50 % (»übliches« Raumklima nach DIN 4108) liegt die Taupunkttemperatur bei 9,3 °C.

In einem feucht-warmen Milieu auf der Bauteiloberfläche können übliche Schimmelpilze ideal wachsen. Untersuchungen (u. a. [94]) haben gezeigt, dass in Abhängigkeit der oberflächennahen Materialien Schimmelpilzbildung aber bereits ab einer relativen Luftfeuchte an der Bauteiloberfläche von 80 % auftreten kann, was einer Oberflächentemperatur von $\theta_{s\,i}$ = 12,6 °C entspricht.

Bei der Bestimmung zur Vermeidung einer Schimmelpilzbildung an der Bauteiloberfläche wird dieser Erkenntnis nach DIN 4108-2 Rechnung getragen, indem der Wärmeschutz des Bauteils über den Temperaturfaktor

$$f = (\theta_{s,i} - \theta_e)/(\theta_i - \theta_e) \geq 0{,}70$$

zu ermitteln ist. Bei besonderen Randbedingungen kann auch die Taupunkttemperatur zur Beurteilung hinzu gezogen werden. Näheres hierzu siehe unten in »Abschätzung der Schimmelpilzbildung«.

Die Berechnungen erfolgen auf der Grundlage der DIN 4108-2 sowie DIN EN ISO 10211 [93] bei einem Außenklima von -5 °C. Um den geringeren Luftumströmungen in Wärmebrückenbereichen Rechnung zu tragen, ist der raumseitige Übergangswiderstand erhöht anzusetzen (statt R_{si} = 0,13 m²K/W ist R_{si} = 0,25 m²K/W unter Umständen höher zu wählen). Anmerkung: Gemäß DIN-Fachbericht 4108-8 [95] wird darauf hingewiesen, dass eine Schimmelpilzbildung bereits ab einer relativen Luftfeuchte von 70 % möglich ist und dass hinter Schränken ein höherer Übergangswiderstand zu berücksichtigen ist.

Tabelle 5-7 Oberflächentemperaturen und Wärmebrückenverlustkoeffizienten bei verschiedenen Varianten der Wärmebrücke »Außenwandkante«

	Oberflächentemperatur			Wärmebrückenverlustkoeffizient
$d_{WD\text{-}Putz}$ = 3 cm	$\theta_{s,I}$ = 11,1 °C	≥	θ_s	ψ = -0,35 W/(mK)
	f = 0,65	<	0,70	
$d_{WD\text{-}Putz}$ = 5 cm	$\theta_{s,I}$ = 12,8 °C	≥	θ_s	ψ = -0,29 W/(mK)
	f = 0,71	≥	0,70	

An einem Beispiel der Außenwandkante werden die Auswirkungen unterschiedlicher Dämmsysteme und -qualitäten auf die Oberflächentemperatur und die energetischen Verluste dargestellt (s. hierzu Bild 5-26 und 5-27 sowie Tabelle 5-7).

Bei diesen Berechnungen können die in Tabelle 5-7 dargestellten raumseitigen Oberflächentemperaturen sowie Wärmebrückenverlustkoeffizienten ermittelt werden. Es zeigt sich in diesem Beispiel, dass eine mindestens 5 cm starke Wärmedämmung erforderlich ist, um den geforderten Temperaturfaktor einzuhalten. Weiterhin zeigt sich die Auswirkung auf den Wärmebrückenverlustkoeffizienten. Die Auswirkungen auf das feuchtetechnische Verhalten des Bauteilquerschnitts sind hiervon unabhängig und natürlich gesondert nachzuweisen.

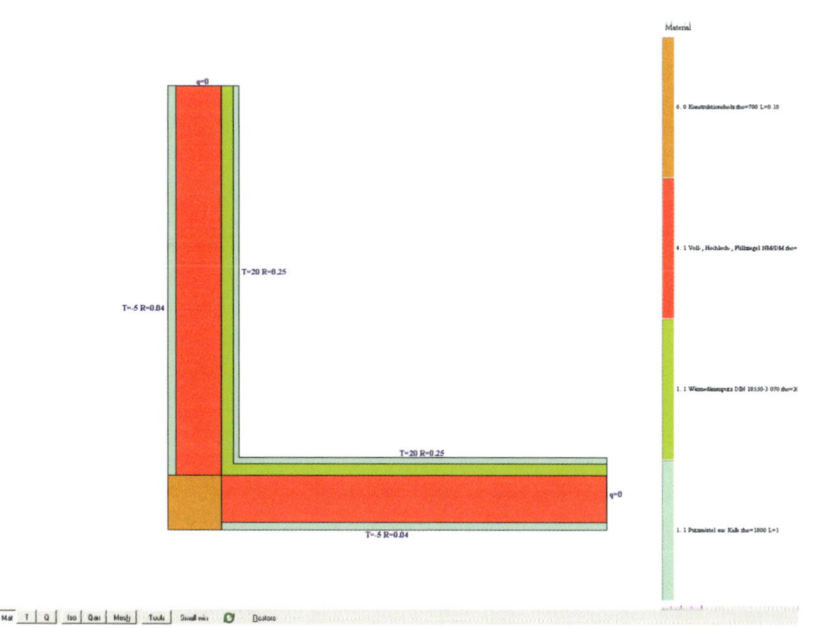

Bild 5-26
Materialbild – Außenwandkante (d_{WD} = 5 cm)

Bild 5-27
Temperaturbild – Außenwandkante (d_{WD} = 5 cm)

Abschätzung der Schimmelpilzbildung

Wie bereits oben dargestellt, ist hinsichtlich der Schimmelpilzbildung die Materialbeschaffenheit der oberflächennahen Bauteilschichten zu betrachten. Nach Sedlbauer/Krus [96] kann dabei in vier Substratgruppen unterschieden werden (s. Tabelle 5-8).

Es zeigt sich, dass übliche Materialien (Tapete, Gipskarton etc.) der Substratgruppe I zuzuordnen sind. Bei diesen Untergründen kann es bei ansonsten gleichen Randbedingungen, d. h. feuchtwarmes Innenklima sowie Wärmeübergang, leichter zu einem Schimmelpilzwachstum kommen, als bei Untergründen der Substratgruppe II (Putze, mineralische Baustoffe, etc.). Dieser Zusammenhang ist in Bild 5-28 aufgeführt. Die dort dargestellten Isoplethen zeigen das Myzelwachstum von Schimmelpilzen bei verschiedenen Klimabedingungen.

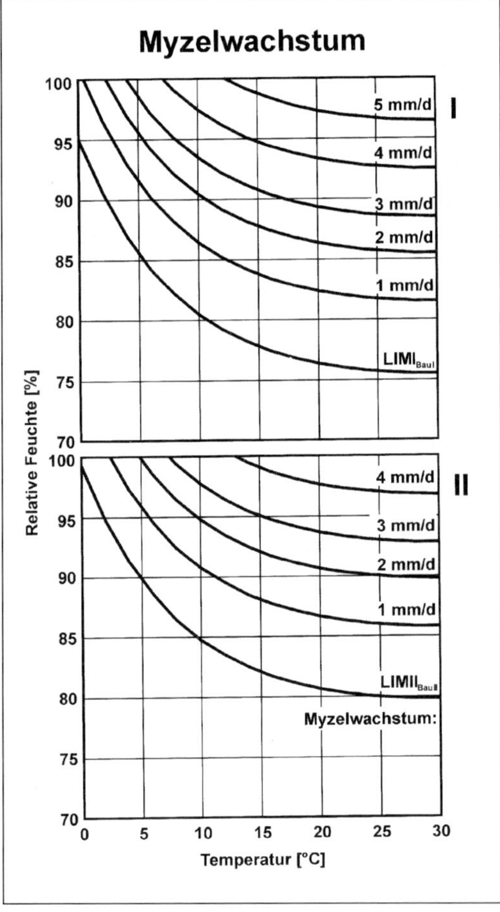

Bild 5-28 Isoplethensystem für Myzelwachstum in mm/d für alle Pilze der Substratgruppen I und II (Quelle: [96])

Tabelle 5-8
Substratgruppen (nach [96])

Angaben zu den oberflächlichen Bauteilschichten			Zuordnung zur Substratgruppe in Abhängigkeit vom Verschmutzungsgrad	
	Substratgruppe	Typische Repräsentanten	nicht	stark
0	optimaler Nährboden	biologische Vollmedien	0	0
I	biologisch verwertbare Substrate	Tapeten, Gipskarton, Bauprodukte aus gut abbaubaren Rohstoffen, Material für dauerelastische Fugen	I	I
II	Substrate mit porigem Gefüge	Putze, mineralische Baustoffe, manche Hölzer, Dämmstoffe, die nicht unter I fallen	II	I
III	inerte Substrate	Metalle, Folien, Gläser, Fliesen	III	I

Anzumerken ist, dass als »Untergrund« auch ein Anstrich angesehen werden kann. Verschmutzungen auf diesem Anstrich können u. U. schon ausreichen, um eine Schimmelpilzbildung zu ermöglichen. In diesem Fall wäre eine Zuordnung gemäß Substratgruppe I erforderlich.

Die in DIN 4108 genannte kritische Feuchte von temperatur- und oberflächenunabhängig 80 % relativer Feuchte stimmt hiermit nur bedingt überein, da das Myzelwachstum abhängig ist von der Substratgruppe des Untergrundes und den Temperaturbedingungen.

Es kann daher bei Unterschreitung der nach DIN 4108 geforderten Oberflächentemperatur von 12,6 °C nach genauer Betrachtung (und auch nur dann!) der örtlichen Situation ein Maßnahmenpaket geschnürt werden, das einzuhalten ist, um Schimmelpilzwachstum auch in diesem Einzelfall zu vermeiden. Dieses können u. a. folgende Maßnahmen sein:

- ausreichende Belüftung des Raumes mit Außenluft
- möglichst zeitlich konstante Raumlufttemperatur
- Vermeidung dichter Möbelstücke (Schränke mit dichter Rückwand u. Ä.) vor kritischen Bereichen
- spezielle Innenraumfarben auf mineralischer Basis (Silikatfarben)
- Anstriche auf Putz (ohne Tapete).

Auch eine begrenzte Beheizung einzelner Wärmebrücken kann bei sensibler Bausubstanz eine Sonderlösung sein, die durch den geringen Stromeinsatz auch unter Energieeffizienz-Vorgaben vertretbar sein kann. Dieses ist aber stets im Einzelfall zu untersuchen.

5.2.2 Nachweis nach EnEV

Bauteilverfahren

Der Nachweis nach Energieeinsparverordnung wird für Fachwerkgebäude im Bestand häufig über das Bauteilverfahren durchgeführt. Hierbei sind lediglich die U-Werte der einzelnen Bauteile, die im Rahmen der Instandsetzung betroffen sind und zu mindestens 10% bearbeitet werden (s. hierzu Kap. 3.3.3), zu ermitteln. Es handelt sich um die sogenannten »bedingten Anforderungen«, da sie eine bautechnische Maßnahme an diesem Bauteil voraussetzen.

Der Nachweis ist für diese Fälle erbracht, wenn

$U_{vorh} \leq U_{max}$.

U_{max} ist nach EnEV, Anlage 3, Tabelle 1 »Anforderungen bei Änderung von Außenbauteilen« bzw. Anlage 3, Nr. 1 zu ermitteln.

Hinsichtlich der Dimensionierung der Wärmedämmung der Fachwerk-Außenwand gelten aber in erster Linie die Anforderungen der WTA-Merkblätter 8-1 bis 8-12 [18]-[21] sowie [65], [66].

Bilanzverfahren

Bei Erstellung des Nachweises nach dem Bilanzverfahren ergeben sich mehr Freiheiten hinsichtlich der energetischen Instandsetzungsplanung als beim Bauteilverfahren.

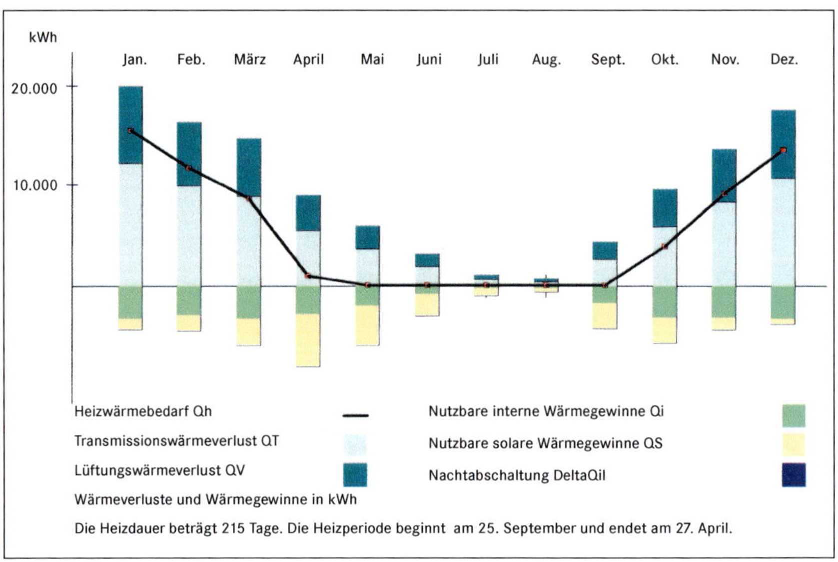

Bild 5-29 Ergebnis einer Berechnung nach Monatsbilanzverfahren (für Wohngebäude)

Für die Dimensionierung der Wärmedämmung der Fachwerk-Außenwand gelten auch hier die Anforderungen der WTA-Merkblätter 8-1 bis 8-10. Nur hier ist es möglich, die im Außenwandbereich reduzierte Wärmedämmung durch verstärkte Wärmedämmungen z. B. des Daches oder durch verbesserte haustechnische Anlagen bzw. durch den Umstieg auf erneuerbare Energieträger rechnerisch zu kompensieren.

Es ist aber unbedingt zu berücksichtigen, dass die Anwendung des Bilanzverfahrens nur Sinn macht, wenn umfangreiche Dämm-Maßnahmen am Gebäude vorgenommen werden und auch die Heizungsanlage erneuert wird. Wenn dieses nicht der Fall ist, können die Anforderungen nur schwer oder sogar gar nicht erfüllt werden.

6 Energieeinsparung

6.1 Umfassender Feuchtigkeitsschutz

Wie bereits ausführlich erläutert wurde, ist die in der Fachwerkkonstruktion vorhandene Materialfeuchtigkeit nicht nur im Wesentlichen für den Befall mit Mikroorganismen wie holzzerstörende Pilze oder Schimmelpilz verantwortlich, sondern mindert maßgeblich die Wärmedämmeigenschaften der Außenbauteile. Wenn man daher Möglichkeiten der Energieeinsparung bei Fachwerkgebäuden diskutiert, ist der nachträgliche Feuchtigkeitsschutz der erste Schritt im Gesamtsanierungskonzept und soll im Folgenden zusammenfassend beleuchtet werden.

Neben dem Schutz von Holzfachwerk und Ausfachungen vor Schlagregen und einer ausreichenden Bemessung des Tauwasserschutzes bieten sich in der Praxis - insbesondere in Anschlusszonen an Sockel- oder erdberührte Bereiche - geeignete Maßnahmen der nachträglichen Abdichtung an.

Außerdem ist es wichtig, den Feuchtigkeitsgehalt der Fachwerkkonstruktion vor Ausführung baulicher Wärmedämmmaßnahmen durch Bautrocknung so weit zu reduzieren, dass eine weitere Austrocknung der Materialfeuchtigkeit durch

Bild 6-1
Sockeldetail

die nachträgliche Wärmedämmung nicht wesentlich behindert wird. Schließlich ist es unbedingt erforderlich, nach Abschluss der energetischen Optimierung, d. h. in der anschließenden Nutzungsphase, die Bewohner des Fachwerkhauses zu unterrichten, wie sie mit einem adäquaten Nutzerverhalten durch entsprechendes Heizen und Lüften die Feuchtigkeitsverhältnisse in den Außenbauteilen positiv beeinflussen können.

6.1.1 Nachträgliche Abdichtungen

Führen defekte Bauwerksabdichtungen zu erhöhten Feuchtigkeitsgehalten, so muss zur Schadensbehebung eine nachträgliche Abdichtung des betroffenen erdberührten Bauteils erfolgen. Hierbei unterscheidet man Horizontal- und Vertikalabdichtungen.

Vertikale Abdichtungen

Ausgehend von der tatsächlicher Feuchtigkeitsbelastung und der Nutzung werden unterschiedliche Abdichtungskonzepte verwendet. Sie gelten für alle drei Anwendungsbereiche (Lastfälle) der DIN 18195. Hierbei muss eine Abdichtung im Bereich des Kellerfußbodens vorhanden sein. Je nach baulichem Erfordernis werden die Maßnahmen einzeln oder in Kombination eingesetzt.

Bei der nachträglichen Abdichtung erdberührter Bauteile ist eine Abdichtung von außen anzustreben. Dabei ist die vertikale äußere Abdichtung lückenlos an eine funktionstüchtige Horizontalsperre anzuschließen, damit die Abdichtungssysteme die Bauteile wannenartig umschließen. Bei der Standardmethode werden die abzudichtenden Bauteile zunächst freigelegt, sodass ein begehbarer Arbeitsraum entsteht (Aushub bis ca. 0,5 m unter die Fehlstelle). Nach den erforderlichen Vorarbeiten wird die Abdichtung auf die später erdberührten Wandflächen aufgebracht. Für die nachträgliche Außenabdichtung der frei gelegten Bauteile eignen sich im Prinzip alle in DIN 18195 aufgeführten Werkstoffe. Daneben werden in der Praxis kaltverarbeitbare, kunststoffmodifizierte Bitumenemulsionen (KMB), zementgebundene flexible Dichtungsschlämmen und selbstklebende Dichtungsbahnen eingesetzt.

Wenn eine vertikale Außenabdichtung technisch und wirtschaftlich nicht zu vertreten ist, muss die Abdichtung der erdberührten Bauteile innen erfolgen. Sachgerechte Innenabdichtungen erfüllen eine den Außenabdichtungen gleichwertige Abdichtungsfunktion mit dem Unterschied, dass der Wandquerschnitt feucht bleibt.

Da im Kellerbereich wasserbeständige Materialien eingesetzt werden, führt die ständige Durchfeuchtung des Wandquerschnittes in der Regel nicht zu Standsicherheitsproblemen. Ein Untergrund aus hochporösen Baustoffen (Porenbeton, Polystyrol, Holzwolle-Leichtbauplatten usw.) ist nicht geeignet. Wichtig ist, dass die Durchfeuchtung tatsächlich dauerhaft ist und keine Veränderungen des Feuchtigkeitsgehaltes auftreten, wenn gleichzeitig eine Versalzung festgestellt wurde. Denn durch die kontinuierliche Lösung und Kristallisation könnte es zu hohen Kristallisationsdrucken in der Verdunstungszone und damit zu Schäden im zu schützenden Mauerwerk kommen. Abdichtungskonzepte für Innenabdichtungen sollten daher unbedingt die fortlaufende Kontrolle der Dichtfunktion vorsehen! Oberhalb der nachträglichen Innenabdichtung im Verdunstungsbereich zur hygroskopisch verursachten Feuchtigkeit sind je nach Bedarf nachträgliche Horizontalabdichtungen vorzusehen.

Vertikale Abdichtungsschichten können im Streich-, Spritz- oder systembedingt im Spachtelverfahren gemäß Herstellerrichtlinien aufgetragen werden. Mit der eigentlichen Abdichtung ist es jedoch noch nicht getan. Die Boden-, Wand- und Deckenanschlüsse müssen sauber und fachgerecht ausgeführt werden. Außerdem sind eine Reihe flankierender Maßnahmen zu berücksichtigen (Abdichtung von Durchdringungen, Abdichtung Fußpunkt/Sohle, Schutzmaßnahmen während der Ausführung usw.). Bei Anwendung der Injektionstechnik zur nachträglichen vertikalen Abdichtung sind die verschiedenen Arten und Einsatzgebiete der zur Verfügung stehenden Injektionsmaterialien zu berücksichtigen. Nähere Informationen können den Merkblättern des WTA-Referates Mauerwerk, u.a. dem Merkblatt 4-6 »Nachträgliches Abdichten erdberührter Bauteile« [97] entnommen werden.

Injektionsschleier werden im Baugrund im Niederdruckverfahren (< 10 bar) flächig vor dem Bauteil als Abdichtung ausgebildet. Hierbei wird der umgebende Baugrund als Stützgerüst genutzt. Dazu werden rastermäßige Bohrungen hergestellt, die das Bauteil vollständig von innen nach außen durchstoßen. Vor Ausführung der Injektionsarbeiten ist es zu empfehlen, eine Probeinjektion durchzuführen. Hier kann abgeschätzt werden, ob mit dem vorgesehenen Packerraster der erforderliche vollflächige Injektionsschleier ausgebildet werden kann. Da die Injektionsstoffe mit Sicker- und/oder Grundwasser in Berührung kommen, sollen nur Produkte verwendet werden, für die der Nachweis der physiologischen Unbedenklichkeit erbracht werden kann.

Bild 6-2 Praktische Ausführung einer nachträglichen außenseitigen Vertikalabdichtung auf der Basis einer mineralischen flexiblen Dichtungsschlämme

Horizontale Abdichtungen

Um den kapillaren Wassertransport (aufsteigende Mauerwerksfeuchtigkeit) in der Wand zu unterbinden, werden in ihrem Wirkungsprinzip völlig unterschiedliche Verfahren angewandt:

- elektrophysikalische Verfahren
- mechanische Verfahren
- chemische Verfahren.

Elektrophysikalische Verfahren

Das Ziel der elektrophysikalischen Verfahren ist, die Intensität des vertikalen und zur Verdunstungsfläche hin gerichteten Wassertransportes zu reduzieren. Die elektrophysikalischen Verfahren »bedienen« sich dazu des Wirkprinzips der sogenannten Elektroosmose: Wasser bewegt sich in einem elektrischen Feld auch durch eine poröse Probe hindurch zur Kathode. Im Bauwesen soll dieses Prinzip zur Querschnittsabdichtung genutzt werden, indem man in einem bestimmten Mauerwerksabschnitt durch Anlegen einer Gleichspannung den durch das aufsteigende Wasser in den Kapillaren gerichteten Transport von frei beweglichen Wasserstoffionen umkehrt. Dadurch soll eine entgegengesetzte »Strömung« entstehen, die größer sein soll als der Kapillartransport des aufsteigenden Wassers.

Über die Wirksamkeit oder Unwirksamkeit dieser Verfahren gab es, gibt es und wird es mit Sicherheit auch zukünftig kontroverse Diskussionen geben. Aus folgenden Gründen ist es problematisch, eine völlig abgesicherte und endgültige Auffassung darstellen zu wollen [98]:

I. Die Verfahrenskategorie der elektrophysikalischen Verfahren erfordert umfangreiche Kenntnisse der Physik, Chemie, Elektrochemie und -physik.

II. Obwohl kontrovers diskutiert, gelten elektrophysikalische Erscheinungen selbst nicht als umstritten – ihre Wirksamkeit ist im Labor (!) nachgewiesen.

III. Das größte Problem besteht darin, diese Laborerkenntnisse auf ein feuchtegeschädigtes Mauerwerk – bestehend aus Stein und Mörtel – zu übertragen, dessen Feuchtigkeitstransport beeinflusst werden soll.

IV. Es gab und gibt zahlreiche Verfahren, die ohne nötige theoretische Fundierung, besonders aber ohne ausreichende praktische Erprobung, zur Anwendung gelangt sind. Solche Verfahren versagen beim Dauertest in der Praxis. Daher werden elektrophysikalische Verfahren von vornherein schlecht geredet.

V. Die ausreichend lange Anwendung elektrophysikalischer Verfahren und damit ihre Praxistauglichkeit kann nur durch Dokumentation des Anfangs- und des Ist-Zustandes bezüglich Feuchtigkeits- und Salzgehalt im Mauerwerk beurteilt werden, viele Werbeprospekte zeigen aber nur den Ist-Zustand.

Mechanische Verfahren

Alle mechanischen Verfahren sind dadurch gekennzeichnet, dass der Wandquerschnitt durch die nachträglich abschnittsweise, aber durchgehend eingebaute dichte Schicht völlig getrennt wird. Hierdurch wird bei ordnungsgemäßer Ausführung die gleiche gute dichtende Wirkung wie im Neubaufall durch einen Einbau einer Dichtschicht beim Aufmauern der Kellerwände erreicht.

Zunächst wird durch Aufsägen oder Aufstemmen im Bereich des Mauerwerkes ein Freiraum geschaffen, in den eine kapillarwasserdichte Schicht eingebracht wird. Diese kann entweder eine Kunststofffolie, eine Bitumenfolie, eine kunststoff- oder bitumenkaschierte Metallfolie oder ein Blech darstellen. Daneben können auch vergütete Zementmörtel oder kunststoffgebundene Mörtel als Dichtschicht eingebracht werden. Man unterscheidet das Mauersägeverfahren, das V-Schnitt-Verfahren, das Maueraustausch-Verfahren, Unterfangung der Fundamente und das Ramm- oder Chromstahlblech-Verfahren (nach WTA-Merkblatt 4-7 [99] allgemein Blecheinschlagverfahren genannt).

Bild 6-3 Praktische Ausführung einer nachträglichen Horizontalabdichtung auf der Basis des Mauersägeverfahrens: Aufsägen des Mauerwerks, Einlegen der Abdichtung (System Georgy, Blankenhain)

Chemische Verfahren

Unter diesem Begriff werden in der Regel Injektionsverfahren verstanden, bei denen durch im Mauerwerk angebrachte Bohrlöcher eine flüssige Substanz mit oder ohne Druck zur flächigen oder partiellen Abdichtung eingebracht wird, die eine horizontale Feuchtigkeitssperre im Mauerwerk aufbauen soll. Dies wird erreicht durch Aufhebung der kapillaren Leitfähigkeit.

Zu diesem Zweck werden dem Mauerwerk über nebeneinander oder schräg übereinander liegende Bohrlöcher (ø = 15 - 30 mm) - daher auch der Name Bohrlochverfahren - flüssige Injektionsmittel zugeführt, die eine Verstopfung, eine Verengung, eine Hydrophobierung oder eine kombinierte Hydrophobierung mit Verengung der Baustoffporen bewirken.

Wichtig bei der Anwendung der chemischen Verfahren ist, dass das Mauerwerk weitgehend hohlraum- und fehlstellenfrei ist und die Durchfeuchtungsgrade eine derartige »Behandlung« zulassen. Als Injektionsmittel werden Paraffine, Bentonit-Zement-Suspensionen, Bitumenemulsionen, Alkalimethylsiliconate, Silan- und Siloxanlösungen, Alkalisilikatlösungen, organische Harze und Siliconmikroemulsionen verwendet.

Bild 6-4
Praktische Ausführung einer nachträglichen Horizontalabdichtung auf der Basis eines Injektionsverfahrens: Herstellen der Bohrlöcher

6.1.2 Bautrocknung

Nach der Behandlung belasteter oder beschädigter Putz- und Anstrichflächen und der Behebung eines aufgetretenen Feuchtigkeitsschadens durch äußere Einflüsse oder unvorhergesehene Ereignisse müssen vielfach weitere Maßnahmen zur Wiederherstellung der Gebrauchstauglichkeit getroffen werden.

Je nach Ergebnis der Feuchtigkeitsuntersuchung muss entschieden werden, ob die noch vorhandene Restfeuchtigkeit im Bauteil »ungefährlich« ist oder ob sie weiter reduziert werden muss. Erhöhte Feuchtigkeiten im Fachwerk führen beim nachträglichen Verputzen und der späteren Inbetriebnahme der Räumlichkeiten durch Heizen oft zu nicht unerheblichen Rissbildungen; beim nachträglichen Auftrag einer Wärmedämmung können sich je nach Art des Dämmmaterials die Zeiten bis zum Erreichen des praxisüblichen Feuchtigkeitsgehalts überproportional erhöhen.

Eine in den normalen Bauablauf integrierte Bautrocknung kann daher erforderlich werden. Sie verkürzt die Wartezeit, dient der Qualitätssicherung und schließt teure Folgeschäden durch zu hohe Restbaufeuchte während der Gewährleistungsfrist aus. Dazu stehen unterschiedliche Verfahren, Varianten und Methoden zur Verfügung:

- reines Lüften
- Einsatz von Heizgeräten und gleichzeitiges Lüften
- Einblasen warmer trockener Luft in die abgedichtete Gebäudehülle
- Einsatz von Kondensationstrocknern
- Einsatz von Adsorptionstrocknern
- Einbau und Betrieb von Heizstäben
- Mikrowellen-Trocknung
- Infrarot-Trocknung
- elektrophysikalische Verfahren.

Im Zusammenhang mit der Bautrocknung wird oft auch der Begriff »Entfeuchtung« benutzt. Entfeuchtungsgeräte, Entfeuchtungsputze usw. suggerieren ein vollständiges Trocknen, denn die Vorsilbe »Ent-« steht für »von etwas befreien«. Die in der Praxis zur Anwendung kommenden Trocknungsverfahren können jedoch feucht gewordene Bauteile in der Regel nicht vollständig von Feuchtigkeit befreien, denn poröse Baustoffe mit den aufgezeigten Feuchtespeicherfunktionen besitzen stets eine mit dem Raumklima korrespondierende Ausgleichs- oder Sorptionsfeuchte. Dennoch ist es erlaubt, von Entfeuchtungsverfahren zu sprechen, wenn die weitere Bedeutung der Vorsilbe »Ent-« im Sinne von »zum Gegenteil hin« (z. B. entfliehen, entschuldigen usw.) betrachtet wird. Das Gegenteil von feucht ist eben trocken im Sinne von »Ausgleichsfeuchte erreicht«.

Bild 6-5 Bautrocknungsmaßnahmen nach Ausführung der Abdichtungen beschleunigen die Reduzierung des Durchfeuchtungsgrades.

6.2 Heizen und Lüften

Es ist bekannt, dass man pro 1 K Raumlufttemperaturabsenkung ca. 4–5 % Heizenergiekosten einsparen kann. Energiesparendes Nutzerverhalten wird daher oftmals mit »weniger Heizen und weniger Lüften« gleich gesetzt. Diese These ist zwar grundsätzlich richtig, wird aber in der Praxis von vielen Nutzern derart falsch verstanden, dass infolge zu geringer Raumtemperaturen und einem nur minimalen Lüften bauliche Schäden entstehen. Denn gleichzeitig erhöht sich pro Grad Absenkung der Raumlufttemperatur auch die relative Raumluftfeuchtigkeit um ca. 3–4 %. So ist gerade beim Lüften zwischen der Energieeinsparung einerseits und dem hygienisch erforderlichen Luftwechsel anderseits abzuwägen. Raumluft muss durch Lüftung ausgetauscht werden, da Luft nur begrenzt Wasserdampf aufnehmen kann. Ist die Sättigung erreicht, fällt Wasserdampf als Nebel, Tau usw. aus.

Raumluft von 10 °C und 60 % relativer Feuchte kann z. B. maximal 9,4 - 5,6 = 3,8 g/m³ Wasserdampf aufnehmen; wird die Temperatur auf 20 °C erhöht, können weitere 17,5 - 9,4 = 8,1 g/m³ aufgenommen werden. Eine durchschnittliche Raumluftfeuchtigkeit von 55 - 65 % ist praxisüblich und entspricht bei normalem Lüftungsverhalten dem allgemein üblichen Soll-Zustand des Raumklimas im Jahresdurchschnitt.

Wassergehalt der Luft (je nach Temperatur und relativer Feuchte)				
Relative Luftfeuchte	Wassergehalt (g/m³)			
100 %	4,8	9,1	17,3	30,4
80 %	3,9	7,5	13,8	24,3
60 %	2,9	5,6	10,4	18,2
40 %	1,9	3,8	6,9	12,1
20 %	1,0	1,9	3,5	6,1
Temperatur	0 °C	10 °C	20 °C	30 °C

Tabelle 6-1
Abhängigkeit des Wasserdampfgehalts von Luft von den raumklimatischen Bedingungen

Feuchtere Luft führt unweigerlich zu Kondensation, wenn nicht die Raumtemperatur erheblich gesteigert und der Raum immer wieder kurz gelüftet wird. Feuchtere Luft entsteht dadurch, dass Wasserdampf von Menschen und Tieren durch Atmung oder Schwitzen abgegeben wird. Er entsteht aber auch durch Verdunstungen beim Kochen, Baden, Duschen, Wäsche trocknen, Blumen gießen, aus Aquarien usw. Folgende Feuchtigkeitsabgaben sind üblich [100]:

Die in Tabelle 6-2 genannten Werte gelten für den ungünstigsten Praxisfall, d. h. Freisetzung erhöhter Wasserdampfmengen. Im Rahmen anderer Untersuchungen wurden auch deutlich niedrigere Verdunstungsraten ermittelt, dies hängt mit den spezifischen Randbedingungen der jeweils untersuchten Nutzungsarten zusammen [101].

Tabelle 6-2 Beispiele für die erzeugte Menge an Wasserdampf, die pro Stunde an die Raumluft abgegeben wird

Verdunstung durch ...	Art, Vorgang	Feuchtigkeitsmenge
Topfpflanzen	mittelgroßer Gummibaum	10–20 g/h
	Topfpflanzen	7–15 g/h
Wäsche trocknen (4,5 kg)	geschleudert	50–200 g/h
	tropfnass	100–500 g/h
Kochen	Kurzzeitgericht	400–500 g/h Kochzeit
	Langzeitgericht	450–900 g/h Kochzeit
Mensch	Schlafen	40–50 g/h
	Haushaltsarbeit	ca. 90 g/h
	anstrengende Tätigkeit	ca. 175 g/h

In historischen Fachwerkhäusern wurden diese Wasserdampfmengen durch »natürliche« Lüftung infolge der vorhandenen Undichtigkeiten von Fenstern und Türen sowie den Fugen in der Fachwerkkonstruktion kontinuierlich reduziert, sodass nicht mit erhöhter Raumluftfeuchtigkeit zu rechnen war. Bei energetisch optimierten Fachwerkgebäuden muss man jedoch davon ausgehen, dass diese Undichtigkeiten nunmehr fehlen, weil durch dichtere Fenster, raumseitige Putz- oder Dämmverkleidungen usw. die Lüftungswärmeverluste reduziert werden sollen. Daher kommt es verstärkt auf die Nutzer an, durch geeignetes Lüftungsverhalten eine Erhöhung der Raumluftfeuchtigkeit und damit ein Risiko der Tauwasserbildung auf der raumseitigen Oberfläche der Außenwände zu verhindern.

Bei einem Raum üblicher Größe treten hohe relative Luftfeuchtigkeiten meist dann auf, wenn die sogenannte Luftwechselzahl merklich unter 1 h^{-1} sinkt und die Außentemperatur nicht sehr niedrig ist. Bei üblicher Nutzung ist dieser Luftwechsel im Durchschnitt ausreichend. Die Zahlenangabe bedeutet, dass die Raumluft während einer Stunde einmal ausgetauscht wird. Bei einem gekippten Fenster z. B. wird die Luft pro Stunde bis zu viermal ausgetauscht. Nachstehende Tabelle gibt Anhaltswerte für Luftwechsel.

Tabelle 6-3 Anhaltswerte für Luftwechsel

Fensterstellung	Luftwechselzahl [h^{-1}]	Dauer des Luftaustauschs [min]
Fenster und Fenstertüren gegenüberliegend geöffnet (Querlüftung)	40	1,5
Fenster ganz geöffnet (Stoßlüftung)	9–15	4,0–6,7
Fenster gekippt, Rollladen offen	0,8–4,0	15–75
Fenster gekippt, Rollladen geschlossen	0,3–1,5	40–200
Fenster und Türen geschlossen	bis 0,5	120 und mehr

Die Lüftung kann natürlich oder mechanisch, manuell oder kontrolliert erfolgen. Durch kurzes kräftiges Lüften (Stoßlüftung) werden Räume nicht ausgekühlt, die Luft wird aber sehr schnell und effektiv ausgetauscht. Häufiges Lüften führt regelmäßig die Feuchtigkeit und auch Schadstoffe (Zigarettenrauch, Kohlendioxid aus der Atmung, flüchtige Bestandteile wie Lösungsmittel usw.) aus der Raumluft ab. Bei einer Kippstellung der Fenster (Spaltlüftung) wird zwar die Luft ausgetauscht, allerdings sinkt damit auch die Raumtemperatur, was zum Auskühlen von Bauteiloberflächen, insbesondere in fensternahen Bereichen, und so zur Tauwasserbildung führen kann: die kalte Außenluft dringt über den Spalt ein und »fällt« sofort im Bereich der Fensterleibung nach unten, feuchte Raumluft streicht an den abgekühlten Leibungsflächen vorbei und der Wasserdampf kondensiert.

In einem Vier-Personen-Haushalt können täglich über Verdunstungsvorgänge ca. 8 - 12 l Wasserdampf an die Raumluft abgegeben werden, die bei unzureichendem Luftaustausch gespeichert werden. Um den überschüssigen Wasserdampf aus der Wohnung zu entfernen, sind je nach Jahreszeit unterschiedliche Luftwechselraten bzw. ein unterschiedliches Lüftungsverhalten erforderlich. Nach dem aktuellen Kenntnisstand ist folgendes Lüftungsverhalten zu empfehlen bzw. erforderlich, um mikrobiologischen Befall oder Gesundheitsstörungen zu vermeiden:

Häufigkeit und Lüftungsart

Lüftung von Räumen ist nicht nur aus hygienischen Gründen erforderlich, sondern auch zum Abtransport von Gerüchen, Schadstoffen und Kohlendioxid. Je nach Raumnutzung und Feuchtigkeit sollte daher täglich mindestens dreimal für mindestens 10 - 15 Minuten richtig gelüftet werden; im Sommer sollte die Hauptbelüftung in den kühleren Tageszeiten (morgens und abends bzw. nachts) erfolgen, da dann die Außenluft weniger Feuchte enthält. Richtiges Lüften heißt, dass Fenster oder Türen weit geöffnet werden, wobei Querlüftung (Fenster bzw. Türen an gegenüberliegenden Raumseiten gleichzeitig geöffnet) am effektivsten ist. Im Winter, speziell bei Minustemperaturen, reichen täglich drei bis fünf Lüftungsraten von fünf Minuten, da auch aufgrund der starken Temperaturunterschiede (Thermik) die Luft schneller ausgetauscht wird.

Gekippte Fenster reichen für eine optimale Belüftung nicht aus, sondern sind speziell im Winter als problematisch zu sehen, da sich im Bereich der Fensterstürze und -leibungen Kondensat bildet, welches zu mikrobiologischem Befall führen kann.

Unbeheizte oder gering beheizte Räume

In unbeheizten oder gering beheizten Räumen (z.B. Schlafzimmer) sollten in der kalten Jahreszeit die Türen zu den Wohnräumen geschlossen bleiben, damit die einströmende warme (und feuchte) Luft nicht an den kalten Wänden kondensiert. Außerdem ist es ratsam, auch in Schlafzimmern die Heizung so einzustellen, dass zumindest 18 °C Raumlufttemperatur erreicht werden, damit die Raumluft, die während der Schlafphase anfallende Feuchtigkeit (Verdunstung über die Haut, Atmung etc.) besser aufnehmen kann. Diese erhöhte Feuchte wird bei der morgendlichen Belüftung dann in die Außenluft abgeführt.

Bäder und Duschen

Bäder und Duschen sollten während der Benutzung geschlossen werden, um eine Umverteilung der hohen Luftfeuchte in die anderen Wohnräume zu vermeiden. Nach der Benutzung direkt für fünf bis zehn Minuten bei weit geöffnetem Fenster belüften. Danach können die Türen bei Temperierung der Nassräume auch geöffnet bleiben. Für innen liegende Bäder sind entsprechende Lüfter einzusetzen, um die erhöhte Feuchte abzuführen (Nachlaufzeit berücksichtigen!).

Diese Verhaltensregeln gelten auch für Waschräume und Waschküchen, besonders wenn dort Wäsche getrocknet wird, da hierbei z.T. mehrere Liter Wasser innerhalb kurzer Zeit anfallen können.

Kellerräume

Für die winterliche Kellerbelüftung gilt (wie für Wohnräume): je kälter es draußen ist, desto besser wirkt die Regulierung der Raumluftfeuchte durch Lüftung. Im Sommer gilt für Keller und andere kühle Nebenräume: am besten nachts lüften, da dann die Außenluftfeuchte am geringsten ist. In vielen Fällen erfolgte die erhöhte Durchfeuchtung von Kellern dadurch, dass den ganzen Sommer über die Kellerfenster geöffnet waren. Warme und feuchte Luft strömt in die Kellerräume ein und kondensiert an den kälteren Oberflächen (insbesondere von dicken, schweren, massiven Außenwänden).

Kondensatgefährdete Bereiche bei niedrigen Temperaturen

Da bei zu geringen Innenraumtemperaturen die Raumluft nur sehr wenig Wasserdampf aufnehmen kann, hilft in diesen Fällen nur das Anheben der Raumtemperatur durch bauliche Maßnahmen (s. Kap. 6.3.1). Das Anbringen von geeigneten, diffusionsfähigen Beschichtungen kann insbesondere bei durch denkmalpflegerische Vorgaben begrenzten Dämmmaßnahmen hilfreich sein. Die Anordnung von Möbeln und Einrichtungsgegenständen muss auf die Raumsituation abgestimmt werden, sodass ein Belüften gefährdeter Wand- und Eckbereiche, z. B. durch einen Abstand vor betroffenen Außenwandbereichen von ca. 10 cm, möglich ist. Gegebenenfalls kann auch das Anbringen einer Beheizung im Wandübergang zum Boden Abhilfe schaffen, da der dadurch entstehende »Warmluftfilm« die raumseitigen Oberflächen erwärmen kann.

Automatische Kontrolle der Luftfeuchtigkeit mit gesteuertem Luftaustausch

Wenig beheizte Nutzräume wie Keller, Waschräume, Abstellkammern usw. werden bei der manuellen Lüftung vom Benutzer gerne »vergessen«. Um einer unkontrollierten Erhöhung der Raumluftfeuchtigkeit vorzubeugen, empfiehlt sich eine preiswerte und einfache automatische Kontrolle der relativen Luftfeuchtigkeit mit gesteuertem Luftaustausch (Kosten ca. 150 Euro).

Dazu wird ein einfacher Feuchtesensor möglichst an einer Stelle montiert, an der mit niedrigen Oberflächentemperaturen bzw. erhöhter relativer Luftfeuchtigkeit zu rechnen ist. Dieser wird elektrisch mit einem nachträglich eingebauten Fensterventilator verbunden. Bei Erreichen der für die jeweiligen Raumverhältnisse maximal zulässigen relativen Luftfeuchtigkeit schaltet der Sensor den Ventilator ein und die feuchte Raumluft wird »abgeblasen«.

Angepasstes Heizverhalten

Neben dem Lüftungsverhalten ist selbstverständlich das Heizverhalten der Nutzer für die Energieeinsparung entscheidend. Erhöhte Raumtemperaturen von > 20 °C oder sogar > 22 °C sollten daher vermieden werden. Ein frühzeitiges Herunterregeln der Heizkörpertemperatur vor Verlassen des Raumes bringt ebenfalls Einsparungen. Gerade bei Speicherheizungen wie einer Fußbodenheizung ist dieses Einsparpotenzial deutlich. Auch ist zu bedenken, dass nicht alle Räume einer Wohnung vollständig beheizt werden müssen. Eine reduzierte Temperatur in diesen Räumen von ca. 16 bis 18 °C ist im Regelfall vollkommen ausreichend. Auch die nächtliche Nutzung von eventuell vorhandenen Fensterläden oder Rollläden hilft, die Wärmeverluste maßgeblich zu reduzieren.

Nicht unerwähnt bleiben sollen in diesem Zusammenhang die zusätzlichen Energieeinsparpotenziale im Haushalt wie z. B.

- Reduzierung von Häufigkeit und Länge des Duschens
- Verwendung von Energiesparlampen
- Ausschalten der Beleuchtung bei Verlassen des Raumes
- Deaktivieren des Stand-By-Betriebs bei elektrischen Geräten.

6.3 Bauliche Maßnahmen

6.3.1 Außenwand

Außendämmung

Diese bauphysikalisch auf der unproblematischeren Bauteilseite angeordnete Wärmedämmung kann unterhalb einer Außenbekleidung, hinter einer Vormauerschale oder als überputzte Wärmedämmung aufgebracht werden. Alle Maßnahmen sind auch aus Gründen des Schlagregenschutzes bei einer Fachwerkfassade bauphysikalisch ratsam, da der kritische Bauteilbereich, die Fuge Gefach-Holz sowie die Fuge Holz-Holz, hierdurch überdeckt wird. Bei starker Schlagregenbeanspruchung der Fassade ist ein derartiger äußerer Witterungsschutz ohnehin erforderlich.

Traditionell vorhandene, regional unterschiedliche Bekleidungen sowie Putzsysteme sollten belassen sowie gegebenenfalls erneuert werden. Wird das Fachwerk aus architektonischen Gründen bzw. aus Gründen des erforderlichen Schlagregenschutzes verkleidet, so sollte die Wärmedämmung wegen der bauphysikalischen Vorteile nach Möglichkeit außen oder in Gefachebene angeordnet werden. Auch wenn mit einer Außendämmung die Außenwand weitgehend wärmebrückenarm ausgebildet werden kann, so ist doch darauf zu achten, dass durch die Unterkonstruktion oder Anschlussdetails keine Wärmebrücken neu entstehen, die dann zu Energieverlusten sowie einem Absenken der raumseitigen Oberflächentemperatur führen. Daher sind punktuelle Befestigungen (Bolzen o. Ä.) oder Konstruktionen aus Materialien geringer wärmeleitender Materialien vorzuziehen. Bei einer eher flächigen Unterkonstruktion sollte Holz, bei linienförmigen Konstruktionen Kunststoff, Edelstahl o. Ä. verwendet werden. In dem WTA-Merkblatt 8-4 »Außenbekleidungen« [19] sind noch ergänzende Angaben zu den Systemen dargestellt.

Allgemein ist zu berücksichtigen, dass zum Schutze der Konstruktion sowie zum Erhalt der hygienischen Erfordernisse wenigstens der Mindestwärmeschutz nach DIN 4108 in allen Bereichen eingehalten wird. Es sind jedoch vor Aufbringen eines Wärmedämmsystems die Untergrundbedingungen zu untersuchen (s. Kap. 5.1).

Bei Bekleidungen in Form von plattenartigen Baustoffen oder Verschalungen und einer darunter angeordneten Wärmedämmung ist nach EnEV, Anlage 3, Tabelle 1 ein U_{max} = 0,24 W/(m^{2}K) einzuhalten. Dieses entspricht einer Wärmedämmung von ca. 13 cm (bei WLG035). Im Allgemeinen werden Faserdämmstoff-Platten oder Platten nachwachsender Rohstoffe zwischen die Unterkonstruktion der Bekleidung ein- oder zweilagig verbaut. Auf eine ausreichende Hinterlüftung von mindestens 2 cm ist zu achten.

Bei Vormauerungen kann die Wärmedämmung zwischen Vormauerschale und Fachwerkwand eingebracht werden. Auch hier ist der Wert U_{max} = 0,24 W/(m²K) nach EnEV, Anlage 3, Tabelle 1 einzuhalten (entspricht ca. 12 cm bei WLG035). Im Allgemeinen werden Faserdämmstoff-Platten oder Platten nachwachsender Rohstoffe für den Einbau als Kerndämmung oder für eine hinterlüftete Konstruktion verwendet. Wird eine Luftschicht vorgesehen, gilt nach DIN 1052 ein Mindestspalt von 4 cm. Entwässerungsöffnungen der Vormauerschale sowie Be- und Entlüftungsöffnungen bei belüfteten Systemen sind vorzusehen. Auch ist auf eine ordnungsgemäße Führung der Abdichtung zu den Entwässerungsöffnungen zu achten.

Bei überputztem Fachwerk kann die Wärmedämmung als Wärmedämmputz oder als Wärmedämm-Verbundsystem (WDVS) aufgebracht werden. Aufgrund der Anforderungen nach EnEV 2009 ist ein U_{max} = 0,24 W/(m²K) einzuhalten. Dieses entspricht einer Gesamt-Wärmedämmung von ca. 15 cm (bei WLG040) bzw. 12 cm (bei WLG032).

In diesem Zusammenhang ist auf den Fall, dass ein Gebäude nur neu verputzt werden soll, d. h. dass wärmetechnische Maßnahmen nicht vorgesehen sind, hinzuweisen. Hier greift eine »bedingte Anforderung« der EnEV: Bei einem

a)

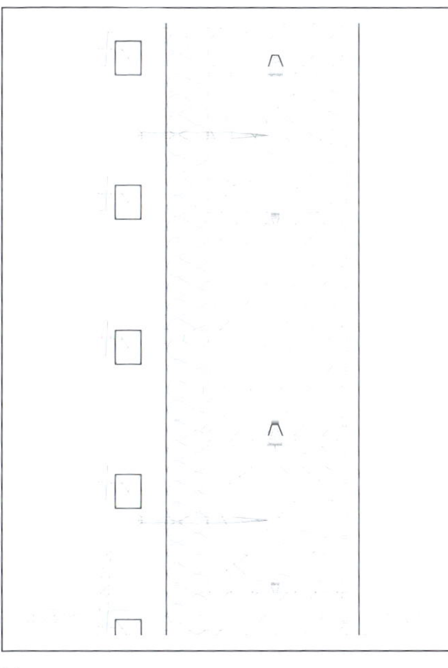

b)

Bild 6-6
Beispiel einer vorgehängten Bekleidung
a - Foto, b - Skizze

Bild 6-7
Fachwerkaußenwand mit Vormauerung
a - Foto, b - Skizze

a)

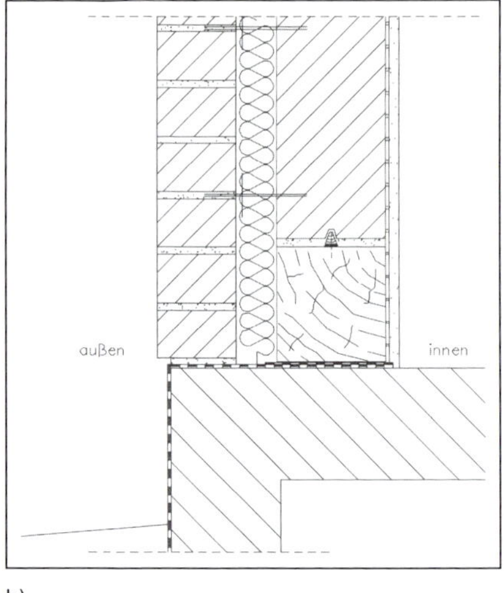

b)

Wärmeschutz der bestehenden Wand von $U_{AW} > 0,9\,W/(m^2K)$ ist nach EnEV im Zuge des Neuverputzes eine Nachdämmung erforderlich. Das Kriterium von $U_{AW} > 0,9\,W/(m^2K)$ bedeutet, dass bei allen ungedämmten Fachwerkwänden oder bei bereits bestehenden Wanddämmungen bis ca. 3 cm (WLG040) bzw. ca. 4 cm (WLG070) Dämmschichtstärke eine Überprüfung des U_{vorh}-Wertes der Außenwand notwendig wird. Ist der Grenzwert von $0,9\,W/(m^2K)$ von der bestehenden Wand unterschritten, bestehen - zumindest nach EnEV - keine Anforderungen, eine Zusatzdämmung aufzubringen.

Bei einem Wärmedämm-Verbundsystem (WDVS) handelt es sich um ein System, bei dem alle Schichten miteinander - und mit dem Untergrund - fest verbunden sein müssen. Alle Systembestandteile sind aufeinander abgestimmt. Die Anforderungen an diese Systemkomponenten sowie die Ausführung sind für jedes WDVS seit 01.01.1997 durch allgemeine bauaufsichtliche Zulassungen, die das Deutsche Institut für Bautechnik (DIBt) in Berlin erteilt, geregelt (kurz DIBt-Zulassung). In den jeweiligen Zulassungen ist u. a. auch festgelegt, wie die Befestigung der Dämmplatten auf dem Untergrund erfolgen muss, damit ein zugelassenes WDVS vorliegt. Die Art der Befestigung hängt dabei von der Beschaffenheit des Untergrundes und der Gebäudehöhe ab.

Es ist unbedingt darauf zu achten, dass nur WDVS mit Zulassung verwendet und die Herstellerrichtlinien beachtet werden. Da in keiner Zulassung für WDVS der Untergrund »Fachwerk« geregelt ist, muss für das jeweilige Objekt eine Zustimmung im Einzelfall bei der zuständigen Landesbaubehörde beantragt werden.

Es sollten WDVS bevorzugt werden, für die Langzeiterfahrungen beim Einsatz bei Fachwerkbauten vorliegen.

Bei der energetischen Ertüchtigung von Fachwerkaußenwänden sollte die Dämmung von Sichtfachwerk vorzugsweise mit schienenbefestigten WDVS erfolgen, weil diese ein höchstes Maß an Entkopplung von Dämmschicht und Fachwerkkonstruktion und damit ein vermindertes Schadensrisiko z. B. durch Rissbildung bieten. Die Dämmung von bereits verputztem Fachwerk darf grundsätzlich nur mit geklebten und gedübelten Dämmstoffplatten ausgeführt werden. Dies hat folgende Gründe:

Gebäude mit einer Höhe von mehr als 8 m sind zwingend zusätzlich durch Dübel zu sichern; die Art der Ausführung in Abhängigkeit vom Untergrund und des Dämmmaterials sind in einer speziellen DIBt-Regelung festgelegt. Zwingend vorgeschrieben ist dann das Befestigen mit bauaufsichtlich zugelassenen Dübeln. An Gebäuden bis zu 8 m Höhe ist prinzipiell nur bei Dämmplatten aus Polystyrol-Hartschaum eine Montage ohne Verdübelung auf tragfähigem Untergrund zulässig. Der Untergrund, auf den WDVS aufgebracht werden, muss tragfähig, staubfrei, ölfrei sowie ausreichend eben sein. Bei bestehenden Untergründen, d. h. bei verputzten Fachwerkgebäuden, muss bei ausschließlich verklebten Systemen durch stichprobenartige Haftzugversuche eine bestimmte Mindestabreißfestigkeit des Systems nachgewiesen werden. Daraus folgt, dass bei verklebten Systemen die vorhandenen Oberflächen überprüft werden müssen. Bei Altanstrichen muss die Verträglichkeit zwischen Anstrich und Klebemörtel des WDVS überprüft werden, da negative Wechselwirkungen, die zu einer Reduzierung der Haftzugfestigkeiten führen können, nicht auszuschließen sind. Falls die Tragfähigkeit des Untergrundes nicht einwandfrei nachgewiesen werden kann, wird in diesem Falle i. d. R. eine zusätzliche Dübelbefestigung (im Bereich der Ausfachungen) notwendig. Bei vollflächig verputzten Fachwerkfassaden im Bestand wird grundsätzlich eine Verdübelung erforderlich, da die Tragfähigkeit des Altputzes und des vorhandenen Putzträgers auf der Fachwerkfassade nicht einwandfrei gewährleistet werden kann.

Als Spachtel- und Putzmörtel zur Beschichtung der Dämmplatten werden sowohl mineralische zementgebundene, dispersionsgebundene, silikatgebundene sowie alle möglichen Zwischenstufen eingesetzt. Wichtig und in der bauaufsichtlichen Zulassung definiert ist, dass nur vollständige Systeme eines Herstellers verwendet werden dürfen, d. h. alle Systemkomponenten eines zugelassenen WDVS eingesetzt werden. System-Mix führt automatisch zum Erlöschen der Zulassung.

Bei der Verarbeitung sind die Herstellervorschriften genau einzuhalten; insbesondere ist auf die erforderlichen Schichtdicken zu achten. Jede vom Deutschen Institut für Bautechnik erteilte Zulassung beinhaltet in der Anlage zum Zulassungstext einen Konformitätsnachweis, mit dem der Verarbeiter die Einhaltung der Anforderungen nach Zulassung bestätigt. Diese sollte unbedingt vorgelegt werden.

Das vollflächige Verputzen von Fachwerk mit Wärmedämmputz muss gemäß DIN V 18550 (Ausgabe 04-2005) [102] bzw. DIN EN 13914-1 (Ausgabe 06-2005) [103] ausgeführt werden; Anforderungen und Eigenschaften des Baustoffs selbst sind in DIN EN 998-1 erfasst [104]. Ein Wärmedämmputz besteht zu mindestens 75 Vol.-% aus expandiertem Polystyrol (EPS); der Rest ist Bindemittel - Kalkhydrat nach DIN EN 459 und Zement nach DIN EN 197 als Bindemittel. Aufgrund der Festmörtelrohdichten von etwa 200 - 250 kg/m^2 werden nur Wärmeleitzahlen im Bereich von 0,06 - 0,10 W/(mK) erreicht. Daraus ergibt sich, dass nur durch Verputzen von Fachwerk der geforderte U-Wert von 0,24 W/(m^{2}K) nicht erreicht werden kann, denn dann wären etwa 26 cm Wärmedämmputz erforderlich. Bei der Anwendung von Wärmedämmputz müssen daher noch weitere Dämmmaßnahmen berücksichtigt werden.

Zu überputzendes Fachwerk wird als problematischer Putzgrund eingestuft, der ohne vorbereitende Maßnahmen eine langfristige Tragfähigkeit nicht gewährleistet. Entsprechend DIN V 18550 ist bei Konstruktionen mit Wärmedämmputz ein Putzträgersystem zu verwenden; zum Einsatz können i. d. R. Schilfrohrmatten, Holzwolle-Leichtbauplatten oder aber metallische Putzträger kommen. Der Putz sollte von den Fachwerkhölzern mittels diffusionsoffener Trennvliese/Pappen oder speziellen Putzträgern entkoppelt werden. Hier haben sich besonders Edelstahlmatten mit Pappeinlage bewährt, die in der Lage sind, Flächengewicht von bis zu 30 kg/m^2 dauerhaft zu halten. Die Befestigung der Putzträger hat ausschließlich in den tragfähigen Ausfachungen zu erfolgen, da nur so für das Putzsystem die Rissbildung minimiert werden kann; nur das Fachwerk mit Putzträger zu versehen und den Putz direkt auf die Ausfachungen aufzubringen, erhöht das Rissrisiko erheblich. Zur Minimierung von Rissen an der Putzoberfläche ist es empfehlenswert, in die letzte Putzlage ein alkalibeständiges und hochreißfestes Armierungsgewebe vollflächig einzubetten. Eine vollflächige Gewebespachtelung hat sich am besten bewährt.

Wärmedämmputz ist nicht für stark belastete Sockelbereiche geeignet. Auch in weniger belasteten Sockelbereichen ist Wärmedämmputz nur geeignet, wenn zusätzlich Maßnahmen, z. B. ein genügend breites, umlaufendes Kiesbett, Verwendung geeigneter Sockelprofile o. Ä. getroffen werden.

a)

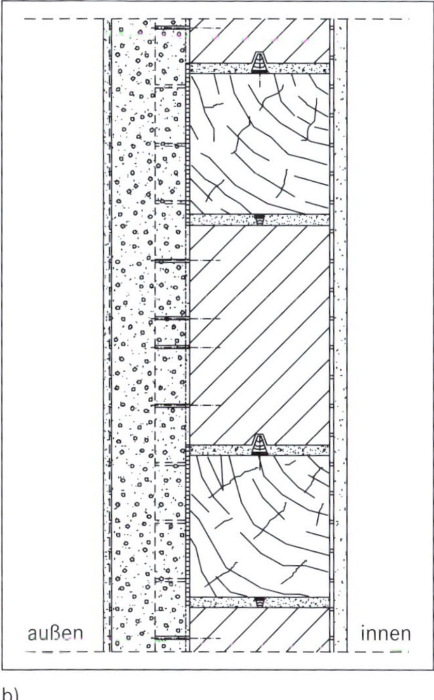

b)

Bild 6-8
Fachwerkaußenwand mit Putzansicht (hier mit einem Wärmedämmputz)
a – Foto, b – Skizze

Dämmung in Gefachebene

Ist ein Gefach abgängig oder kann es nicht gehalten werden, da angrenzende Hölzer auszuwechseln sind, muss das Gefach erneuert werden. Dabei werden zumeist die gleichen Ausfachungsmaterialien wie im Bestand eingesetzt. Die in früheren EnEV-Verordnungen dargestellte Anforderung an Neuausfachungen ist in der EnEV 2009 nicht mehr vorhanden. Es gelten somit die oben genannten Anforderungen. Bei wärmedämmenden Ausfachungen kann die EnEV-Anforderung allein nur mit einer Porenbeton-Ausmauerung mit d > 30 cm oder mit einem Verfüllmörtel-System erfüllt werden. In beiden Fällen ist eine Überprüfung des feuchtetechnischen Verhaltens der Wand, gerade im Bereich der Holzbauteile erforderlich.

Es ist auch denkbar, dass die Wärmedämmung außen, aber noch in Gefachebene liegt. Hierfür sollten Baustoffe verwendet werden, die plastisch eingebracht werden können. Vorsicht geboten ist beim Einbringen von Dämmplatten, insbesondere bei Dämmplatten ohne Wasseraufnahmefähigkeit (Polystyrol, Schaumglas, ...), da dann zum einen über die Fugen eingedrungene Feuchte nicht vom Holz wegtransportiert werden kann und zum anderen diese über die Gefachflächen nicht wieder abtrocknen kann. So kommt es dann unweigerlich zu einer

a)

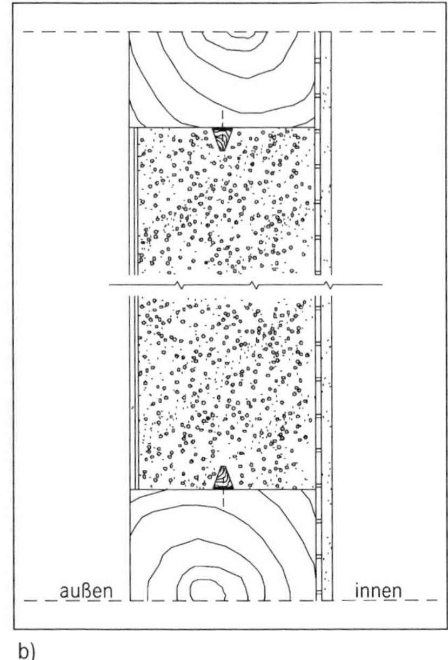

b)

Bild 6-9 Fachwerkaußenwand mit wärmedämmender Ausfachung a - Foto (Mauerwerk), b - Skizze (Verfüllmörtel)

Feuchtebelastung des Holzes. Grundsätzlich geeignet sind hierfür Materialien, die aufgrund ihrer kapillar- und diffusionstechnischen Eigenschaften eine Abtrocknung des Gefaches ermöglichen. Hierunter sind z. B. mineralische Baustoffe zu verstehen, die plastisch eingebracht werden können.

Innendämmung

Kann bei Fachwerkbauten mit Sichtfachwerk die zusätzliche Wärmedämmung nur von innen vorgesehen werden, gibt es verschiedene Möglichkeiten der Innendämmung - aber nicht alle sind als geeignet anzusehen.

Grundsätzlich ist festzuhalten, dass innenseitig keine dampfbremsende bzw. dampfsperrende Schicht angeordnet werden sollte, um besonders den kapillaren und diffusionstechnischen Feuchtetransport nach innen zu erhalten. Ausnahmen stellen hierbei mit Einschränkungen feuchteadaptive Dampfbremsen dar.

Allgemein gilt, dass die zusätzliche innere Wärmedämmung den Wert von $\Delta R_i = 0{,}8\,m^2K/W$ nicht überschreiten sollte. Die Eignung anderer Konstruktionen ist gesondert z. B. über hygrothermische Bauteilsimulationen nachzuweisen.

Bei Einsatz eines Innendämmsystems ist ein auf die spezielle örtliche Situation abgestimmter Systemaufbau wichtig. So ist z. B. zu beachten, dass bei einer wetterbeanspruchten Fassade die Innendämmung nicht zu stark ausgeführt werden darf, um die Austrocknung des Gesamtbauteils nicht zu behindern. Eine Abwägung zwischen Wärme- und Feuchteschutz sowie evtl. weiteren Anforderungen ist unerlässlich. Weiterhin sind die Auswirkungen, die das Ausfachungsmaterial bedingen, zu beachten. So kann insbesondere eine wenig kapillaraktive Ausfachung mit einem Bruchstein-Mauerwerk, das zudem einen geringen Fugenanteil aufweist, die Abtrocknung des Bauteils nach außen deutlich behindern.

Bei fachwerksichtigen Außenwänden ist eine möglichst winddichte Innenabdeckung einzubringen. Diese kann mit verschiedenen Materialien hergestellt werden und bedarf besonderer Sorgfalt in der Ausführung. In der Regel wird ein durchgehender Putz auf Trägerlage eingebaut. Bei der Verwendung von Innendämmsystemen ist darauf zu achten, dass keine Hohlkonstruktionen entstehen, da in der Praxis eine luftdichte Ausführung nur erschwert herzustellen ist. In diesen Fällen besteht eine erhöhte Gefahr der Kondensation im Bauteilinneren durch Konvektion. Eine spezielle Schwierigkeit des Fachwerkbaus ist häufig ein unebener Untergrund z. B. bei einem Versatz zwischen Holz- und Ausfachungsoberfläche. In diesen Fällen sind spezielle Maßnahmen bzw. Verfahren anzuwenden, um Hohlräume zu vermeiden. Als geeignet hat sich das Auftragen eines Ausgleichsmörtels (z. B. Verfüllmörtel), der nicht hydrophob eingestellt sein sollte, erwiesen. Sind diese Mörtel gleichzeitig wärmedämmend, kann der Ausgleich des Untergrundes und die Innendämmung in einem Arbeitsschritt mit einem Material ausgeführt werden. Ist jedoch der Untergrund zu uneben (etwa 3–4 cm), ist es häufig wirtschaftlich, zunächst einen gesonderten Ausgleichsmörtel und dann in einem weiteren Arbeitsgang das Innendämmsystem aufzubringen.

Noch einmal zu bekräftigen ist, dass das feuchtetechnische Verhalten der gesamten Außenwand – hierbei zu nennen sind Konvektion, Diffusion und Kapillarität – und das wärmetechnische Verhalten unbedingt im Zusammenhang mit den örtlichen Gegebenheiten zu beachten sind.

Im WTA-Merkblatt 8-5 »Innendämmsysteme« [19] sind ergänzende Hinweise gegeben. Für die technisch-konstruktive Auswahl eines Innendämmsystems bietet das Merkblatt eine Tabelle als Hilfestellung bei der Entscheidungsfindung eines geeigneten Materials an. Die Aussagen in der Tabelle geben hierbei Anhaltspunkte für die Verwendung der einzelnen Materialien. Die einzelnen Bewertungskriterien sind nach dem jeweiligen Einzelfall zu gewichten.

Bezüglich der Anforderungen der EnEV ist bei Innendämmungen von Fachwerkwänden zu unterscheiden, ob ein Sichtfachwerk vorliegt oder nicht. Wenn kein Sichtfachwerk vorliegt, ist nach EnEV, Anlage 3, Nr. 1, Satz 3 ein U_{max} = 0,35 W/(m²K) einzuhalten, da davon ausgegangen wird, dass mit dem außen liegenden, überspannenden Putz oder der Bekleidung ein ausreichender Schlagregenschutz vorliegt. Dies bedeutet etwa eine Wärmedämmung von ca. 10 cm (bei WLG040) oder ca. 17 cm (bei WLG070). Liegt jedoch eine Sichtfachwerkwand (bei Schlagregenbeanspruchungsgruppe I und in besonders geschützten Lagen) vor, so gilt nach EnEV, Anlage 3, Pkt. 1, Satz 4 ein niedrigerer Anforderungswert (U-Wert = 0,84 W/(m^{2}K)).

In diesen Fällen ist eine zusätzliche Wärmedämmung von ca. 4 cm bei WLG 040 bzw. 6 cm bei WLG 070 ausreichend (siehe Bild 6-10).

Die textlichen Ausführungen der EnEV 2009 [28] sind hier aufgrund der Wichtigkeit noch einmal darzustellen. Es heißt in Anlage 3, Nr. 1, Satz 4:

»Werden bei Außenwänden in Sichtfachwerkbauweise, die der Schlagregenbeanspruchungsgruppe I nach DIN 4108-3:2001-06 zuzuordnen sind und in besonders geschützten Lagen liegen, Maßnahmen gemäß Buchstabe a, c oder d durchgeführt, gelten die Anforderungen gemäß Satz 1 als erfüllt, wenn der Wärmedurchgangskoeffizient des entstehenden Wandaufbaus 0,84 W/(m^2·K) nicht überschreitet.«

Gemäß den Vorgaben der WTA-Merkblätter, die auf Forschungsergebnissen beruhen, wird dargestellt, dass ein besonderes Gefährdungspotenzial von Sichtfachwerkwänden vorliegt, wenn eine raumseitige Wärmedämmung bei einer Schlagregenbeanspruchungsgruppe I vorhanden ist, nicht bei einer besonders geschützten Lage. Die Formulierung der EnEV ist diesbezüglich irreführend.

Der Anforderungswert von U = 0,84 W/(m^{2}K) kennzeichnet im Übrigen den Mindestwärmeschutz für Fachwerkwände, wie er in WTA-Merkblatt 8-1 mit

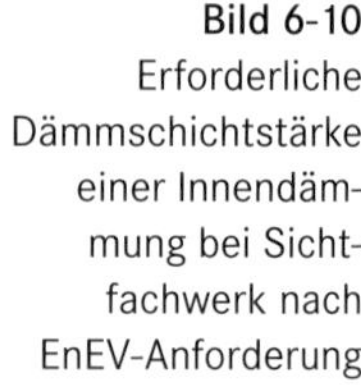

Bild 6-10 Erforderliche Dämmschichtstärke einer Innendämmung bei Sichtfachwerk nach EnEV-Anforderung

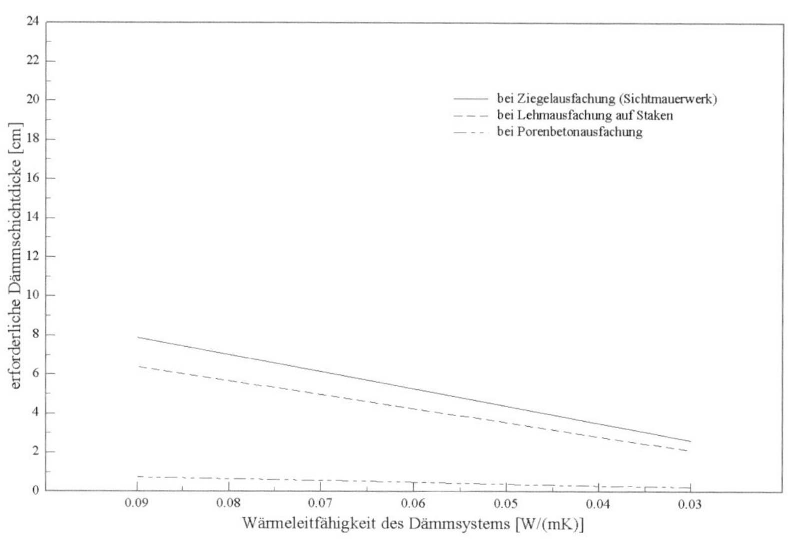

$R = 1{,}0\,m^2K/W$ dargestellt ist. Für das jeweilige Projekt kann in Abhängigkeit der Nutzung, der vorhandenen Bauteile und der klimatischen Belastungen unter Umständen ein höherer Wärmeschutz erzielt werden. Das geeignete Dämmmaß ist mit einem sachverständigen Planer eventuell über ergänzende Untersuchungen und Berechnungen festzulegen.

Bei Bekleidungen oder Verschalungen auf der Innenseite wird häufig die Vorsatzschale auf Ständerwerk - mit dem Argument der Kostenersparnis - eingesetzt. Diese Vorsatzschalen bergen jedoch die besondere Gefahr der oben beschriebenen Hohlraumbildung, weswegen besondere Vorsicht geboten ist. Im Allgemeinen werden bei Vorsatzschalen auf Ständerwerk Faserdämmstoff-Platten eingelegt. In diesen Fällen ist nach theoretischer Berechnung eine Dampfsperre erforderlich. In der baupraktischen Ausführung ist eine Dichtigkeit sehr häufig jedoch nicht gegeben. Insbesondere an Installationsdurchlässen (Steckdose, Heizleitungen etc.) oder beim Anschluss an die Holzbalkendecke kann es zu Fehlstellen kommen, die dann zu erheblichen Kondensatmengen im Hohlraum und damit zu einer Gefährdung der Holzkonstruktion führen können. Durch die daher erforderliche höhere Sorgfalt bei der Ausführung der Dichtheitsebene kehrt sich der ursprüngliche Vorteil der Kostenersparnis häufig sogar um. Des Weiteren widerspricht der Einbau einer Dampfsperre den Forderungen bei Sichtfachwerkwänden nach einer zu erhaltenden Abtrocknung nach innen.

Andere plattenartige Innendämmsysteme, die mit Mörtel an die Fachwerkwand angebracht werden, z. B. Holzwolle-Leichtbauplatten oder Calcium-Silikat-Platten, haben sich in der Praxis positiv dargestellt, wenn diese ein kapillares Transportvermögen aufweisen und wenn diese hohlraumfrei, d. h. nach Aufbringen eines Ausgleichsmörtels, eingebaut sind. Das Aufkleben der Platten mit einigen Mörtelbatzen muss unterbleiben, da so wiederum nicht kontrollierbare Hohlräume im System geschaffen werden.

Eine besondere Eignung weisen Systeme auf, die zudem plastisch eingebaut werden, da dabei eine Hohlraumbildung zwischen Innendämmung und Außenwand grundsätzlich ausgeschlossen werden kann.

Bei Einsatz des Baustoffes Lehm ist jedoch unbedingt zu beachten, dass Lehmbaustoffe zwar gut Feuchte aus der Umgebung aufnehmen und weiterleiten können, diese aber i. d. R. auch lange speichern. Dieses kann insbesondere bei eingedrungener Feuchte über die Fuge Gefach-Holz zu Problemen führen. Weiterhin problematisch zu sehen ist die Einbaufeuchte, die bei Lehmen nicht mineralisch gebunden wird und die Baukonstruktion zusätzlich belastet. So sind besondere Regelungen bei Lehm zu beachten, insbesondere, dass Lehm nicht

Tabelle 6-4
Bewertung von Innendämmsystemen (nach WTA-Merkblatt 8-5)

				Bewertungskriterium Hinweis: Tabelle nur im Zusammenhang mit Kap. 4 anwendbar.					
				1	2	3	4	5	6
				Wärmeschutz	Feuchteschutz (Diffusion)	Feuchteschutz (Kapillarität)	Vermeidung von Feuchtekonvektion	Schallschutz	Brandschutz
1.	Putze/Mörtel								
		1.1	Wärmedämmputz	●	●	●	●	◐	**)
		1.2	Leichtlehm	◐	●	●	●	◐	**)
		1.3	Wärmedämmlehm	●	●	●	●	◐	**)
		1.4	Verfüllmörtel	◐	●	●	●	◐	●
		1.5	Zellulosefaserputz	●	◐	◐	●	◐	○
2.	Vorsatzschalen								
		2.1	Gemauerte Vorsatzschale	○	●	●	●	●	●
		2.2	Ständerwerk mit Dämmstoff	●	*)	○	○	●	**)
3.	Dämmplatten								
		3.1	HWL-Platte	●	●	◐	◐	◐	**)
		3.2	Calcium-Silikat-Platte	●	●	●	◐	◐	●
		3.3	Leichtlehmplatte	◐	●	●	◐	◐	**)
	*): ◐ mit feuchteadaptiver Dampfbremse o. Ä.; Kap. 2 beachten! **): ◐/● in Abhängigkeit vom gewählten Dämm- oder Zuschlagsstoff; Kap. 4 beachten!								

○ weniger geeignet ◐ bedingt geeignet ● geeignet

Tabelle I. Bewertung von Innendämmungen

bei Minusgraden eingebaut werden darf und dass eine ausreichende Abtrocknungszeit, die mehrere Wochen betragen kann, im Bauablauf berücksichtigt wird. Auf die Lehmbau-Regeln [56] ist hierbei hinzuweisen.

In Zusammenhang mit Lehmen werden auch Holzfaserplatten als Innendämmsystem eingebracht. Diese Platten sind speziell für den Einsatz als Innendämmung ausgerüstet. Bei schwierigen Randbedingungen (z. B. höhere Klimabelastungen oder geringes kapillares Saugvermögen des Ausfachungsmaterials) sind diese im Vorfeld mit großer Sorgfalt zu planen. So werden bei diesen Systemen auch dampfdichtere Innenputzsysteme angeboten, die aber aus oben genannten Gründen stets vorsichtig geplant und eingesetzt werden sollten.

Bei einem aufzubringenden wärmedämmenden Putz-, Mörtel- oder Lehmsystem auf der Innenseite bestehen nach EnEV keine Anforderungen an den Wärmeschutz. Interessant ist hierbei, dass im Rahmen der Erarbeitung der Energieeinsparverordnung dieses besonders geeignete System einer Innendämmung vernachlässigt und nicht in die Überlegung einbezogen wurde. Dabei haben sich gemäß den WTA-Merkblättern diese Innendämmsysteme aus Putz-, Mörtel- oder Lehmsystemen besonders bewährt und stellen somit die allgemein anerkannte Re-

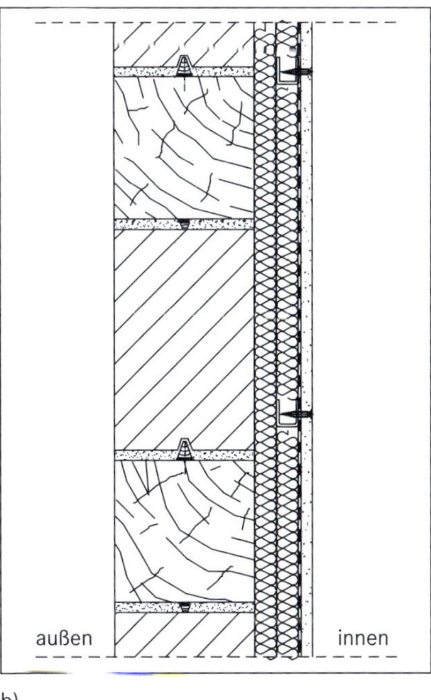

a) b)

Bild 6-11 Fachwerkaußenwand mit einer innenseitigen Vorsatzschale
a - Foto, b - Skizze

gel der Technik für die Fachwerkinstandsetzung dar. Auch wenn keine EnEV-Anforderungen zu stellen sind, sind die Anforderungen der WTA-Merkblätter 8-1 und 8-5 an den Wärme- sowie Feuchteschutz selbstverständlich zu berücksichtigen.

Diese Dämmsysteme (Wärmedämmputz oder Wärmedämmlehm) sind bei einer Innendämmung als besonders empfehlenswert einzustufen. Entscheidend ist hier der homogene (hohlraumfreie) Aufbau mit kapillarleitenden Materialien. Um zu gewährleisten, dass in das Bauteil eingedrungene Feuchte auch nach innen abtrocknen kann, soll die Schichtstärke begrenzt sein sowie die Diffusionsfähigkeit des Bauteils nach innen und nach außen den WTA-Vorgaben entsprechen.

Bei einem inneren Wärmedurchlasswiderstand $\Delta R_i = 0{,}8\,m^2K/W$ ergibt sich beim Wärmedämmputz (s. Bild 6-12) eine notwendige praktische Schichtdicke von ca. 5–8 cm ohne Deckputz. Diese Stärke ist im Regelfall gut erreichbar und bedarf lediglich einer dreidimensionalen Putzbewehrung. Als Trennlage auf die Hölzer ist ein diffusionsoffenes Vlies oder Pappe aufzubringen. Es dürfen hier natürlich keine dichten Materialien, wie z. B. Bitumenpappe oder Ölpapier, verwendet werden. Ein dreidimensionaler Dämmputzträger ist im Regelfall ab 5 cm Putzdicke zu verwenden, gegebenenfalls bereits ab 3,5 cm. Besonders gut geeignete (zweidimensionale) Putzträger sind im Innenbereich auch Edelstahlmatten mit Pappeinlage, die in der Lage sind, ein Flächengewicht von bis zu

Bild 6-12
Fachwerkaußenwand mit Wärmedämmputz während der Verarbeitung als Innendämmsystem
a - Foto, b - Skizze

a)

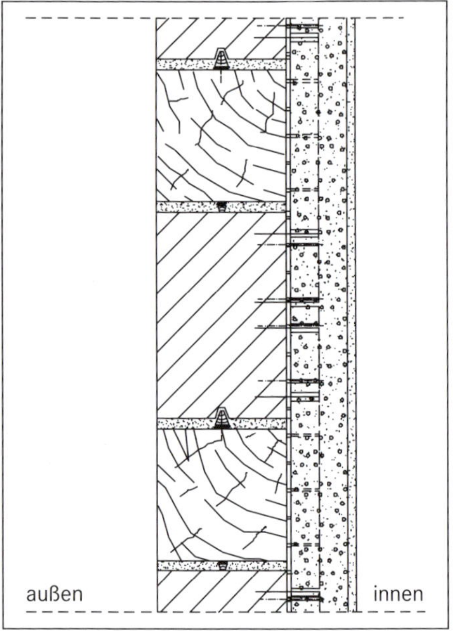

b)

30 kg/m² dauerhaft zu halten. Meistens überdeckt der Wärmedämmputz Gefach und Holz. Es ist jedoch auch eine Dämmung ausschließlich der Gefachfelder möglich. Eine Dampfsperre ist im Allgemeinen nicht erforderlich, es ist jedoch ein entsprechender Nachweis im Einzelfall zu erbringen. Die Diffusionsfähigkeit nach innen ist zu erhalten.

Die oben dargestellten Ausführungen gelten ebenso für die Systeme aus Leichtlehm, Wärmedämmlehm [105] oder Verfüllmörtel. Hierbei sind die entsprechenden Herstellerrichtlinien zu beachten. Die Aufbaustärken sind i. d. R. etwas größer als bei einem Wärmedämmputz. Bei einer Wärmeleitfähigkeit λ von ca. 0,08 - 0,11 W/(mK) ergibt sich eine notwendige praktische Schichtdicke von ca. 6 - 9 cm. Diese Materialien werden häufig in Schalungen durch Einstampfen eingebracht. Verarbeitungshinweise und -beispiele zu derartigen Dämmsystemen, die zum Teil speziell für die Sanierung von Fachwerkbauten entwickelt wurden, sind in Kapitel 7.4 zu finden.

Einige Dämmsysteme lassen sich mit dem Glaser-Verfahren nach DIN 4108 feuchtetechnisch nur eingeschränkt berechnen. Gleiches galt anfänglich auch für die Abbildung der Wand mit hygrothermischen Bauteilsimulationen, da zum Teil die erforderlichen feuchtetechnischen Materialdaten fehlten. In letzter Zeit wurden jedoch die entsprechenden Datenbanken deutlich erweitert, sodass die Bauteilberechnungen zunehmend für alle Bereiche möglich werden.

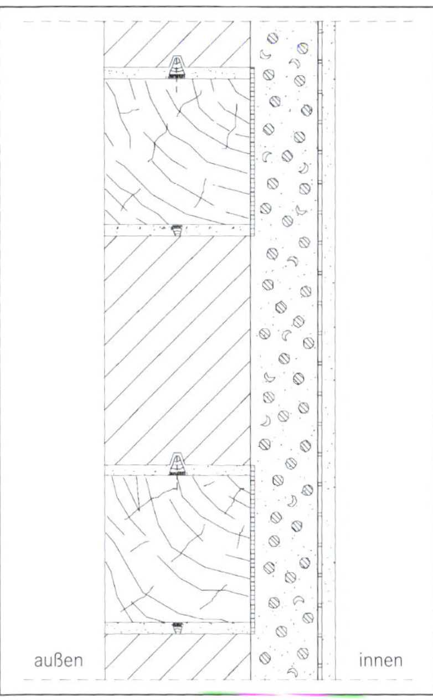

links Bild 6-13
Wärmedämmendes Lehmsystem bei der Verarbeitung

rechts Bild 6-14
Systemschnitt Wärmedämmlehm

6.3.2 Fenster

Bei den Fenstern sind meist, wenn noch bauzeitliche Fenster eingebaut sind, Einfachverglasungen vorhanden. Diese Fenster weisen deutliche Transmissionswärmeverluste und meistens spürbare Undichtigkeiten auf, die heutigen Nutzungsanforderungen nicht mehr entsprechen.

Fenster auszutauschen ist bei einer vorhandenen Einfachverglasung eine im Allgemeinen wirtschaftliche Baumaßnahme. Liegen einfache Doppel- oder Isolierverglasungen vor, die noch einen relativ schlechten Dämmstandard aufweisen, rechnet sich die Maßnahme nicht in jedem Fall. Gerade beim Fachwerkbau mit seinen historischen Fenstern, d. h. mit den unter Umständen denkmalpflegerischen Anforderungen, den speziellen Fensterdetails und Sprossen, kann die ökonomische Betrachtung häufig negativ ausfallen.

Ein Problem bei der Fenstererneuerung ist, dass mit einer ausschließlichen Fenstermaßnahme eine ungedämmte Fachwerkwand gerade in Wärmebrückenbereichen (Leibungen, Gebäudeecke, etc.) zum bauphysikalisch schlechteren Bauteil wird. In diesen Fällen kann es an der Wand zu einem kritischen Ansteigen der Feuchte und damit zu Schimmelpilzwachstum kommen. Eine ausreichende Raumlüftung muss in jedem Fall gewährleistet sein. Unter Umständen sind spezielle Dichtungen auszuwählen.

Bild 6-15
Holzrahmenfenster

Unabhängig von diesen Überlegungen stellen neue Fenster bzw. Neu-Verglasungen eine Verbesserung des Komforts für den Nutzer dar.

Es sind drei mögliche Maßnahmen zu unterscheiden:

- gesamtes Fenster ersetzen oder erstmalig einbauen
- zusätzliches Vor- oder Innenfenster einbauen
- Verglasung ersetzen.

Bei den Betrachtungen zum Fenster ist darauf zu achten, dass neben der Verglasung (g) und dem Rahmen (f) auch der Randverbund in die Berechnung des Wärmedurchgangskoeffizienten des Fensters U_W mit eingeht. Für diese Berechnung sind die Bemessungswerte im Bedarfsfall vom Hersteller einzuholen.

Wird das gesamte Fenster ersetzt oder erstmalig eingebaut, ist nach EnEV, Anlage 3, Tabelle 1, Zeile 2a ein U_{max} = 1,30 W/(m²K) einzuhalten. Im Fachwerkbau werden zumeist Holz- oder auch Kunststoff-Fenster neu eingesetzt. Die Holzfenster weisen z. B. nach DIN EN ISO 10077-1 [106] einen Wärmedurchgangskoeffizienten von U_f < ca. 1,4 - 1,7 W/(m²K), entsprechend eines IV 68- bzw. IV 78-Profils, auf.

Die Anforderung der EnEV erfordert bei üblichem Rahmenanteil für die Verglasung etwa Werte in Höhe von U_g < 1,1 W/(m²K) . Diese Anforderung erfüllen im Allgemeinen Wärme- und Sonnenschutzverglasungen mit Gasfüllung .

Sprossen im Scheibenzwischenraum erhöhen nach DIN 4108 den U-Wert des Fensters um 0,1 bis 0,2 W/(m²K), glasteilende Sprossen um bis zu 0,4 W/(m²K) (s. Bild 6-16). Damit können die Anforderungen der EnEV mit einer Doppelverglasung kaum noch eingehalten werden.

Material	U_f-Werte in W/(m² · K)	Ausführung
Holz	1,4 bis 1,8	Standardprofile IV
PVC	1,7 bis 1,8	3-Kammerprofil mit Stahlaussteifung
PVC	1,5 bis 1,6	4-Kammerprofil mit Stahlaussteifung
Aluminium	2,0 bis 2,2	Profil der alten RMG 1
Aluminium	2,3 bis 3,0	Profil der alten RMG 2.1
Aluminium	0,5 bis 0,8	Passivhaus-Rahmen

Tabelle 6-5
Übliche U-Werte für Fensterrahmen (Quelle: [29])

Der Wärmedurchgangskoeffizient des Fensterrahmens kann bei Holzfenstern mit dem grafischen Verfahren nach DIN EN ISO 10077-1, Bild D.2 [106] ermittelt werden. Insbesondere bei historischen Fenstern oder bei der Rekonstruktion dieser Fenster ist es häufig sinnvoll den Wärmedurchgangskoeffizienten rechnerisch nach DIN EN ISO 10077-2 [106] zu ermitteln. Mit einer genauen Bestimmung (s. Bild 6-19) kann zumeist ein deutlich besserer U-Wert des Rahmens ermittelt werden. Weitere Erhöhungen der Rechengenauigkeit können durch die Berücksichtigung des tatsächlichen Rahmenanteils und der tatsächlichen Länge des Randverbundes möglich sein, da die Tabellen der DIN EN ISO 10077-1, Anhang F nur vereinfachte Werte beinhalten.

Wenn bestehende Fensterrahmen weiter verwendet werden sollen, können häufig die heutigen Verglasungen nicht eingebaut werden, da diese Verglasungsdicken von 24 mm und mehr aufweisen müssten, um die Anforderungen der EnEV einzuhalten. Für verschiedene moderne Verglasungstypen und zwei Rahmentypen (Bestandsrahmen sowie IV 68) werden beispielhafte U_W-Werte in

links Bild 6-16
Fenster mit »echten« (glasteilenden) Sprossen

rechts Bild 6-17
Fenster ohne Sprossenteilung. Energetisch besser, aber gestalterisch?

Bild 6-18
Verbundfenster

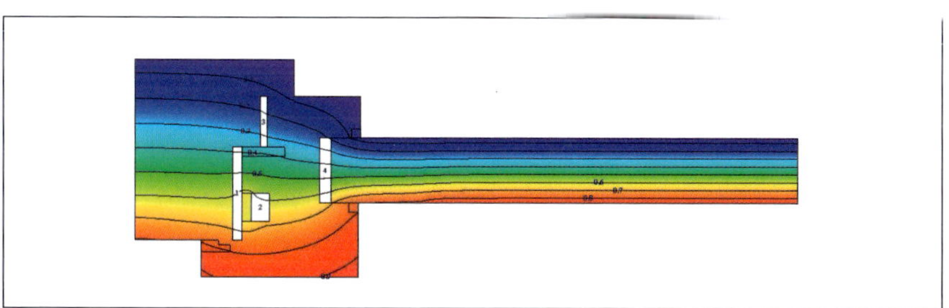

Bild 6-19
Ergebnisbild der rechnerischen Bestimmung des U_f-Wertes von Fensterrahmen

Tabelle 6-6, Zeile 2 bis 4 dargestellt. Kann die erforderliche Verglasungsdicke in einen vorhandenen Fensterrahmen nicht eingebaut werden, so erlaubt auch die EnEV die Verwendung einer dünneren Verglasung. Sollte dieses jedoch so weit führen, dass kein annehmbarer Wärmeschutz erreicht werden kann, sollte sich der Bauherr überlegen, ob er nicht doch einen kompletten Fensteraustausch in Erwägung zieht.

Gerade für historisch wertvolle Bausubstanz sind aber inzwischen Sondergläser auf dem Markt verfügbar, die auch in Bestandsrahmen eingesetzt werden können. Spezialgläser mit einem äußerst schlanken Aufbau von insgesamt 10 bis 14 mm (Aufbau 3/4/3 bzw. 4/6/4), einer metallisch beschichteten Scheibe und einer außenseitigen Restaurations-Verglasung ermöglichen gute Wärmedämmeigenschaften. Mit diesen Verglasungen können bei Argon-Füllung U_g-Werte von bis zu 2,0 W/(m²K), bei einer (teuren!) Krypton-Füllung von bis zu 1,5 W/(m²K) erreicht werden. Für die Fenster ergeben sich U-Werte gemäß Zeile 5 und 6 in Tabelle 6-6. Auch mit diesen Verglasungen können die Anforderungswerte des Bauteilverfahrens nach EnEV 2009 nicht eingehalten werden. Es würde jedoch der Anforderungsbereich im Rahmen des Bilanzverfahrens erreicht werden.

Von den Behörden des Denkmalschutzes häufig als akzeptable Lösung vorgeschlagen ist der Einsatz von Vorsatzscheiben (Prinzip siehe Bild 6-20). Dabei wird raumseitig eine Einfachscheibe auf jedem Flügelrahmen befestigt, wobei Sprossen im Allgemeinen überglast werden. Zu beachten ist dabei, dass eine Dichtung zwischen dem Fensterrahmen und der aufzubringenden Scheibe eingebaut werden muss, um unkontrollierten Eintrag von Raumluft in den Zwischenraum zu vermeiden. Besonders wirkungsvoll ist diese Einbauart, wenn ein beschichtetes Spezialglas (K-Glass™) verwendet wird. Diese Verglasung hat eine Metalloxid-Beschichtung mit einer Emissivität von 15 %, die chemisch und mechanisch widerstandsfähiger ist als bei üblichen Beschichtungen. Bei vorhandenen Fenstern kann eine Vorsatzscheibe mit dieser Verglasung installiert werden. Durch die Emissivität können in diesem Fall sehr geringe U-Werte erzielt werden (Zeile 7 in Tabelle 6-6).

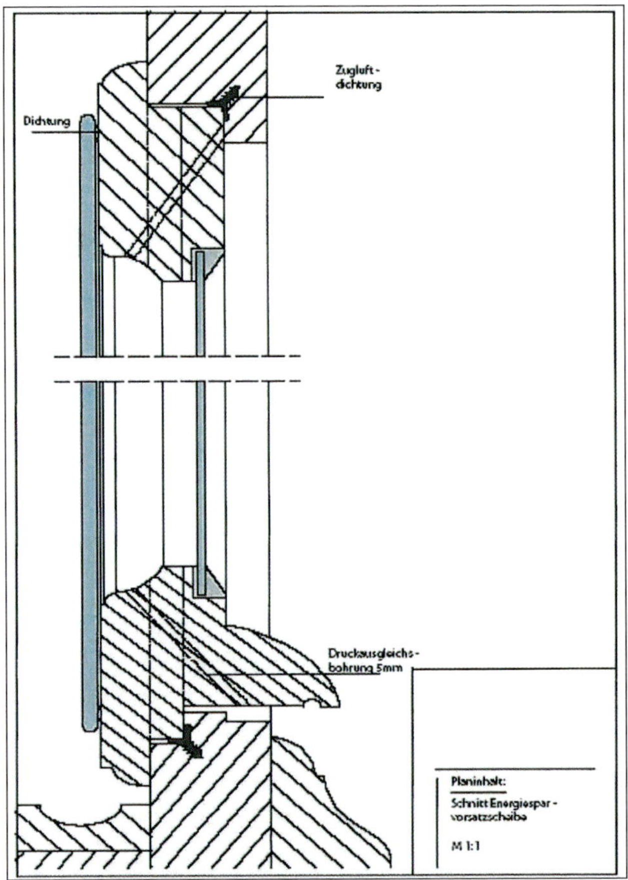

Bild 6-20 Prinzipielle Darstellung einer Vorsatzscheibe (Quelle: [123])

Tabelle 6-6 Beispielhafte U_W-Werte in $W/(m^2K)$ für Einfachfenster

		bei Bestandsrahmen	bei Rahmen IV 68
1	$U_g = 5{,}7\,W/(m^2K)$ 1-fach-Verglasung	4,65	4,44
2	$U_g = 2{,}8\,W/(m^2K)$ 4/12/4 Luft	2,90	2,69
3	$U_g = 1{,}7\,W/(m^2K)$ 4/8/4 Argon	2,22	2,01
4	$U_g = 1{,}3\,W/(m^2K)$ 4/12/4 Argon	1,85	1,64
5	$U_g = 1{,}9\,W/(m^2K)$ 3/4/3 Krypton	2,36	2,15
6	$U_g = 1{,}5\,W/(m^2K)$ 3/6/4 Krypton	2,08	1,87
7	$U_g = 1{,}7\,W/(m^2K)$ Vorsatzscheibe K-Glass™	1,85	1,64

Mit einem zusätzlichen Vor- oder Innenfenster ist das Gesamtsystem als Kasten- oder Verbundfenster zu beurteilen. Verbundfenster sind hinsichtlich der Bedienung positiv zu bewerten, da nur eine Flügelebene geöffnet werden muss. Das System Kastenfenster besteht dagegen aus der Anordnung von zwei eigenen Fensterebenen hintereinander, die mit einem Futterholz verbunden sind. Diese Bauart ist auch im Bestand häufig vorzufinden. Die Berechnung der U_W-Werte von Kastenfenstern kann ebenfalls nach DIN EN ISO 10077 [103] durchgeführt werden. In der Normfassung von 2000 [107] wurden Wärmedurchlasswiderstände für den Zwischenraum der Fenster bis 300 mm Abstand angegeben (siehe Tabelle 6-7). Mit der aktuellen Neufassung der Norm wurde die maßgebende Tabelle auf Abstände bis 50 mm begrenzt. Dieses ist zwar wissenschaftlich nachvollziehbar, bedeutet aber für die Praxis, dass übliche Kastenfenster hiernach nicht mehr ermittelt werden können, da deren Scheibenabstände in der Regel größer als 50 mm sind. In der Norm wird für diese Fälle auf ISO 15099 verwiesen, was eine deutlich komplexere Berechnung nach sich zieht. Für überschlägige Berechnungen kann jedoch auch noch die Tabelle der Altnorm hilfreich sein.

Demnach kann für ein bestehendes Kastenfenster mit zweimal Einfachverglasung bei einem Scheibenabstand von 12 cm ein U_W-Wert von ca. 2,4 W/(m^{2}K) erreicht werden. Für dieses Kastenfenster mit alten Fensterrahmen wurden in Tabelle 6-8 verschiedene Varianten von Verglasungen ermittelt.

Dicke des Luftraums	Einseitige Beschichtung mit normalem Emissionsgrad von:				Beide Seiten unbeschichtet
mm	0,1	0,2	0,4	0,8	
6	0,211	0,190	0,163	0,132	0,127
9	0,298	0,259	0,211	0,162	0,154
12	0,376	0,316	0,247	0,182	0,173
15	0,446	0,363	0,276	0,197	0,186
50	0,406	0,335	0,260	0,189	0,179
100	0,376	0,315	0,247	0,182	0,173
300	0,333	0,284	0,228	0,171	0,163

Tabelle 6-7 Wärmedurchlasswiderstand von unbelüfteten Luftzwischenräumen für Verbund- und Kastenfenster nach Tabelle C.1, DIN EN ISO 10077:2000 [107] (inzwischen durch Neufassung der Norm ersetzt)

Die Ergebnisse zeigen, dass Kastenfenster durch die Kombination der beiden Fenster große Energieeinsparpotenziale ermöglichen. Hiermit können sogar die Anforderungswerte der EnEV 2009, Bauteilverfahren (U_W = 1,30 W/(m^{2}K) gemäß Anlage 3, Tabelle 1, Zeile 2a) erreicht werden. Wie bereits dargestellt wurde, sind die Anforderungen jedoch auch erfüllt, wenn eine Scheibe mit einer infrarot-reflektierenden Beschichtung mit einer Emissivität $\varepsilon_n < 0,2$ eingebaut

Tabelle 6-8 Beispielhafte U_W-Werte für Kastenfenster (jeweils Bestands-Fensterrahmen)

	Außenfenster	Innenfenster	$U_{W, Gesamt}$ in W/(m²K)
1	U_W = 4,7 W/(m²K) Einfach-Verglasung	U_W = 4,7 W/(m²K) Einfach-Verglasung	2,35
2	U_W = 4,7 W/(m²K) Einfach-Verglasung	U_W = 1,8 W/(m²K) Wärmeschutz-Verglasung 4/12/4 Ar	1,30
3	U_W = 4,7 W/(m²K) Einfach-Verglasung	U_W = 2,1 W/(m²K) Wärmeschutz-Verglasung 3/6/4 Kr	1,45
4	U_W = 4,7 W/(m²K) Einfach-Verglasung	U_W = 3,8 W/(m²K) Einfach-Verglasung K-Glass™	1,55
5	U_W = 3,8 W/(m²K) Einfach-Verglasung K-Glass™	U_W = 1,8 W/(m²K) Wärmeschutz-Verglasung 4/12/4 Ar	1,05

Bild 6-21 Undichte Bestandsfenster

wird. Dieses bedeutet beispielsweise, dass auch die Kombination gemäß Tabelle 6-8, Zeile 4 als ausreichend darzustellen ist, obwohl U_W = 1,3 m²K/W nicht eingehalten wurde!

Neben der reinen Verbesserung des Fenster-U-Wertes sind aber auch begleitende Maßnahmen hinsichtlich einer Energieeinsparung als wirkungsvoll anzusehen, auch wenn diese rechnerisch kaum zu erfassen sind. Hierbei ist insbesondere das Herstellen der Dichtigkeit des Fensters zu beachten.

Bild 6-22
Kastenfenster im Bestand mit Innenläden

Alte Fenster weisen häufig eine hohe Undichtigkeit auf, da entweder keine Dichtungsebenen vorhanden oder diese inzwischen nicht mehr funktionsfähig sind. Eine sich einnistende Käfer-Familie im Fensterquerschnitt, wie in Bild 6-21 zu sehen, ist ein deutliches Zeichen für eine zu geringe Dichtigkeit. Wenn ein Kastenfenster vorhanden ist bzw. erstellt wird, ist zudem darauf zu achten, dass die Dichtigkeit des Innenfensters höher ist als die des Außenfensters. Ist dieses umgedreht, kann die feucht-warme Raumluft in den Zwischenraum des Kastenfensters gelangen und an der (zumeist einfachverglasten) Außenscheibe kondensieren. Hinsichtlich der Dichtigkeit sind auch der Anschluss des Fensters an das Mauerwerk und ganz besonders die Gurtdurchführungen von alten Rollläden zu überprüfen und gegebenenfalls nachzuarbeiten.

Sehr gute Verbesserungen des Wärmeschutzes sind bei alten Fenstern auch durch die Aktivierung von Rollläden sowie Außen- oder Innenläden (siehe auch Bild 6-22) zu erreichen. Rechnerisch sind diese »geschlossenen Abschlüsse« nach DIN 10077-1 [103] zu erfassen. Kennwerte hierfür sind jedoch nur in den informativen Norm-Anhängen dargestellt. Da diese Maßnahme nur temporär ist, ist der Einfluss im EnEV-Nachweis rechnerisch nicht anzusetzen.

6.3.3 Außentüren

Wird die Außentür erneuert, ist nach EnEV, Anlage 3, Nr. 3 ein U_{max} = 2,90 W/(m²K) einzuhalten. Diese Anforderung wird normalerweise von allen Holz-Außentüren erfüllt. Bei geplantem Erhalt von historischen Türen können durch Aufdoppelungen die wärmedämmenden Eigenschaften verbessert werden. Für erhaltenswerte Verglasungen werden Vorsatzfenster empfohlen.

Wenn ein großzügiger Eingangsbereich vorhanden ist, ist es bei besonders schützenswerten, aber undichten Türen möglich, eine zweite neue Tür wohnungsseitig einzubauen, um störende Zugerscheinungen zu verhindern.

Tabelle 6-9 Beispiele für U-Werte von Außentüren

	$U_{Tür}$ in W/(m²K)
Vollholz-Tür, d = ca. 40 mm	2,2
Vollholz-Tür, d = ca. 60 mm	1,7
Holztür mit Verglasungs-Einsatz (Isolierverglasung ca. 70 %)	2,7
wärmegedämmte Holz- oder Kunststofftür	1,0

Bild 6-23 Beispiel einer innen aufgedoppelten »Darß-Tür«, anzutreffen im Ostseebad Zingst

6.3.4 Dächer

Bei Fachwerkgebäuden sind als Dächer nur Steildächer zu betrachten. An diese wird nach EnEV, Anlage 3, Tabelle 1, Zeile 4a grundsätzlich ein U_{max} = 0,24 W/(m²K), entspricht ca. 22 cm WLG040 bzw. 20 cm WLG035 Wärmedäm-

Bild 6-24
Hier war offenbar nichts mehr zu retten.

mung, gefordert. Ist bei der vorhandenen Konstruktion die geforderte Dämmschichtdicke nicht zu verwirklichen, so ist die höchstmögliche Dämmschichtdicke ausreichend. Eventuelle Aufdopplungen des Sparrens von der Innen- oder Außenseite sind dabei aber jeweils zu prüfen.

Wird das Dach im Rahmen der Instandsetzungsmaßnahme *vollständig* ersetzt, sind die obigen Anforderungen relativ problemlos einzuhalten (eventuell gestalterische Einschränkungen sind hier außer Acht gelassen), da es sich dann um ein Neubau-Bauteil handelt.

Wird das Dach lediglich *neu eingedeckt*, muss zunächst überprüft werden, ob die Anforderungen der EnEV überhaupt bestehen. Gemäß Auslegung [34] gelten diese nur, wenn die »Einheit aus Dachdeckung, Lattung und ggf. Unterspannbahn und Verschalung entfernt wird«. Wenn nur die Dachdeckung erneuert wird, bestehen die EnEV-Anforderungen somit nicht! Trotzdem ist natürlich in jedem Einzelfall zu prüfen, ob es nicht sinnvoll ist, bei einer ausschließlichen Neudeckung gleich auch eine Nachdämmung vorzunehmen.

Bei einem Einbau der Wärmedämmung von außen ist darauf zu achten, dass die luftdichte Ebene fachgerecht eingebaut wird. Durch diesen Einbau darf das feuchtetechnische Verhalten des Dachaufbaus zu keinem Schaden führen (evtl. sind erforderliche Belüftungsschichten vorzusehen). Auf eine Vollsparrendämmung mit einer diffusionsoffenen Unterspannbahn ist im Allgemeinen hinzuwirken, wobei eine luftdichte Konstruktion obligatorisch ist. Wenn hierzu raumseitig eine Dampfsperre nachträglich anzubringen ist, bedeutet dieses von

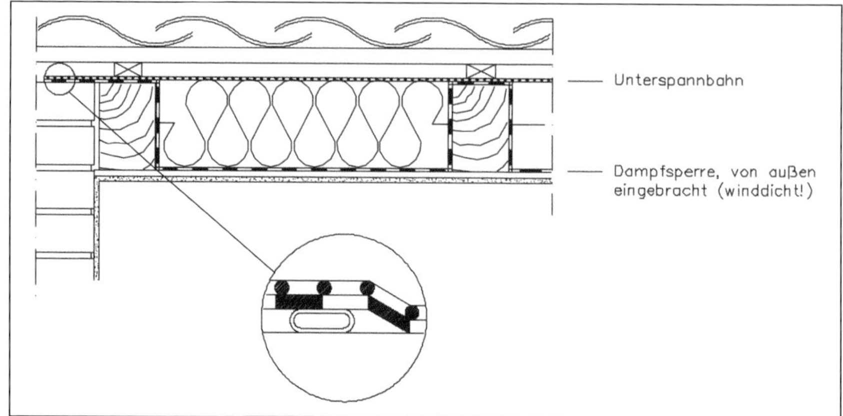

Bild 6-25 Beispiel der luftdichten Ausbildung der nachträglich verlegten Dampfsperre

außen einen erheblichen Aufwand. So ist die Dampfsperre von außen wannenartig zwischen jedes Sparrenfeld einzulegen und dicht anzuschließen. Häufig wird dann die Dampfsperre wie eine Z-Folie auch mit über den Sparren geführt, aber beide Maßnahmen sind nur theoretisch dicht auszuführen. Praktisch ist es selbst bei sorgfältiger Bauausführung kaum möglich, eine absolut dichte Dampfsperre einzubauen. Weiterhin ist zu beachten, dass es damit zu einer unzulässigen Feuchteerhöhung im Holz kommen kann. Daher ist diese Ausführung unbedingt im Vorfeld auf ihre Eignung rechnerisch und konstruktiv zu prüfen.

Ist die innenseitige Bekleidung nicht zu entfernen und ist die zur Dämmung verbleibende Sparrenhöhe nicht ausreichend für die obige Anforderung, so kann eine Zwischensparrendämmung in höchstmöglicher Dicke (unbelüftet: Sparrenhöhe/belüftet: Sparrenhöhe minus 2 cm garantierter Luftschicht) ausreichen.

Wird von der *Innenseite eine neue Bekleidung aufgebracht oder erneuert,* so kann der Sparrenzwischenraum mit seinem Aufbau, dabei insbesondere hinsichtlich der vorhandenen Unterspannbahn, eingesehen werden. Mit dieser Information kann ein individuelles Dämmkonzept erstellt werden. Eine diffusionsoffene Unterspannbahn ist bauphysikalisch in der Regel unproblematisch. Ist dagegen eine diffusionsdichte Unterspannbahn vorhanden, muss die innere Dampfsperre mindestens genauso dicht sein. Gemäß DIN 4108-3 [75] sind ohne rechnerischen Nachweis innen dampfdichte Schichten ($s_{di} \geq 100$ m) einzusetzen. Untersuchungen [108] zeigen jedoch, dass häufig eine Dampfbremse ($2\,m \leq s_{di} \leq 5\,m$) hinsichtlich der Austrocknungsmöglichkeit sinnvoller ist. Fehlt jedoch die Unterspannbahn vollständig, was im Bestandsbau nicht selten ist, ist bei genutzten Dachgeschossen eine Zusatzmaßnahme zur Regensicherung nach den Fachregeln des Dachdeckerhandwerks erforderlich. Diese ist jedoch von der Innenseite zumeist schwierig einzubauen. Eine genaue Detailplanung, die den geordneten Abfluss von Regenwasser innerhalb der Sparrenebene und am Traufpunkt berücksichtigt, ist dringlich erforderlich.

Dämmschichten in einem Steildach einzubauen, erfolgt auch über das Einblas-Verfahren. Hierbei ist darauf zu achten, dass beim Einblasen in einem vorhandenen Querschnitt, der hierfür ursprünglich nicht konzipiert wurde, die Wärmedämmung hohlraumfrei einzubringen ist.

6.3.5 Bauteile zum nicht ausgebauten Dachraum

Die Geschossdecken zum nicht ausgebauten Dachraum sind in Fachwerkbauten als Holzbalkendecken ausgebildet. Für diese Decken wird nach EnEV, Anlage 3, Tabelle 1, Zeile 4a ebenfalls ein U_{max} = 0,24 W/(m^{2}K), entsprechend ca. 22 cm WLG040 bzw. 20 cm WLG035 Wärmedämmung, gefordert.

Wird die Geschossdecke zum nicht ausgebauten Dachraum vollständig erneuert, so ist der Zwischenraum zwischen den Deckenbalken in der Regel relativ problemlos zu dämmen. Es sollte aber geprüft werden, ob nicht ein schwerer Einschub (Sand, Lehmwickel, o. Ä.) auch aus schalltechnischen Gründen geeigneter ist. In diesem Fall sollte die Wärmedämmung oberhalb der Geschossdecke angeordnet werden.

Gleiches gilt, wenn bei der Geschossdecke die *oberseitige Bekleidung oder Verschalung ersetzt bzw. neu aufgebaut wird.* In diesem Fall ist zumeist eine Unterkonstruktion in Dämmschichtstärke auf der Decke bzw. dem Dielenbelag aufzubringen, zwischen der die Wärmedämmung lagegesichert einzubringen ist. Je nach geplanter Nutzung des Dachraums ist entweder nur ein Bohlenweg für Wartungszwecke oder eine vollflächige Dielung oder Spanplatten-Verlegung erforderlich. Zu berücksichtigen ist hierbei die veränderte Austrittshöhe bei der obersten Treppenstufe. Wird oberseitig eine diffusionsdichte Schicht, wie z. B. eine OSB-Platte eingebaut, ist Vorsicht geboten, wenn unterseitig ein feuchtebelasteter Raum (Bad etc.) liegt.

Wird bei einer Geschossdecke von der *Unterseite eine neue Bekleidung aufgebracht oder erneuert,* so kann unter Umständen eine Aufdopplung in der erforderlichen Dämmschichtdicke angebracht werden. Auch hierbei ist es erforderlich, das feuchtetechnische Verhalten des Bauteils zu untersuchen.

Werden *zusätzliche Bekleidungen oder Dämmschichten an Wänden zum unbeheizten Dachraum* eingebaut, gilt ebenfalls die oben genannte Anforderung nach EnEV, Anlage 3, Tabelle 1, Zeile 4a von U_{max} = 0,24 W/(m^{2}K). Die obigen Aus-

Bild 6-26
Geschossdecke mit oberseitiger Wärmedämmung

führungen gelten hier sinngemäß. Zu empfehlen ist hier, die Wände von der unbeheizten Dachraumseite aus zu dämmen, da es hinsichtlich des Dampfdiffusionsverhaltens sowie der Wärmebrückensituation die bauphysikalisch richtige Bauteilseite ist.

6.3.6 Böden/Bauteile an Erdreich und unbeheizte Räume

Die Decken und Wände, die an unbeheizte Räume (Keller, Lager) grenzen, sind im Fachwerkbau relevant, ebenso wie die Sohlplatten an Erdreich. Wände von beheizten Räumen an Erdreich spielen bei Fachwerkbauten kaum eine Rolle.

Werden diese Bauteile *ersetzt oder erstmalig eingebaut*, ist nach EnEV, Anlage 3, Tabelle 1, Zeile 5 ein U_{max} = 0,30 W/(m²K) einzuhalten. Die geforderte Wärmedämmung von ca. 10 cm WLG040 bzw. 9 cm WLG035 ist bei der Neukonstruktion in der Regel einzuhalten. Werden Sohlplatten neu eingebaut, wird zumeist eine neue Betonplatte verwendet. In diesem Zuge sind Abdichtungsmaßnahmen vorzusehen, die im Bestand kaum vorhanden waren. Hier ist aber darauf zu achten, dass gerade bei einer signifikanten Feuchtebelastung diese Abdichtung nicht wannenartig für jeden Raum getrennt ausgeführt wird, da es ansonsten zu einem vermehrten Feuchteandrang im Bereich der aufgehenden (Fachwerk-) Wände kommt. Der Einzelfall ist hier besonders zu betrachten.

Innenseitige Bekleidungen oder Verschalungen werden nach EnEV 2009 nicht mehr als auslösender Tatbestand aufgeführt.

Werden bei Geschossdecken an unbeheizte Räume (in der Regel zum Keller) *Deckenbekleidungen auf der Kaltseite angebracht oder erneuert*, so gilt U_{max} = 0,30 W/(m²K). Diese Maßnahme sollte sehr genau geprüft werden, da die Dämmung schon allein aus Gründen einer verringerten Kopfhöhe in den alten Kellerräumen häufig nicht praktikabel ist. Des Weiteren ist zu berücksichtigen, dass aufgrund von Wärmebrücken im Bereich des Sockels oder von Pfeiler und Wänden die Wirkung eingeschränkt ist und teilweise zu feuchtetechnischen Problemen führt.

Werden *Fußbodenaufbauten ergänzt oder erneuert*, wobei der eigentliche Unterbau unberührt bleibt, ist nach EnEV ein U_{max} = 0,50 W/(m²K) einzuhalten. Bei dieser häufig anzutreffenden Maßnahme ist eine Wärmedämmung von ca. 7 cm (bei WLG040) bzw. 6 cm (bei WLG035) vorzusehen.

Der Nachweis ist auch erfüllt, wenn ohne Anpassung der Türhöhen die höchstmögliche Dämmung eingebaut wird. Die Priorität der Türhöhen ist aber durch die Wahl der Wärmeleitfähigkeitsgruppe WLG040 begrenzt, d.h. bei einer gewählten größeren Wärmeleitfähigkeit der Wärmedämmung sind die Türhöhen

Bild 6-27
Fußbodenaufbau mit neuer Wärmedämmung (plastisch, hohlraumfrei)

anzupassen, wenn keine Befreiungen greifen. Es sollte hierbei aber berücksichtigt werden, dass eine Mindestdämmung von etwa 4 cm (WLG035) eingebaut werden sollte, um einen Komfort hinsichtlich Fußwärme zu erreichen.

6.4 Haustechnische Anlagen

Haustechnische Maßnahmen können erhebliche Energieeinsparungen erbringen. Da diese Maßnahmen beim Fachwerkbau nicht maßgeblich von denen bei anderen Gebäuden abweichen, werden hier nur die Grundzüge der Energieeinsparung dargestellt. Bei Detailfragen ist ein Fachplaner für technische Gebäudeausrüstung bzw. ein versierter Handwerker hinzu zu ziehen.

6.4.1 Heizungsanlage

Die Heizungsanlage bestimmt maßgebend die Energieeffizienz eines Gebäudes. Gerade veraltete Anlagen können große Energieverschwender sein. In vielen Fällen ist daher eine Neuanlage sinnvoll, gerade in Zusammenhang mit einer dämmtechnischen Nachrüstung der Außenbauteile. Es können aber einige Maßnahmen zunächst auch bei Altanlagen beachtet werden.

Überprüfungen im Bestand

Neben den *Abgasverlusten*, die über die Ausweisung im regelmäßigen Schornsteinfegerprotokoll nachlesbar sind, weisen alle Kesselanlagen Strahlungsverluste und Bereitschaftsverluste auf. Diese zusammen können bei Altanlagen mehr als 30 % betragen (bei modernen Anlagen reduzieren sich diese auf ca. < 6 %).

Als Maßnahme zur Reduzierung dieser Verluste kann die Abgastemperatur verringert werden, wobei aber stets darauf zu achten ist, dass durch die geringere Temperatur im Schornstein Kondensat ausfallen kann. Dieses muss in jedem Fall verhindert werden. Deshalb sollte diese Maßnahme nur vom Fachmann durchgeführt und kontrolliert werden.

Des Weiteren ist die Dämmung des Kessels zu kontrollieren. Ein gut gedämmter Kessel verringert nicht nur die Strahlungs- und Bereitschaftsverluste, sondern verhindert auch die Überhitzungen im Heizungsraum. Überprüft werden sollten die Vollbenutzungsstunden der Anlage. Diese hängen von der Größe der Heizungsanlage, dem Dämmstandard des Gebäudes und der Regelungseinrichtung ab. Überschlägig können die Jahres-Vollbenutzungsstunden der Anlage wie folgt ermittelt werden:

$$\text{Vollbenutzungsstunden in h} = \frac{\text{Brennstoffverbrauch in kWh} \cdot \text{Jahresnutzungsgrad Kessel}}{\text{Nennleistung Kessel in kW}}$$

mit

- Brennstoffverbrauch [l Heizöl, m^3 Erdgas, ...]: aus der Energierechnung zu entnehmen (ggf. umzurechnen mit Energiegehalt (Heizwert) z. B. 10,0 kWh/l Heizöl; 9,5 kWh/m^3 Erdgas; 12,8 kWh/kg Flüssiggas; 4,7 kWh/kg Pellets)
- Nennleistung des Kessels [kW]: aus Schornsteinfegerprotokoll zu entnehmen
- Jahresnutzungsgrad: kann vereinfacht zu 0,85 angesetzt werden

Liegt dieser Wert für Wohngebäude

- unter ca. 1.500 - 1.600 h (bei ausschließlicher Raumbeheizung),
- unter ca. 1.800 - 2.000 h (bei Raumbeheizung + Trinkwassererwärmung),

sollte die komplette Anlage hinsichtlich möglicher Verbesserungsmöglichkeiten untersucht werden.

Als wirksame Maßnahme hat sich die Überprüfung und Optimierung der vorhandenen Heizungsanlage dargestellt. Hierbei sind ein hydraulischer Abgleich, die Überprüfung der Rohrleitungsdämmung sowie ein Austausch von ineffektiven Pumpen und die optimierte Einstellung der Regelungstechnik zu nennen. Weiterhin ist auch die Veränderung der Heizkurve möglich. Die Heizkurve stellt dar, welche Kesseltemperatur in Abhängigkeit der Außentemperatur gefahren wird. Durch Wahl einer anderen Heizkurve kann u. U. erreicht werden, dass das Wasser, das durch das Leitungsnetz geschickt wird, eine niedrigere Temperatur aufweist. Auch wenn über Jahre hinweg die Wohnung ausreichend warm wurde, sollte doch immer wieder mal diese Einstellung geprüft werden, auch wenn diese Überprüfung ein iterativer Prozess ist. Wird das Gebäude gedämmt, ist eine Neueinstellung der Heizkurve in jedem Fall vorzunehmen.

Unnötige Wärmeverluste können mit der *nachträglichen Wärmedämmung von Heizleitungen* vermieden werden. Hierbei ist die Wärmedämmung auch in beheizten Bereichen sinnvoll, da hier Wärme unkontrolliert an nicht gewünschten Punkten entweicht. Besonders wirkungsvoll ist eine Wärmedämmung der Heizleitungen selbstverständlich in unbeheizten Bereichen (Keller, Dachgeschoss). Mit einer Wärmedämmung kann der Wärmeverlust einer ungedämmten Leitung von ca. 160 kWh/m auf 30 kWh/m, also um über 80 % reduziert werden (Beispiel für DN 20-32; 75 °C/55 °C; Umgebungstemperatur 15 °C). Diese Maßnahme gilt auch als Nachrüstverpflichtung gemäß EnEV § 10 (2) (s. Kap. 3.3.5).

Ein hydraulischer Abgleich der Gesamtanlage sollte von einem Fachmann durchgeführt werden. Hierdurch kann erreicht werden, dass an allen Heizkörpern die gleiche Temperaturdifferenz zwischen Vor- und Rücklauf anliegt. Es wird so verhindert, dass die Heizkörper ungleichmäßig mit Warmwasser versorgt werden und unter Umständen eine neue bzw. stärkere Zirkulationspumpe installiert werden muss.

Es ist zu überprüfen, ob die Heizkörper alle mit *selbsttätig wirkenden Einrichtungen zur Verringerung der Wärmezufuhr* (in der Regel Thermostatventile) ausgestattet sind. In diesem Zusammenhang sollten Heizungsnischen, die zwar im Fachwerkbau nicht die Regel sind, untersucht werden, da hier zum einen eine Schwächung der Außenwand und damit höhere Wärmeverluste, zum anderen durch die Einbaulage ungünstige Wirkungsgrade des Heizkörpers vorliegen. Bild 6-28 zeigt eine Situation mit einem Konvektions-Heizkörper in einer Heizungsnische mit veraltetem Ventil. In diesem Fall sind eine Wärmedämmung der Nische und die Installation von Thermostatventilen erforderlich. Gerade bei Ventilen in Nischensituationen sollte aber darauf geachtet werden, dass ein Fernfühler zur Aufnahme der Raumtemperatur verwendet wird.

Mit den genannten Maßnahmen können etwa 10 – 20 % des Energiebedarfs reduziert werden. Weitere Details sind den Hinweisen in [109] zu entnehmen.

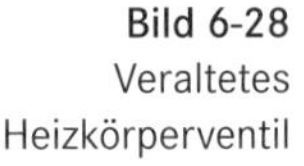
Bild 6-28 Veraltetes Heizkörperventil

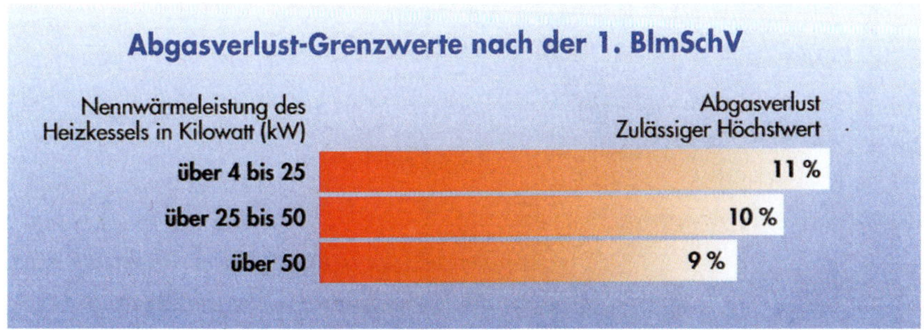

Bild 6-29
Grenzwerte der Abgasverluste nach 1. BImSchV

Sind diese Maßnahmen an Bestandsanlagen nicht wirkungsvoll, sollte über eine neue Heizungsanlage nachgedacht werden, auch wenn die erforderlichen Grenzwerte nach BImSchV [33] (s. Bild 6-29) nicht überschritten sind, oder die EnEV § 10 nicht ohnehin Nachrüstungen von Alt-Anlagen (s. Kap. 3.3.5) verlangt.

Neuanlage

Um die Effizienz einer neuen Heizungsanlage zu verstehen, ist der Nutzungsgrad der Anlage zu betrachten (s. hierzu Bild 6-30). Es ist deutlich zu erkennen, dass alte Konstanttemperatur-Heizkessel, die jedoch inzwischen kaum noch vorzufinden sind, sehr ungünstige Nutzungsgrade haben. Lediglich bei Volllast (also bei Auslegungsfall »kalter Winter«) arbeiten diese Anlagen mit einem relativ hohen Nutzungsgrad. Sobald die Außentemperaturen steigen, die erforderliche Heizleistung also geringer wird, sinkt dieser Wert teils eklatant ab. Moderne Niedertemperaturkessel und ganz besonders Brennwertkessel haben dabei deutlich bessere Nutzungsgrade zu verzeichnen, die durch eine gleichmäßige Kurve und ein insgesamt höheres Niveau gekennzeichnet sind. Der Nutzungsgrad kann bei Brennwertanlagen sogar über (!) 100 % steigen, da bei der Brennwerttechnik neben der nutzbaren Energie aus dem Brennstoff auch die Energie aus dem entstehenden Wasserdampf genutzt wird. Vor Einführung der Brennwerttechnik wurden die Nutzungsgrade nur auf den Heizwert, der kleiner als der tatsächlich genutzte Brennwert ist, bezogen.

Die Nutzung des Brennwert-Effektes hängt jedoch von den Randbedingungen ab. In der Regel wird die erforderliche Kondensation des Abgases am Rücklauf durchgeführt. Dafür ist jedoch eine Rücklauf-Temperatur von kleiner 45 °C, besser 35 °C erforderlich. Daher ist im jeweiligen Objekt zu überprüfen, ob die Heizungsanlage mit dieser Rücklauftemperatur gefahren werden kann. Ist das nicht der Fall, wird der Brennwert-Effekt nicht wirksam.

Durch Einsatz einer energieeffizienten Technik können Energieverluste und Schadstoffausstoß deutlich reduziert werden. Werden zudem noch regenerative Energien (z.B. Holzpellets, Wärmepumpen oder eine Solarunterstützung) verwendet, kann auch die primärenergetische Bewertung deutlich positiv ausfallen, sodass unter Umständen nur noch der bauliche Standard (H'_T bzw. $\bar{U}$) maßgebend ist. In diesem Zusammenhang ist darauf hinzuweisen, dass nach EEWärmeG [38] bei Neubauten ein Anteil der erforderlichen Wärmeenergie über erneuerbare Energien abgedeckt werden muss. Diese Regelung gilt bundesweit weitgehend nur für Neubauten, es ist aber zu erwarten, dass auch bei Bestandsgebäuden eine grundsätzliche Regelung mittelfristig kommen kann. In Baden-Württemberg besteht mit dem EWärmeG [110] bereits seit 01.01.2010 die Verpflichtung, erneuerbare Energien einzusetzen, wenn bei Wohngebäuden die Heizungsanlage ausgewechselt wird.

Der Einsatz von Solaranlagen ist eine relativ häufige Maßnahme. Hierbei ist zu unterscheiden zwischen solarthermischen Anlagen zur Gewinnung von Wärme und Photovoltaik-Anlagen zur Gewinnung von Strom. Solarthermische Anlagen zur Warmwasserbereitung können aufgrund der erzielbaren solaren Deckungsgrade wirtschaftlich sein, wobei diese zur additiven Heizungsunterstützung zumeist nicht wirtschaftlich sind. Eine Zusatzheizung ist in beiden Fällen erforderlich. Der Einsatz von Solaranlagen auf Fachwerkgebäuden ist insbesondere bei denkmalgeschützten Gebäuden stets umstritten. Aus eigener Erfahrung kann formuliert werden, dass solarthermische Anlagen, die zur Wärmegewinnung des jeweiligen Gebäudes direkt beitragen und in der Regel in ihrer Flächenaus-

Bild 6-30 Nutzungsgrad und Auslastungsgrad verschiedener Heizungsanlagen (Quelle: [111])

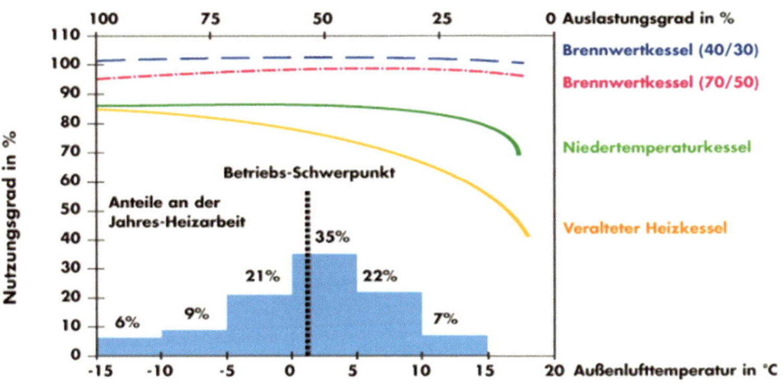

dehnung begrenzt sind, im Grundsatz von den Denkmalschutzbehörden eher toleriert werden. Dieses ist natürlich immer in Abhängigkeit des denkmalpflegerischen Wertes des jeweiligen Gebäudes, der Einsehbarkeit der Anlage sowie unter Umständen weiterer Faktoren zu sehen. Bei Photovoltaik-Anlagen, bei denen aufgrund des primären wirtschaftlichen Interesses eher eine Flächenmaximierung und eine Einspeisung ins öffentliche Netz vorgenommen werden, ist die Akzeptanz der Behörden meist geringer (siehe hierzu auch Kap. 6.4.5 sowie das Arbeitsblatt der VDL [112]).

Wenn erneuerbare Energiequellen eingesetzt werden, wird zur Erzeugung von Heizwärme am häufigsten Holz verwendet. Hierfür stehen Stückholz-, Holzhackschnitzel- und Pellets-Heizungen auf dem Markt zur Verfügung. Möglich ist der Einsatz als zentrale Kesselanlage oder als Kombination mit einem Kaminofen. Dabei kann der Kaminofen auch in das Heizungssystem eingebunden werden, wobei zu berücksichtigen ist, dass der Anteil der raumseitigen Wärmeabgabe nicht zu hoch ist, insbesondere nicht bei gleichzeitiger Warmwasserbereitung. In diesen Fällen kann es ratsam sein, die Warmwasserbereitung über ein alternatives System zu gewährleisten.

Hinsichtlich der primärenergetischen Bewertung stellt sich der Einsatz von Wärme, die mit Kraft-Wärme-Kopplung erzeugt wird, als positiv dar. Wenn die Wärme aus erneuerbaren Energien gewonnen wird, kann sogar ein Primärenergiefaktor von 0,0 angesetzt werden. Viele Energieversorger weisen Primärenergiefaktoren nach Zertifikat vor, die unter den Angaben der DIN V 18599-1 bzw. DIN V18599-100, Tabelle A.1 [27], [40] liegen. Diese Zertifikate sind jedoch nicht immer unstrittig [113]. Der wirtschaftliche Einsatz von Fernwärme hängt bei einem Fachwerkgebäude zudem in besonderem Maße von den örtlichen Vertrags- und Tarifbedingungen ab.

Der Einsatz eines Blockheizkraftwerkes (BHKW) ist bei einem üblichen Fachwerkgebäude als solitäre Anlage häufig nicht rentabel.

Immer häufiger wird eine Wärmepumpe zur Beheizung eingesetzt, da diese Technologie deutlich voranschreitet. Hieß es vor ein paar Jahren noch, dass Warmepumpen nur bei sehr gut gedämmten Gebäuden mit einer Flächenheizung eingesetzt werden können, ist das Einsatzgebiet inzwischen deutlich größer geworden. Untersuchungen [114], [115] zeigen, dass der Einsatz einer Wärmepumpe auch bei mäßig gedämmten Gebäuden mit Heizkörpern in einen renta blen Bereich kommen kann (s. Bild 6-31). Wasser-/Wasser- sowie Sole-/Wasser-Wärmepumpen zeigen dabei Jahresarbeitszahlen (nicht COP-Werte!) von etwa 3,3 im Mittel, mit Einzelwerten bis über 4, und können dabei - eine gewissen-

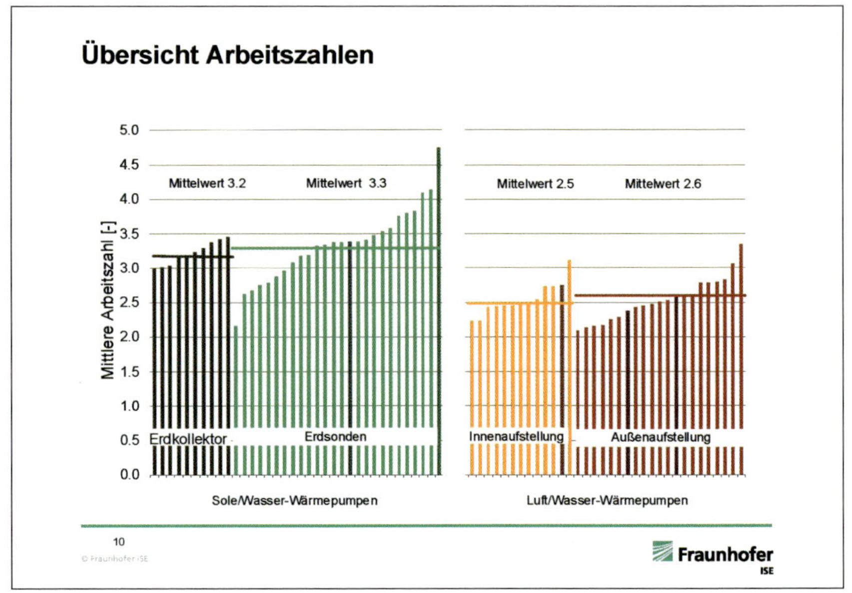

Bild 6-31 Übersicht der Arbeitszahlen von Wärmepumpen im Bestand; aus Forschungsprojekt ISE [114]

hafte Planung und Ausführung unbedingt vorausgesetzt - wirtschaftlich sein. Bei Luft-Wasser-Wärmepumpen werden bei mindergedämmten Gebäuden eher selten Jahresarbeitszahlen von über 3 erreicht, die damit als nicht empfehlenswert gelten. Hier gilt weiterhin, dass ein erhöhter Dämmzustand, der bei Fachwerkgebäuden nicht ohne Weiteres zu erreichen ist, erforderlich wäre.

Alle Bauteile der Heizungsanlage (Verteilleitungen, Pumpen, Regelung, Speicher, Heizkörper, etc.) sind aufeinander abzustimmen. Ansonsten kann es zu deutlichen Einschränkungen bei der Effizienz der neuen Heizungsanlage kommen. Bei an der Außenwand - zumeist im Brüstungsbereich der Fenster - angeordneten Heizkörpern entsteht die vielfach dargestellte Luftwalze im Raum. Wenn diese Heizkörper durch Zierelemente umbaut werden, kann die Wärme nicht mehr gleichmäßig in den Raum gelangen. Dieses kann die Heizleistung sogar um mehr als 15 % reduzieren. Weiterhin ist bei der wärmetechnischen Verbesserung von Gebäuden zu prüfen, ob der Heizkörper bei dem nach der Sanierung verringertem Wärmebedarf und der angestrebten Heizkreistemperatur (z. B. wegen Nutzung des Brennwert-Effektes) überhaupt noch die erforderliche Leistung erbringt. Wenn dieses nicht gewährleistet ist, müssen einzelne oder sogar mehrere Heizkörper ausgetauscht werden.

Bei gußeisernen Heizkörpern ist zu berücksichtigen, dass die gerade mit dem hydraulischen Abgleich geforderte Feinheit der Einstellung durch das große Speichervermögen der Heizkörper gar nicht erreicht werden kann.

Bild 6-32
Muster einer Sockelheizleiste (ohne Blende)

Vielfach werden bei Fachwerkgebäuden Wandheizungssysteme angeordnet. Diese ermöglichen eine gleichmäßige Oberflächentemperatur, die vom Nutzer als angenehm empfunden wird (Strahlungswärme!). Diese Systeme können aufgrund der größeren Fläche mit geringeren Systemtemperaturen betrieben werden. Positiver Nebeneffekt ist, dass hiermit eventuell eingedrungene Feuchten »weggeheizt« werden können [116]. Wichtig ist jedoch, dass der Putz, der auf das Heizungssystem aufgebracht wird, den Anforderungen an eine hohe Wärmeleitfähigkeit sowie einem geringen E-Modul (wenn auf weichen Untergründen wie Dämmmaterialien aufgebracht) entspricht [117], [118].

Als weiteres Wärmeübergabesystem seien noch die Sockelheizleisten genannt. Diese wirken im Grundsatz zunächst wie eine Konvektorheizung. Da sich der Warmluftschleier bei richtiger Auslegung direkt an die Wand anlehnt, erwärmt sich diese und strahlt etwa wie eine Wandflächenheizung an den Raum ab.

6.4.2 Warmwasser-Bereitung

Die Warmwasser-Bereitung gliedert sich zum überwiegenden Teil in dezentrale Anlagen über Durchlauferhitzer oder Kleinspeicher sowie zentrale Anlagen, die in der Regel kombiniert sind mit der Heizungsanlage. In Mehrfamilien-Gebäuden sind auch Mischanlagen, d. h. dezentrale Anlagen in jeder Wohneinheit mit dort zentraler Gruppenversorgung, anzutreffen.

Gerade im Mietwohnungsbau finden sich sehr häufig dezentrale Anlagen, um eine einfache Abrechnungsmöglichkeit zu erhalten. Diese Anlagen sind aber zumeist elektrisch betrieben, was primärenergetisch eher als problematisch einzustufen ist. Sinnvoll ist es hier, Gas-Durchlauferhitzer zu installieren oder die Warmwasser-Bereitung mit der jeweiligen Etagenheizung zu kombinieren.

Energetisch am sinnvollsten ist bei Einfamilienhäusern und kleineren Wohngebäuden die Verwendung von zentralen Anlagen, da hier Leitungswärmeverluste noch gering sind und eine Zirkulationspumpe nicht erforderlich ist. Die Warmwasserbereitung sollte mit der Heizungsanlage kombiniert werden. Je nach Wasserverbrauch und Personenanzahl im Gebäude ist ein Speicher von ca. 80 - 100 l/Pers. erforderlich.

Wird die Warmwasserbereitung neu konzipiert, empfiehlt sich in jedem Fall eine Solaranlage, wenn nicht lagespezifische Parameter bzw. eventuell denkmalpflegerische Aspekte gegen eine Installation der Kollektoren sprechen (siehe hierzu die Anmerkungen zu Solaranlagen in Kap. 6.4.1 und 6.4.5 sowie [112]). Derartige Anlagen sind als wirtschaftlich einzustufen, da sie, wie Bild 6-33 zeigt, den Energiebedarf für die Warmwassererzeugung zu weiten Teilen abdecken. Lediglich in der Winterperiode ist ein gewisser Nachheizbedarf, der dann problemlos von der Heizungsanlage abgedeckt werden kann, erforderlich.

Eine ausreichende Dämmung des Speichers und der Verteilleitungen im Gebäude ist selbstverständlich notwendig.

Bei größeren Speichern ist auf die mögliche Entstehung von Legionellen im Warmwassernetz zu achten. Legionellen sind Bakterien, die sich besonders

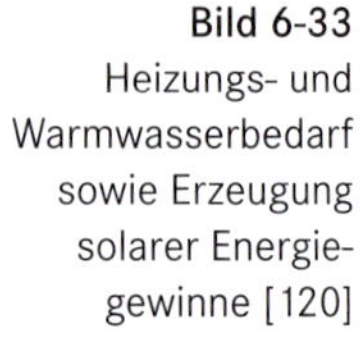

Bild 6-33 Heizungs- und Warmwasserbedarf sowie Erzeugung solarer Energiegewinne [120]

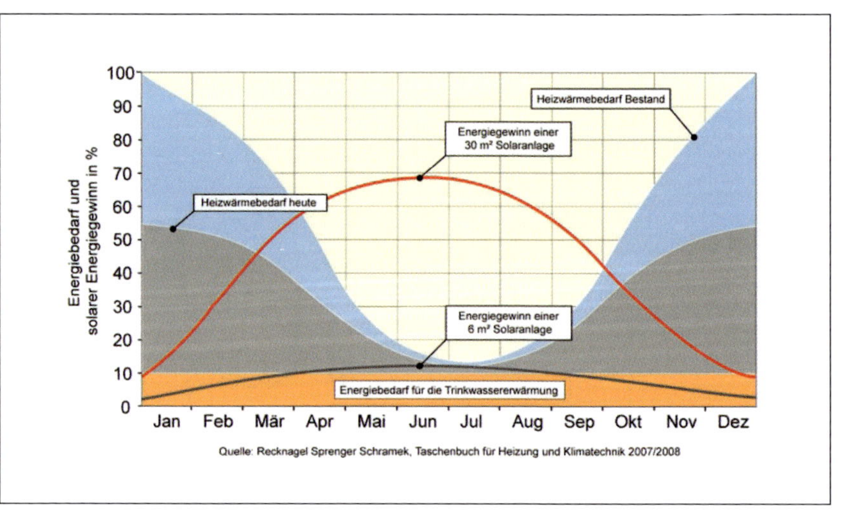

in ruhigem Wasser zwischen 30 und 50 °C vermehren. Bei starker Legionellen-Konzentration kann sich der Mensch über ein Luft-Wasser-Gemisch (z. B. beim Duschen) infizieren. Um dieses zu vermeiden, wird die Trinkwasser-Anlage über sogenannte Legionellen-Schaltungen kurzzeitig auf über 70 °C erhitzt. Bei Kleinanlagen, d. h. Anlagen in Ein- und Zweifamilienhäusern, wird nach DVGW-Richtlinie [119] die Infektionsgefahr als gering eingeschätzt, sodass keine besonderen Vorkehrungen erforderlich sind. Trotzdem sollte die jeweilige Anlage diesbezüglich vom Fachmann beurteilt werden.

6.4.3 Lüftungsanlage

Auf die erforderliche Lüftung aus hygienischen Gründen wurde bereits in Kapitel 6.2 hingewiesen. Da durch die vermehrte Wärmedämmung des Gebäudes die Lüftungswärmeverluste bei natürlicher Lüftung im Verhältnis einen größeren Anteil an den Energieverlusten haben, ist die Lüftung auch aus energetischer Sicht zu betrachten. Problematisch ist dabei u. a. die heute übliche Wohnnutzung, bei der die Nutzer morgens früh die Wohnung verlassen und erst abends zurückkehren. Eine »ausreichende« Lüftung kann so häufig gar nicht mehr gewährleistet werden. Aus diesen Gründen liegt es zunächst nahe, eine Lüftungsanlage einzubauen.

Nach DIN 1946-6 [121] wird bei Austausch von mindestens einem Drittel aller Fenster die Erstellung eines Lüftungskonzeptes (das heißt noch nicht automatisch das Erfordernis einer Lüftungsanlage!) gefordert. Diese Norm, die nicht bauaufsichtlich eingeführt ist, wird zurzeit reichlich diskutiert, zeigt aber die oben beschriebene Problematik auf.

Was beim Neubau jedoch vollständig geplant werden kann, ist beim Altbau, hier zudem beim Fachwerkbau, häufig nur sehr schwierig und damit kostenintensiv zu realisieren.

Eine relativ einfache Art der Lüftungsanlage ist die reine Abluftanlage (Bild 6-34), bei der die Luft in feuchte- und schadstoffbelasteten Räumen (Küche, Bäder) abgesaugt und nach außen abgeführt wird. Hierfür sollten aus energetischen Gründen zentrale Ventilatorsysteme verwendet werden. Die Zuluft erfolgt über definierte Durchlässe in Außenwand oder Fenster. Hier sind besondere Aspekte wie eventuelle Lärmbelastung oder die Luftqualität der Ansaugluft zu beachten. Um Zugerscheinungen zu vermeiden, sollte die Zuluft in Heizungsnähe zugeführt werden und sollten die Überströmdurchlässe von Raum zu Raum sorgfältig geplant werden.

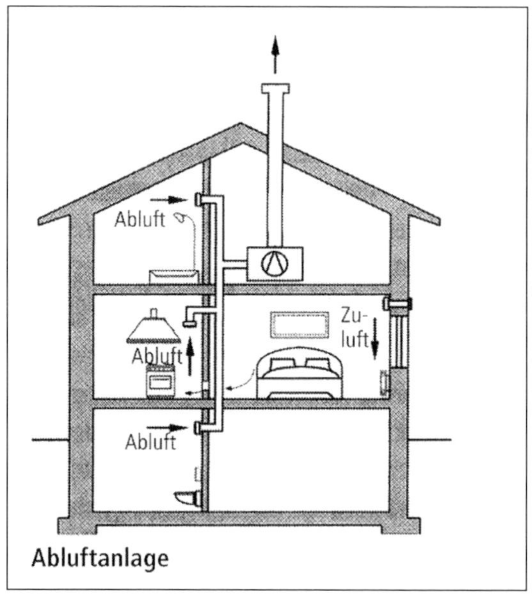

Bild 6-34
Beispiel einer Abluftanlage (Quelle: [9])

Eine Erweiterung des Systems ist die kombinierte Zu- und Abluftanlage in Verbindung mit einer Wärmerückgewinnung. Hiermit wird das einfache Fortblasen der Raumluftwärme bei der Abluftanlage verhindert und die Wärme für die Erwärmung der Zuluft genutzt. Für dieses System ist eine deutliche Erweiterung des Installationsaufwands erforderlich, da Zuluft in die Wohn- und Schlafräume gebracht werden muss. Sinnvoll sind diese Anlagen nur, wenn das Dämm-Niveau des Gebäudes sehr hoch ist und die Luftdichtheit gewährleistet ist. Beides ist bei Fachwerkgebäuden häufig nicht erzielbar bzw. aus unterschiedlichen Gründen nicht gewünscht.

Aus Kreisen der Lüftungsanlagen-Industrie wird häufig hervorgehoben, dass mit Lüftungsanlagen Pollenfilter eingesetzt werden können, um Allergikern die Zuführung reiner Luft zu ermöglichen. Es sollte jedoch überlegt werden, ob dieser auf den ersten Blick einleuchtende Vorteil nicht sogar eine Allergieempfindlichkeit ständig erhöht. Ursachenfaktoren für allergische Reaktionen sind gemäß [122] besonders auch auf raumlufttechnische Anlagen zurückzuführen.

Inwieweit sich Lüftungsanlagen in Fachwerkbauten aufgrund des Installationsaufwands durchsetzen, bleibt abzuwarten. Zudem ist die optische Beeinflussung der Fachwerkfassade durch eventuelle Außenluft-Durchlässe nicht unerheblich.

6.4.4 Beleuchtung

Bei Nichtwohngebäuden ist der Einsatz der Beleuchtung in die Energiebilanz des Nachweises nach Energieeinsparverordnung mit einzubeziehen. Bei Wohngebäuden ist dieses rechnerisch nicht erforderlich, gleichwohl gelten auch hier Empfehlungen zur Nutzung energieeffizienter Beleuchtungen. Dieses bedeutet grundsätzlich die Verwendung von Energiesparlampen und elektronischer Vorschaltgeräte (EVG) bei Leuchtstofflampen.

6.4.5 Stromerzeugende Anlagen

Strom, der aus erneuerbaren Energien in unmittelbarem Zusammenhang mit dem Gebäude erzeugt und vorrangig in diesem Gebäude genutzt wird, kann nach EnEV, § 5 positiv bei der Energiebilanz berücksichtigt werden. Dabei kann dieser von der Endenergie bis zum berechneten Strombedarf abgezogen werden.

In der Regel sind dieses Klein-BHKW- oder Photovoltaik-Anlagen. Gerade die Verwendung von Photovoltaik-Anlagen auf denkmalgeschützten Gebäuden bzw. auf Fachwerkgebäuden, die auf Flächenmaximierung basieren und deren erzeugte Energie auch in das öffentliche Netz einfließt, ist häufig recht umstritten. Argumentationsgrundlagen kann in diesen Fällen das Arbeitsblatt der VDL [112] bieten.

6.5 Nachhaltigkeit und Energiesparen

6.5.1 Nachhaltiges Bauen im Bestand

Das Konzept der Nachhaltigkeit ist keine »Erfindung« der Neuzeit; es ist ein uraltes Prinzip menschlicher Kulturen. Die Regeln der Nachhaltigkeit – das Verständnis vom Zusammenleben mit der Natur, das von dem Gedanken getragen ist, diese nicht auszubeuten – verinnerlichte die Menschheit, so lange das Bevölkerungswachstum und die technische Fähigkeit zum Ressourcenverbrauch nicht begrenzt waren

Natürliche Wirkungsgefüge nicht zu gefährden, sondern das Ökosystem unseres Lebensraums lebenswert zu stabilisieren, ist auch die grundlegende Anforderung an nachhaltiges Bauen, insbesondere beim Bauen im Bestand. Es ist gleichbedeutend mit einer ganzheitlichen, d. h. ökologischen, ökonomischen und sozialen Betrachtung unserer Bau- und Siedlungsweisen sowie unserer Wohn- und Nutzungsgepflogenheiten.

Nachhaltiges Bauen im Bestand darf sich nicht nur auf die verwendeten Technologien und Materialien konzentrieren, sondern muss die Betrachtung von Gebäuden über den gesamten Lebenszyklus unter Berücksichtigung der Nutzungsqualität, d.h. des »Lebenswertes« beinhalten. Hier müssen besonders der Aspekt der Instandhaltung (Maßnahmen zur Erhaltung des zum bestimmungsgemäßen Gebrauch geeigneten Zustandes eines Objektes), der wesentlich die Verlängerung der Nutzungsdauer bewirkt, und der Lebensdauer verlängernde Aspekt der Instandsetzung (Maßnahmen, die zur Wiederherstellung des Soll-Zustandes führen, ohne Wiederaufbauten und Modernisierungsmaßnahmen) miteinander vernetzt betrachtet werden.

Fehlerhafte oder nicht ursachengerechte Instandsetzung führt zu verkürzten Instandhaltungsintervallen bzw. neuen Reparaturen in kurzer Zeit. Wird Instandhaltung organisatorisch, betrieblich und technologisch nicht adäquat behandelt und unterlassen, kommt es meist zu einem Instandhaltungsrückstau, der die Instandsetzung auslösen kann. Im Sinne einer methodischen Instandhaltung und Instandsetzung sowie unter Berücksichtigung der Weiterentwicklung technischer Systeme in der Nutzungsphase umfasst ein ganzheitliches Vorgehen – also eine nachhaltige Fachwerksanierung – daher folgende Schritte:

- methodisches Instandhalten (Wartung, Inspektion, Instandsetzung)
- Optimieren (Qualität, Quantität, Kosten)
- Modernisieren (Stand der Technik).

Nachhaltiges Bauinstandsetzen bedeutet somit eine adäquate Mischung verschiedener Disziplinen. Während sich ökonomische Aspekte durch Kostenvergleiche, Amortisationsrechnungen usw. darstellen lassen und soziale/kulturelle Anforderungen an ein Instandsetzungskonzept z.B. durch Festlegung der Nutzungsbedingungen, Berücksichtigung des Denkmalschutzes usw. transparent gemacht werden können, herrscht bei der ökologischen Betrachtung von Sanierungsmaßnahmen immer noch sehr viel Unklarheit.

6.5.2 Zum Begriff der Ökologie

Die wissenschaftliche Ökologie wurde bereits 1856 mit dem Begriff der Wechselwirkungen und »des sich selbst erhaltenden Gleichgewichts« begründet. Ihre Anerkennung stieg erst im Zeichen der aktuellen Umweltkrisen ab 1969, als sich das ökologische Bewusstsein verstärkte [124]. Der Begriff »Ökologie« ist jedoch zunehmend belastet, weil das Beiwort »Öko« mehr zu Werbe- oder Marketingzwecken als zur Beschreibung von Produkt- oder Systemeigenschaften benutzt wird.

Ökologie bedeutet mehr denn je die partielle Konzentration auf Einzelaspekte – je nach Lobbyismus – und beinhaltet oft viele Widersprüche. Natürliche Rohstoffe, neue Werkstoffe aus Recycling-Materialien oder nach »Vorbild Natur«, gute Umweltverträglichkeit, geringe Toxizität, Wiederverwendung geeigneter Altmaterialien, hohe Lebensdauer, Wärme-, Feuchte- und Schallschutz – viele Einzelaspekte, die in ihrer Summe den Begriff »Ökologie« beschreiben, oft jedoch herausgelöst aus dem Kontext und dann meistens zum Hervorheben eines eigenen Vorteiles oder eines anderen Nachteiles verwendet werden [125].

6.5.3 Ökologisch orientiertes Bauen und Instandsetzen

Fasst man alle Einzelaspekte der Ökologie zusammen, so lassen sich grundsätzliche Forderungen zum ökologisch orientierten Bauen ableiten, die prinzipiell auf die Instandsetzung übertragen werden können. Ökologische Bauinstandsetzung bedeutet entsprechend der folgenden sechs Thesen [126]:

- Vermeidung von schädigenden Emissionen in Luft, Wasser und Boden während des gesamten Gebäudelebenszyklus
- Ressourcenschonung, d.h. Minimierung von Rohstoffverbrauch und Abfallentstehung
- Maximierung der Lebensdauer und Nutzungsfähigkeit eines Bauwerks
- Minimierung der Materialvielfalt in einem Bauwerk
- recyclinggerechtes, demontagefreundliches Konstruieren
- differenziertes Sortieren unvermeidlicher Abfälle.

Anders ausgedrückt: Ökologie als Lehre vom Gesamthaushalt der Natur als selbst erhaltendes Gleichgewicht fordert neben der Umweltverträglichkeit die gesundheitliche Unbedenklichkeit der verwendeten Maßnahmen und Baustoffe und darüber hinaus durch die Sicherstellung der Dauerhaftigkeit und Gebrauchstauglichkeit eine möglichst lange Nutzungs- bzw. Lebensdauer. D.h. wenn schon richtige Instandsetzungsplanung hilft, die Schadenshäufigkeit zu reduzieren und die Gebrauchstauglichkeit der sanierten Fachwerkfassade zu erhöhen und somit die Lebensdauer zu verlängern, so ist dies bereits ein nicht zu vernachlässigender ökologischer Aspekt.

Durch Sanieren statt Abreißen kann häufig – ohne wirtschaftlichen Schaden – ein Faktor vier sowohl bei Energie- wie auch Stoffeffizienz gewonnen werden. Zugleich wird ein Stück Geschichte – oftmals wertvolle bauzeitliche Substanz – erhalten und die kulturellen und sozialen Werte des gewohnten Stadtbildes und des dazugehörigen Lebensraums erfahren eine Erhaltung [127].

Dieser Faktor vier resultiert hauptsächlich aus der Bewahrung »grauer Energie«. Darunter versteht man die Energie, die zur Herstellung, zum Transport und zur Entsorgung eines Produktes oder einer Dienstleistung erforderlich ist. Diese Energie wurde verbraucht und hat die Umwelt belastet, ohne dass man das dem Produkt in der Regel ansieht und wird deshalb häufig vergessen.

Graue Energie steckt also in einem Fachwerkhaus und dort insbesondere in der tragenden Struktur, d. h. im Holz, in Mauern, Steinen und Mörtel usw. Selbst wenn alle technischen Installationen durch neue ersetzt würden, blieben durchschnittlich immer noch 75 % der ursprünglichen Energie und (Bau-)Stoffe erhalten – die zum Zeitpunkt ihrer Investition deutlich geringer war als die für einen heutigen Neubau aufgewendete, denn die Baumaterialien wurden aus geringen Entfernungen herbeigeschafft und Baumaschinen gab es fast keine.

Bauinstandsetzen statt Abreißen – das bedeutet auch Reduzierung von Rohstoffbedarf, Stoffströmen, Energieflüssen, Flächenverbrauch, Abfall- und Reststoffen u.v.m. Gleichzeitig lässt sich im Rahmen von Sanierungsarbeiten dieses Einsparpotenzial durch Modernisierungsmaßnahmen, z. B. durch objektspezifischen und gebäudetypologisch angepassten Einsatz von Wärmedämmmaßnahmen, Anlagen zur Wärmerückgewinnung, passive Solarenergienutzung, erheblich verbessern.

6.5.4 Bewertungskriterien

Die Nachhaltigkeitskriterien der Umweltverträglichkeit, gesundheitlichen Unbedenklichkeit und Gebrauchstauglichkeit gelten nicht nur zu einem bestimmten Zeitpunkt, sondern über den gesamten Lebensweg eines Bauwerks, Bauteils oder Baustoffs – also von den Rohstoffen und der Baustoffherstellung über Anwendung und Nutzung bis zur Instandsetzung und endgültigen Beseitigung. Mit welchen Hilfsmitteln lässt sich diese Betrachtung versachlichen?

Das »Öko-Sieb«

Zur Bewertung lokaler Aspekte wurde für die HOAI-Leistungsphase der baubiologischen und -ökologischen Beratung und Planung ein Bewertungsschema erarbeitet, bei dem ein Verwendungsvorschlag für ein bestimmtes Produkt unterschiedliche Kriterien erfüllen muss [128]. Bei diesem »Öko-Sieb« können Materialien durch die jeweiligen Bewertungsstufen fallen und damit von der weiteren Verwendung ausgeschlossen werden.

Das Raster dient der qualitativen Bewertung und enthält – angegeben in abnehmender Priorität – die Kriterien Toxikologie (Emissionsverhalten), Brandfall,

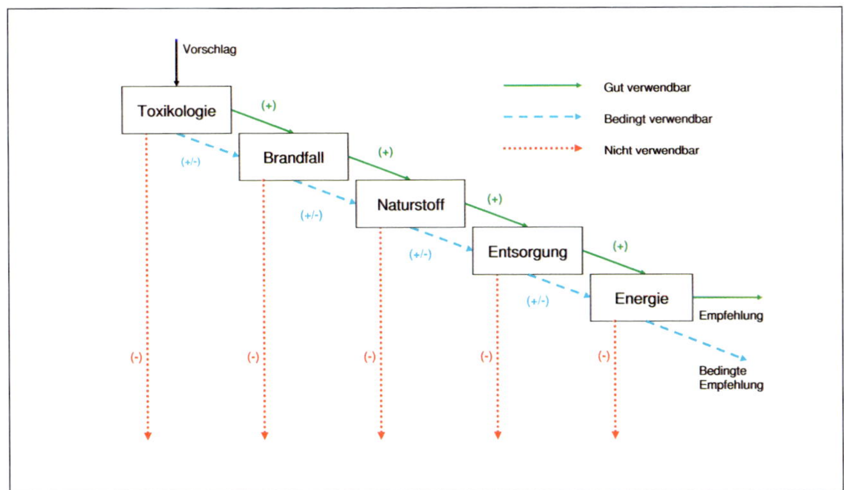

Bild 6-35
Das »Öko-Sieb« – was nicht gut ist, fällt durch. [128]

Naturstoff, Entsorgung und Energie; es orientiert sich sehr stark an der EU-Bauproduktenrichtlinie, die in den jeweiligen LBO's verankert ist.

Auch grundsätzlich im Bauwesen zu begrüßende Naturbaustoffe wie z. B. Holz können durch das »Öko-Sieb« fallen, weil vielleicht der verwendete Holzschutz oder Anstrich nicht umweltverträglich ist (traurige Beispiele aus der Vergangenheit gibt es genügend), vielleicht aber auch, weil lange Transportwege durch den damit verbundenen hohen Energieaufwand zu einer ungünstigen Bewertung führen.

Die Ökobilanz

Die ökologische Leistungsfähigkeit von Produkten und Produktsystemen kann mit sogenannten Ökobilanzen beurteilt werden, deren methodische Grundlagen in DIN EN ISO 14040 [129] festgelegt sind. Dort wird unter einer Produkt-Ökobilanz die Zusammenstellung und Beurteilung aller Stoffströme (Input- und Outputflüsse) und der potentiellen Umweltwirkungen eines Produktsystems im Verlauf seines Lebensweges verstanden. Voraussetzung dazu ist, dass die Randbedingungen – Untersuchungsrahmen, Annahmen, Datenqualität, Methodik und Ergebnisse – von Ökobilanzen transparent und vergleichbar sind!

Mittlerweile liegen eine Reihe solcher Produktbetrachtungen vor [130]. Auch produktspezifische Datenblätter und spezielle Bewertungssoftware werden mittlerweile für diesen Zweck angeboten [131] [132], die es ermöglichen, Baustoff- oder Konstruktions-Vergleiche durchzuführen und daraus die jeweiligen Entscheidungen abzuleiten. Überwiegend werden die Leitparameter Primärenergieverbrauch PEV (kennzeichnet Ressourceninanspruchnahme) und CO_2-Emission (kennzeichnet Treibhauseffekt) zur quantitativen Betrachtung verwendet, da bei anderen Wirkungskategorien die Datengüte und -qualität z.T. nicht ausreichend hoch ist. Damit lassen sich dann u.a. Baustoff- oder Konstruktionsvergleiche erstellen.

Tabelle 6-10 Beispiele für Ökobilanz-Betrachtungen

Baustoff/Rohstoff	Literatur	Baustoff/Rohstoff	Literatur
Holz	[133]	Werktrockenmörtel	[137]
Kalksandstein	[134]	Zement	[138]
Konstruktionen	[135]	Ziegel	[139]
Porenbeton	[136]		

Allerdings nimmt in der Regel die Brauchbarkeit dieses Beurteilungswerkzeugs mit der Komplexität des Untersuchungsgegenstandes ab. Je mehr Einflussfaktoren zu berücksichtigen sind, desto schwieriger ist die Bewertung des gewonnenen Ergebnisses, weil dann immer mehr Randbedingungen durch Annahmen oder Szenarien determiniert sind. Daher sind Ökobilanzen ganzer Gebäude mit entsprechender Erfahrung zu erstellen und zu bewerten.

Materialinput pro Serviceeinheit (MIPS)

Der Materialinput Pro Serviceeinheit MIPS ist ein alternatives Maß für die Umweltbelastungsintensität beliebiger Güter und kennzeichnet »die Menge an Natur«, die in jedem Sachgut steckt [140]. Der Materialinput in (t/t) umfasst alle der Natur entnommenen bzw. in ihr bewegten Materialien und wird in die Kategorien nichterneuerbare und erneuerbare Rohmaterialien, Bodenbewegungen, Wasser- und Luftverbrauch eingeteilt. Serviceeinheiten sind Nutzungs- bzw. Dienstleistungseinheiten und werden produktspezifisch bestimmt: entweder als eine Nutzung (z.B. ein Personenkilometer), als Dauer einer Nutzung (z.B. zehn Jahre) oder als eine Kombination von beidem. Höhere MIPS-Werte bedeuten dann höhere ökologische Belastung. Für einige Baustoffe wurden derartige Materialintensitätsanalysen bereits durchgeführt:

Mit Hilfe dieser Methode lässt sich z.B. abschätzen, wann eine Bauinstandsetzungsmaßnahme noch »ökologisch sinnvoll« ist. Eine material-, energie- und transportmäßig »teure« Instandsetzung kann dazu führen, dass ein Gebäude danach mit einem höheren MIPS-Wert genutzt wird als unmittelbar nach seinem Bau.

Baustoff	Rohmaterialien		Wasser	Luft	Boden
	nicht erneuerbar	erneuerbar			
Fichtenholz (geschn./getrocknet)	0,68	4,72	9,4	0,156	
Quarzsand	1,42		1,4	0,030	
Ziegel porosiert (Vollziegel)	2,11		5,7	0,047	
Hartfaserplatte	2,91		49,1	0,980	
Portlandzement	3,22		16,9	0,332	
Dämmstoff: Steinwolle K_i < 40	4,00		39,7	1,690	

Tabelle 6-11
Beispiele für Materialintensität (t/t) einiger Baustoffe (inkl. Strom) [141]

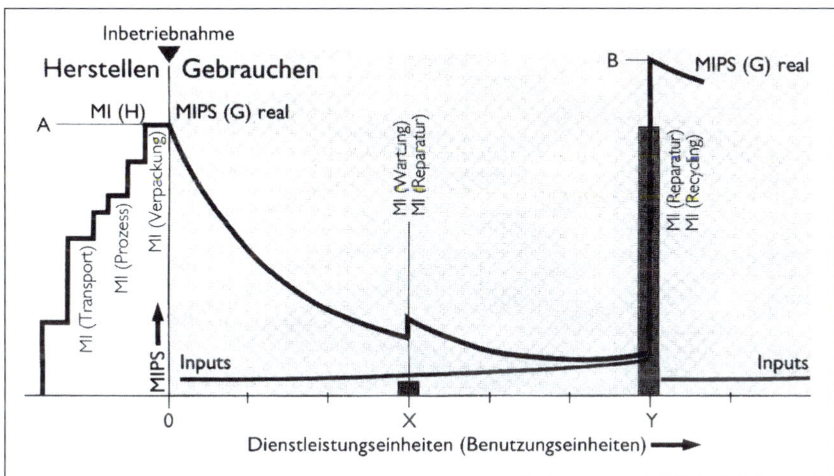

Bild 6-36
Beispiel der Bewertung einer Bauinstandsetzungsmaßnahme - hier ökologisch nicht sinnvoll (Punkt B) (Quelle: [142])

Umweltproduktdeklarationen

Noch sind Umweltproduktdeklarationen (Environmental Product Declaration EPD) keine Pflicht. Für die Nachhaltigkeitszertifizierung (und nicht erst nach der erfolgten Bauausführung, sondern bereits bei der Planung) wird jedoch als Voraussetzung für eine solche Betrachtung eine geeignete Datenbasis für alle verwendeten Baustoffe benötigt.

Auch auf europäischer Ebene gibt es eindeutige Zeichen: Die seit 1989 geltende »Bauproduktenrichtlinie« wurde überarbeitet; damit beschäftigte sich das Europäische Parlament. Deutlich hörbar war von dort der Wunsch, die neue Bauproduktenverordnung (ab 2013) möge sich eingehender als bisher mit den Umwelteigenschaften der Baustoffe befassen. Daher wurde zum Beispiel die 7. Grundsatzanforderung »Nachhaltige Nutzung natürlicher Ressourcen« hinzu-

Bild 6-37a Muster-EPD des Industrieverbandes Werkmörtel (IWM) mit Handlungsanweisungen

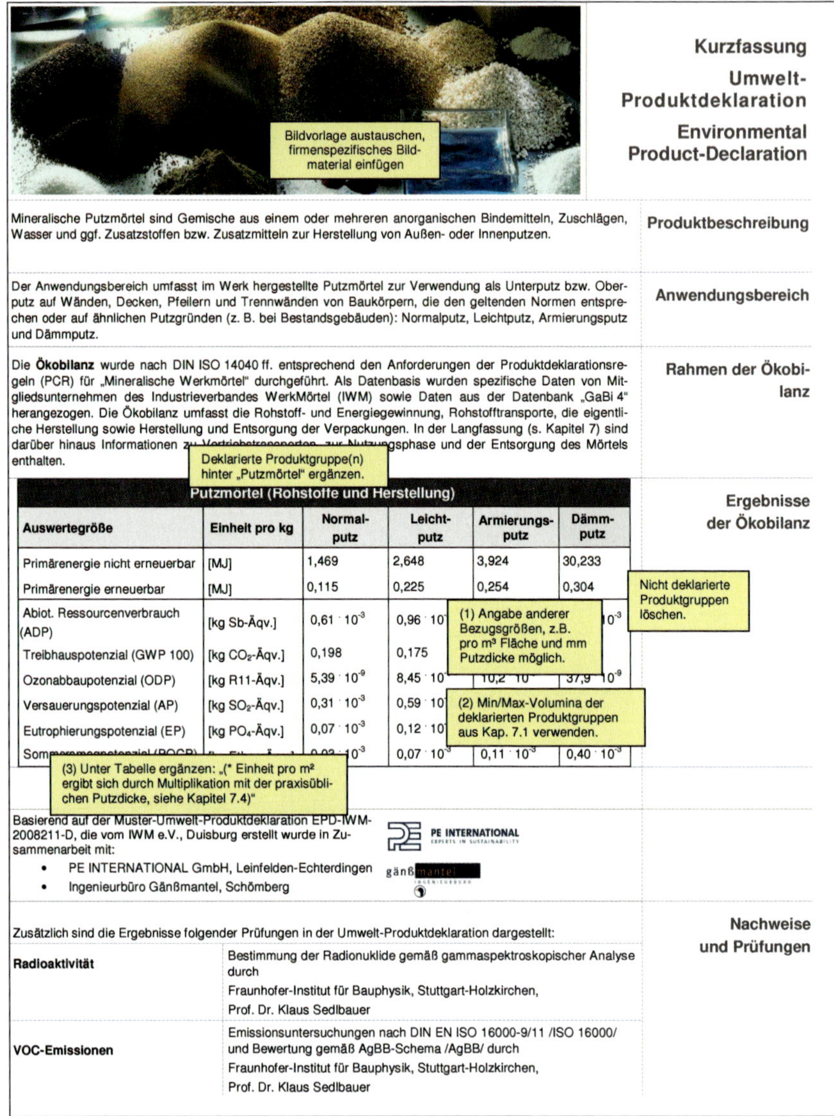

Kurzfassung

Umwelt-Produktdeklaration

Environmental Product-Declaration

Produktbeschreibung

Mineralische Putzmörtel sind Gemische aus einem oder mehreren anorganischen Bindemitteln, Zuschlägen, Wasser und ggf. Zusatzstoffen bzw. Zusatzmitteln zur Herstellung von Außen- oder Innenputzen.

Anwendungsbereich

Der Anwendungsbereich umfasst im Werk hergestellte Putzmörtel zur Verwendung als Unterputz bzw. Oberputz auf Wänden, Decken, Pfeilern und Trennwänden von Baukörpern, die den geltenden Normen entsprechen oder auf ähnlichen Putzgründen (z. B. bei Bestandsgebäuden): Normalputz, Leichtputz, Armierungsputz und Dämmputz.

Rahmen der Ökobilanz

Die **Ökobilanz** wurde nach DIN ISO 14040 ff. entsprechend den Anforderungen der Produktdeklarationsregeln (PCR) für „Mineralische Werkmörtel" durchgeführt. Als Datenbasis wurden spezifische Daten von Mitgliedsunternehmen des Industrieverbandes WerkMörtel (IWM) sowie Daten aus der Datenbank „GaBi 4" herangezogen. Die Ökobilanz umfasst die Rohstoff- und Energiegewinnung, Rohstofftransporte, die eigentliche Herstellung sowie Herstellung und Entsorgung der Verpackungen. In der Langfassung (s. Kapitel 7) sind darüber hinaus Informationen zu [illegible] ...gsphase und der Entsorgung des Mörtels enthalten.

Ergebnisse der Ökobilanz

Putzmörtel (Rohstoffe und Herstellung)					
Auswertegröße	**Einheit pro kg**	**Normalputz**	**Leichtputz**	**Armierungsputz**	**Dämmputz**
Primärenergie nicht erneuerbar	[MJ]	1,469	2,648	3,924	30,233
Primärenergie erneuerbar	[MJ]	0,115	0,225	0,254	0,304
Abiot. Ressourcenverbrauch (ADP)	[kg Sb-Äqv.]	0,61 · 10^{-3}	0,96 · 10[illegible]	[illegible]	[illegible] 10^{-3}
Treibhauspotenzial (GWP 100)	[kg CO_2-Äqv.]	0,198	0,175	[illegible]	[illegible]
Ozonabbaupotenzial (ODP)	[kg R11-Äqv.]	5,39 · 10^{-9}	8,45 · 10[illegible]	10,2 · 10[illegible]	37,9 · 10^{-9}
Versauerungspotenzial (AP)	[kg SO_2-Äqv.]	0,31 · 10^{-3}	0,59 · 10[illegible]	[illegible]	[illegible]
Eutrophierungspotenzial (EP)	[kg PO_4-Äqv.]	0,07 · 10^{-3}	0,12 · 10[illegible]	[illegible]	[illegible]
Som[illegible] (POCP)	[illegible]	[illegible] 10^{-3}	0,07 · 10^{-3}	0,11 · 10^{-3}	0,40 · 10^{-3}

Basierend auf der Muster-Umwelt-Produktdeklaration EPD-IWM-2008211-D, die vom IWM e.V., Duisburg erstellt wurde in Zusammenarbeit mit:

- PE INTERNATIONAL GmbH, Leinfelden-Echterdingen
- Ingenieurbüro Gänßmantel, Schömberg

Nachweise und Prüfungen

Zusätzlich sind die Ergebnisse folgender Prüfungen in der Umwelt-Produktdeklaration dargestellt:

Radioaktivität	Bestimmung der Radionuklide gemäß gammaspektroskopischer Analyse durch Fraunhofer-Institut für Bauphysik, Stuttgart-Holzkirchen, Prof. Dr. Klaus Sedlbauer
VOC-Emissionen	Emissionsuntersuchungen nach DIN EN ISO 16000-9/11 /ISO 16000/ und Bewertung gemäß AgBB-Schema /AgBB/ durch Fraunhofer-Institut für Bauphysik, Stuttgart-Holzkirchen, Prof. Dr. Klaus Sedlbauer

gefügt (Nr. 3 berücksichtigte bereits »Hygiene, Gesundheit, Umweltschutz«). In Kreisen der Baustoffhersteller wird befürchtet, dass überzogene Umweltanforderungen zu immer neuer Bürokratie führen, ohne dass die Baustoffe dadurch »besser« würden. Dagegen hat das Thema »Umwelt« in Deutschland eine hohe Priorität. Wer sich kritischen Nachfragen verweigert, dem wird leicht unterstellt, er habe etwas zu verbergen. Hier kann die Umweltproduktdeklaration (Environmental Product Declaration, EPD) helfen.

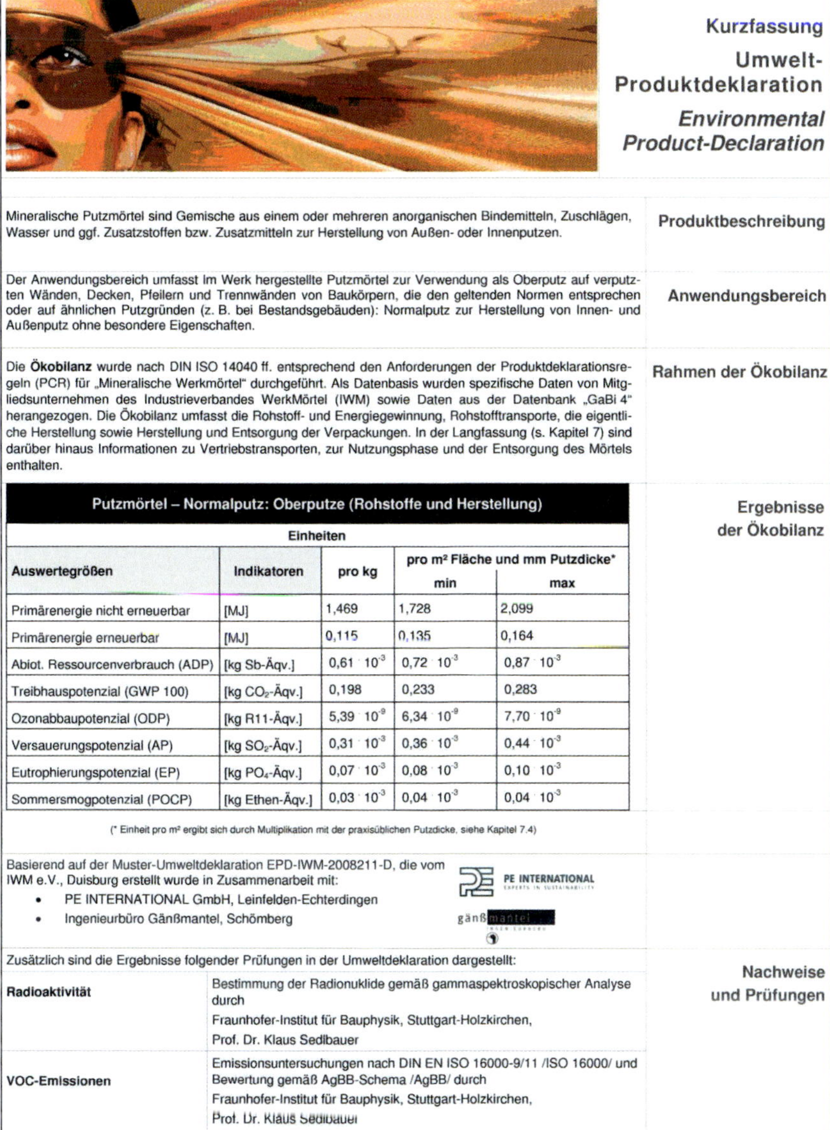

Kurzfassung

Umwelt-Produktdeklaration

Environmental Product-Declaration

Produktbeschreibung

Mineralische Putzmörtel sind Gemische aus einem oder mehreren anorganischen Bindemitteln, Zuschlägen, Wasser und ggf. Zusatzstoffen bzw. Zusatzmitteln zur Herstellung von Außen- oder Innenputzen.

Anwendungsbereich

Der Anwendungsbereich umfasst im Werk hergestellte Putzmörtel zur Verwendung als Oberputz auf verputzten Wänden, Decken, Pfeilern und Trennwänden von Baukörpern, die den geltenden Normen entsprechen oder auf ähnlichen Putzgründen (z. B. bei Bestandsgebäuden): Normalputz zur Herstellung von Innen- und Außenputz ohne besondere Eigenschaften.

Rahmen der Ökobilanz

Die **Ökobilanz** wurde nach DIN ISO 14040 ff. entsprechend den Anforderungen der Produktdeklarationsregeln (PCR) für „Mineralische Werkmörtel" durchgeführt. Als Datenbasis wurden spezifische Daten von Mitgliedsunternehmen des Industrieverbandes WerkMörtel (IWM) sowie Daten aus der Datenbank „GaBi 4" herangezogen. Die Ökobilanz umfasst die Rohstoff- und Energiegewinnung, Rohstofftransporte, die eigentliche Herstellung sowie Herstellung und Entsorgung der Verpackungen. In der Langfassung (s. Kapitel 7) sind darüber hinaus Informationen zu Vertriebstransporten, zur Nutzungsphase und der Entsorgung des Mörtels enthalten.

Ergebnisse der Ökobilanz

Putzmörtel – Normalputz: Oberputze (Rohstoffe und Herstellung)

Auswertegrößen	Indikatoren	Einheiten: pro kg	pro m² Fläche und mm Putzdicke*: min	max
Primärenergie nicht erneuerbar	[MJ]	1,469	1,728	2,099
Primärenergie erneuerbar	[MJ]	0,115	0,135	0,164
Abiot. Ressourcenverbrauch (ADP)	[kg Sb-Äqv.]	$0{,}61 \cdot 10^{-3}$	$0{,}72 \cdot 10^{-3}$	$0{,}87 \cdot 10^{-3}$
Treibhauspotenzial (GWP 100)	[kg CO_2-Äqv.]	0,198	0,233	0,283
Ozonabbaupotenzial (ODP)	[kg R11-Äqv.]	$5{,}39 \cdot 10^{-9}$	$6{,}34 \cdot 10^{-9}$	$7{,}70 \cdot 10^{-9}$
Versauerungspotenzial (AP)	[kg SO_2-Äqv.]	$0{,}31 \cdot 10^{-3}$	$0{,}36 \cdot 10^{-3}$	$0{,}44 \cdot 10^{-3}$
Eutrophierungspotenzial (EP)	[kg PO_4-Äqv.]	$0{,}07 \cdot 10^{-3}$	$0{,}08 \cdot 10^{-3}$	$0{,}10 \cdot 10^{-3}$
Sommersmogpotenzial (POCP)	[kg Ethen-Äqv.]	$0{,}03 \cdot 10^{-3}$	$0{,}04 \cdot 10^{-3}$	$0{,}04 \cdot 10^{-3}$

(* Einheit pro m² ergibt sich durch Multiplikation mit der praxisüblichen Putzdicke, siehe Kapitel 7.4)

Basierend auf der Muster-Umweltdeklaration EPD-IWM-2008211-D, die vom IWM e.V., Duisburg erstellt wurde in Zusammenarbeit mit:

- PE INTERNATIONAL GmbH, Leinfelden-Echterdingen
- Ingenieurbüro Gänßmantel, Schömberg

PE INTERNATIONAL

gänßmantel

Nachweise und Prüfungen

Zusätzlich sind die Ergebnisse folgender Prüfungen in der Umweltdeklaration dargestellt:

Radioaktivität	Bestimmung der Radionuklide gemäß gammaspektroskopischer Analyse durch Fraunhofer-Institut für Bauphysik, Stuttgart-Holzkirchen, Prof. Dr. Klaus Sedlbauer
VOC-Emissionen	Emissionsuntersuchungen nach DIN EN ISO 16000-9/11 /ISO 16000/ und Bewertung gemäß AgBB-Schema /AgBB/ durch Fraunhofer-Institut für Bauphysik, Stuttgart-Holzkirchen, Prof. Dr. Klaus Sedlbauer

Bild 6-37b
Beispiel einer firmenspezifischen Umweltproduktdeklarationen, die zahlreiche Angaben über Umweltwirkungen enthält

Eine Umweltproduktdeklaration (EPD) ist die Zusammenstellung aller umweltrelevanten Eigenschaften eines Produktes. In international gültigen Normen ist festgelegt, in welcher Form das zu erfolgen hat. Die Erstellung einer Umwelt-Produktdeklaration ist aufwendig. Dazu gehört zum Beispiel eine vollständige Ökobilanz. Eine Umwelt-Produktdeklaration kann nur individuell im Unternehmen für ein bestimmtes Produkt oder eine Produktgruppe erarbeitet werden. Das erfordert erheblichen Aufwand.

Die einzige Organisation in Deutschland, die Umweltproduktdeklarationen zertifiziert, ist das »Institut für Bauen und Umwelt« (kurz »IBU«). Führende Baustoffhersteller und die Spitzenverbände der Baustoffindustrie sind dort Mitglied. Das IBU verfügt über unabhängige Sachverständigengremien, von denen die vorgelegten Umweltproduktdeklarationen nach internationalen ISO Normen gründlich geprüft werden. Führt die Prüfung zu einem positiven Ergebnis, so wird die vorgelegte Umweltproduktdeklaration zertifiziert. Sämtliche in Deutschland erteilte EPDs können als PDF-Dateien unter www.bau-umwelt.com kostenlos heruntergeladen werden. [Stand 30.09.2011]

Die EPD ist eine Art »Ausweis«, der alle umweltrelevanten Daten eines Baustoffes enthält. Sie stellt glaubwürdige und vergleichbare Informationen über die Umweltleistung von Produkten bereit und soll den Lebenszyklus eines Produktes vollständig erfassen. Dabei müssen die Umweltbelastungen durch die Herstellung und den Gebrauch des Produktes ebenso beschrieben werden wie mögliche Gesundheitsrisiken.

Angesprochen werden alle am Bau Beteiligten:

- *Hersteller von Bauprodukten*
  stellen mit EPD Informationen über ihre Produkte bereit, können sie zu Marketingzwecken einsetzen, gestalten ihre Unternehmensführung vorausschauend und können sie intern als Steuerungsinstrument zur Weiterentwicklung ihrer Produkte nach ökologischen Kriterien nutzen.
- *Architekten und Planer*
  setzen EPD als Grundlage für die Berechnung der Ökobilanz von Gebäuden ein. Sie ist Voraussetzung für die zunehmend verlangte »Nachhaltigkeitszertfizierung« von Bauwerken.
- *Ausschreibende*
  setzen EPD für Ausschreibungen ein. Sie steuern und prüfen damit umweltbezogene Vorgaben für die Gebäudeplanung.
- *Immobiliengesellschaften und Bauherren*
  bewerten ihre Investitionen und Objekte höher. Objekte lassen sich zunehmend besser vermarkten, wenn sie als nachhaltige Gebäude konzipiert und zertifiziert sind.
- *Handel und Endverbraucher*
  finden in EPD unabhängig und neutral geprüfte umweltrelevante Produktinformationen.

Umwelt-Produktdeklarationen enthalten auch Angaben zu den verwendeten Rohstoffen. Mineralische Mörtel für Neubau und Sanierung zum Beispiel zeichnen sich dadurch aus, dass bei der Herstellung und in der Nutzungsphase nur wenig Primärenergie verbraucht wird und sie keine Biozide oder Lösungsmittel enthalten. Dies ergab ein mehrere Jahre dauerndes Forschungs- und Dienstleistungsprojekt des Industrieverbandes Werk-Mörtel e. V. (IWM), der für seine Mitglieder eine repräsentative Bandbreite von Mörteln – u. a. auch für die energetische Sanierung und Instandsetzung von Fachwerkbauten – untersuchen und darauf aufbauend Muster-Umweltproduktdeklarationen (Muster-EPD) erstellen ließ. So sind die Hersteller schneller und leichter in der Lage, ihre Baustoffe zu deklarieren und firmenspezifische EPD mit entsprechenden Daten für Umweltwirkungen anzubieten.

6.5.5 Bewertungsmöglichkeiten in der Praxis

Ein wichtiger Nutzen der vorgestellten Verfahren ist die Möglichkeit zur Versachlichung der ökologischen Diskussion, weil die Betrachtung nicht auf spezielle Gesichtspunkte beschränkt ist und die in der Literatur vorhandenen Angaben eine Abschätzung von ökologischen Kriterien zulassen. Folgende Beispiele sollen dies verdeutlichen:

Abschätzen der Grauen Energie

Die »graue Energie«, die in der tragenden Struktur eines Gebäudes enthalten ist, muss beim Fachwerkhaus im Wesentlichen dem Holzfachwerk und den Ausfachungen/Gefacheputzen zugerechnet werden. Holz für das Fachwerk wurde im Winter zu bestimmten Zeitpunkten von Hand geschlagen, energieintensive Trocknung vor der Verwendung war nicht erforderlich. Denn nach Errichten der Fachwerkkonstruktion dauerte es noch geraume Zeit, bis alle Ausfachungen hergestellt waren; in dieser Zeit erfolgte die natürliche Holztrocknung. Die dabei auftretenden Verformungen wurden berücksichtigt und sofort ausgebessert.

Was passiert, wenn man gedankenlos alles Alte abreißt und durch Neues ersetzt, verdeutlicht das nachstehende Rechenbeispiel für eine Neukonstruktion, bei der das Fachwerk aus Fichte und die Ausfachung aus Leichtziegel (z. B. LHlz) erstellt werden. In der Abschätzung kommen folgende Kennwerte zur Anwendung, die für die heutigen Materialien berechnet wurden:

Die in Tabelle 6-12 dargestellten Kennwerte für den Primärenergieverbrauch können bei Bedarf mit den Angaben in den veröffentlichten Umweltprodukt deklarationen der aufgeführten Baustoffe aktualisiert werden.

Tabelle 6-12
Primärenergieverbrauch von Fachwerkbaustoffen

Bauteil	Baustoff	Rohdichte (kg/m3)	Primärenergieverbrauch (kWh/m³)	Dicke (mm)
Fachwerk	Fichte	500	490 *1)	150
Ausfachung	Ziegel	1000	720 *2)	115
	Leichtmauermörtel	1000	600 *3)	(V=70 l/m³)
Außenputz	Kalk-Zement-Putz	1250	530 *3)	20
Innenputz	Kalk-Putz	1400	530 *3)	15

*1) infolge des hohen Energieanteils durch Maschineneinsatz und Trocknung (siehe [139])
*2) (siehe [143])
*3) (siehe [144])

Rechnet man z.B. mit einem durchschnittlichen Holzanteil von 25% entsprechend einem Anteil Ausfachungen von 75% pro m^2 Fachwerkfassade, so erhält man folgende Baustoffvolumina und – auf der Basis der Ergebnisse aus Tabelle 6-12 – damit gekoppelte Primärenergieinhalte PEI:

In diesem Beispiel werden zum Errichten von 1 m^2 Fachwerkfassade also fast 100 kWh/m^2 Primärenergie (und CO_2-Emissionen) benötigt. Durch weitestgehenden Erhalt der vorhandenen Bausubstanz wird dieser Energieverbrauch damit eingespart. Zudem hilft die Verwendung von geeignetem Altholz, Neuschäden zu vermeiden und die Lebenswartung des instand gesetzten Fachwerkhauses zu verlängern.

Nachhaltigkeit von Maßnahmen zur energetischen Sanierung

Lebensdauer, Gebrauchstauglichkeit, gesundheitliche Unbedenklichkeit und Umweltverträglichkeit sind die Nachhaltigkeitskriterien, die bei der Auswahl von Dämmstoffen bzw. Dämmsystemen bei der energetischen Sanierung von Fachwerkgebäuden zu betrachten sind.

Tabelle 6-13
Abschätzung der grauen Energie von 1 m^2 Fachwerkwand mit 25% Holzanteil

Bauteil	Baustoff	Rechnung	Volumen (l)	PEI (kWh)
Fachwerk	Fichte	0,150 m x 1 m² x 1000 l/m³ x 0,25	37,50	18,4
Ausfachung	Gesamt	0,115 m x 1 m² x 1000 l/m³ x 0,75	86,25	
	Ziegel	86,25 x 0,93	80,21	57,8
	Leichtmauermörtel	86,25 x 0,07	6,04	3,6
Außenputz	Kalk-Zement-Putz	0,02 m x 1 m² x 1000 l/m³	20,00	10,6
Innenputz	Kalk-Putz	0,015 m x 1 m² x 1000 l/m³	15,00	8,0
Primärenergieinhalt von 1 m² Sichtfachwerk, 15 cm dick				**98,4**

Die Lebensdauer bzw. »Lebenserwartung« einer Dämmmaßnahme hängt sehr stark von ihrer Belastung in der Nutzungsphase ab. Beispielsweise sind an Wärmedämmverbundysteme (WDVS) aufgrund der vielfältigen Beanspruchungsarten, denen Außenwandkonstruktionen ausgesetzt sind, umfangreiche Anforderungen in statisch-konstruktiver und bauphysikalischer Hinsicht zu stellen, die dauerhaft erfüllt werden müssen. Wenn dies der Fall ist, geht man davon aus, dass ein WDVS widerstandsfähig genug ist, um der kombinierten Belastung aus z.B. Eigengewicht, Windlast, Temperatur, Feuchtigkeit und Schwindung sowie Belastungen unter normalen Gebrauchsbedingungen standzuhalten.

Trotz sachgerechter Ausführung treten in der Praxis neben den üblichen Gebrauchsspuren immer wieder auch Mängel und Schäden an den WDVS auf. Bei der Bewertung der Fehlermöglichkeiten zeigen jedoch Langzeitstudien, wie zum Beispiel die des Fraunhofer Instituts für Bauphysik (IBP), dass sich WDVS in der Praxis überwiegend bewährt haben und Wartungsaufwand und Instandhaltung in der Regel nicht anders sind als bei anderen Putzfassaden oder vergleichbaren Wandsystemen [145]. Man kann daher davon ausgehen, dass die Lebensdauer von WDVS bei sachgerechter Ausführung und Wartung genauso einzustufen ist wie die von verputztem Mauerwerk; im (früheren) Leitfaden »Nachhaltiges Bauen« der Bundesregierung [146] werden für die Lebenserwartungen vergleichbare Zeiträume angegeben (Kalk-Zement-Außenputz 20–50 Jahre, WDVS 25–45 Jahre).

Die Betrachtung der Lebensdauer wird durch die Bewertung der Gebrauchstauglichkeit und gesundheitlichen Unbedenklichkeit von Dämmstoffen ergänzt. Neben dem Wärmeschutz sind daher folgende Faktoren weiter zu berücksichtigen:

Nachhaltigkeits-Kriterium	Einfluss
Wärmespeicherfähigkeit	Behaglichkeit
Diffusionswiderstand	Behaglichkeit, Tauwasserschutz, Austrocknungsverhalten,
	Lebensdauer
Wasseraufnahmevermögen	Feuchteschutz, Lebensdauer
Bewertetes Schalldämmmaß	Schallschutz, Behaglichkeit
Brandverhalten	Brandschutz, Lebensdauer
Festigkeitseigenschaften	Lebensdauer
Elastizität	Lebensdauer

Tabelle 6-14 Qualitative Einschätzung der Eigenschaften von Dämmstoffen und ihr Einfluss auf die Nachhaltigkeit

Die oben genannten Eigenschaften und noch weitere Kriterien werden u.a. in den Umweltproduktdeklarationen mitbewertet. Verfügbarkeit und Herkunft der Rohstoffe beeinflussen nicht nur die gesundheitliche Unbedenklichkeit, sondern auch die Umweltverträglichkeit. Im Sinne der Ressourcenschonung kommt es wesentlich darauf an, die Ressource »nicht nachwachsende Rohstoffe« so wenig wie möglich zu belasten. Dazu zählt man auch den Verbrauch an Primärenergie aus nicht erneuerbaren Rohstoffen.

Werden im Rahmen der Instandsetzungsarbeiten Modernisierungsmaßnahmen durchgeführt, um Primärenergie während der Nutzungsphase einzusparen, so kann der für die energetische Sanierung erforderliche Primärenergieverbrauch (PEV) der im Laufe der Nutzungsdauer zu erwartenden Einsparung an Primärenergie gegenübergestellt werden.

Der PEV sollte nicht überbewertet werden, denn zum einen streuten die Angaben zum PEV von Dämmstoffen bisher erheblich, zum anderen sind die Angaben zur Lebensdauer von Dämmstoffen, die man benötigt, um die Einsparungen an Primärenergie zum Decken des Heizwärmebedarfes zu berechnen, relativ unsicher. Die Lebensdauer wiederum hängt von der Beanspruchung des für die bauliche Maßnahme verwendeten Dämmsystems und der eingesetzten Materialien ab.

Welcher praktische Nutzen für die Bewertung der Nachhaltigkeit ergibt sich daraus? Ermittelt man den PEV pro m^2 energetisch optimierter Wandfläche für das jeweilige Dämmstoffsystem, so lässt sich der Zeitpunkt berechnen, ab dem sich ökologisch und ökonomisch eine Dämmmaßnahme amortisiert. In Anlehnung an Wirtschaftlichkeitsberechnungen wird diese Vorgehensweise als »Breakeven-Betrachtung« bezeichnet.

Bild 6-38 Bandbreite zu Angaben zum PEV verschiedener Dämmstoffe (Quelle: [147])

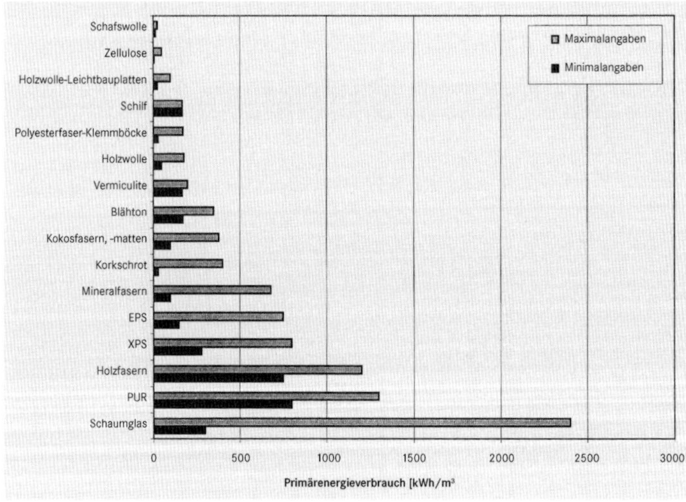

Die Begriffe »Primärenergiebedarf« bzw. »Primärenergieverbrauch« bei der Herstellung von Bau- und Dämmstoffen werden zukünftig einheitlich durch »Primärenergieeinsatz« ersetzt.

6.5.6 Break-even-Betrachtung

Der Weg bei der Abschätzung der ökologischen und ökonomischen Amortisation einer energetischen Sanierungsmaßnahme soll im Folgenden am Beispiel der Verwendung von Wärmedämmputz als Innen- oder Außendämmung von Fachwerk-Außenbauteilen vorgestellt werden. Wenn Angaben zum PEV dieses Baustoffes in der Literatur nicht vorliegen, muss dieser Kennwert im ersten Schritt ermittelt werden. Die folgende Abschätzung, die mit den Daten aus dem Jahre 2001 (zum konkreten Sanierungszeitpunkt) erfolgte, soll den prinzipiellen Rechenweg aufzeigen.

Gesamt-PEV für Dämmstoffe und -systeme

Wärmedämmputz wurde nach DIN 18550-3 definiert mit mindestens 75 Vol.-% Anteil an expandiertem Polystyrol (EPS), der Rest ist Kalkhydrat nach DIN EN 459 und Zement nach DIN EN 197 als Bindemittel. Für diese drei Hauptkomponenten ließ sich der Verbrauch an Primärenergie angeben [147]. Aufgrund der in der Praxis verwendeten Rezepturen konnte man dann den Wertebereich für den PEV für die Rohstoffe eines Dämmputzes ermitteln zu ca. 2.170 - 3.200 MJ/m^3 (ca. 600 - 890 kWh/m^3).

Zur Abschätzung der Nachhaltigkeit einer erfolgten Sanierung mit Wärmedämmputz wäre man vom ungünstigsten, d. h. maximalen PEV von 3.200 MJ/m^3 ausgegangen. Berücksichtigte man eine praxisübliche durchschnittliche Schüttdichte von Wärmedämmputzen von 0,25 t/m^3 und addierte man nun noch die durchschnittlichen praxisüblichen PEV-Anteile für Herstellung, Transport und Verarbeitung (siehe IWM-Studie), so konnte der maximale Gesamt-PEV (Rohstoff - Baustelle verarbeitet) eines Wärmedämmputzes abgeschätzt werden zu ca. 4.600 MJ/m^3 (1.280 kWh/m^3) bzw. - bezogen auf 1 kg Wärmedämmputz - ca. 18,4 MJ/kg. Die aktuelle Muster-EPD des Industrieverbandes Werkmörtel weist einen höheren Primärenergieverbrauch von 30,5 MJ/kg aus! Die Abweichungen erklären sich durch die verbesserte Datengüte und die optimierten Rechenalgorithmen mit Berücksichtigung sämtlicher Vorketten der Rohstoffe.

Unter Berücksichtigung der Putzdicke und praxisüblicher Materialverbrauchswerte (l Frischmörtel pro l Trockenmaterial) konnte schließlich der Verbrauch an Primärenergie bei der Anwendung von Wärmedämmputz pro m^2 Außenwand dargestellt werden. Mit Hilfe der praxisüblichen Ergiebigkeiten von 0,85 - 1,00 l/l konnte ermittelt werden, dass der PEV pro cm Dämmputzdicke 46 - 54 MJ/m^2 beträgt, im Durchschnitt also ca. 50 MJ/m^2 (13,9 kWh/m^2), zu dem noch der Gesamt-PEV für die Oberputze von ca. 25 MJ/m^2 (7 kWh/m^2) addiert werden muss (Grundlage der Berechnung: PEV = 18,4 MJ/kg).

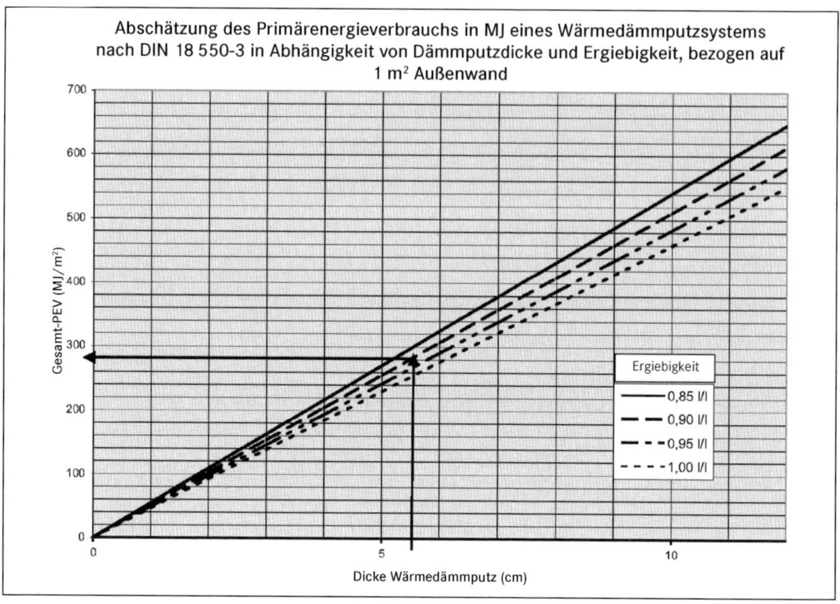

Bild 6-39 Gesamt-PEV von Wärmedämmputz in MJ pro m^2 Außenwand in Abhängigkeit von Dämmputzdicke und Materialverbrauch

Ökologischer Break-even

Am konkreten Beispiel der energetischen Sanierung eines historischen Fachwerkhauses in Bad Wimpfen (zwischen Stuttgart und Würzburg bei Heilbronn) mit Wärmedämmputz soll die ökologische Break-even-Betrachtung verdeutlicht werden (siehe hierzu Kap. 7.1). Der Dämmputz wurde in diesem Fall in einer mittleren Dicke von 5,5 cm aufgetragen. Für diese Situation ergab sich ein Gesamt-PEV von 50 MJ/m²cm * 5,5 cm + 25 MJ/m² = 300 MJ/m² (83 kWh/m²).

Diesem im ersten Moment relativ hoch erscheinenden Wert steht ein PEV-Nutzen gegenüber, der im Rahmen üblicher bauphysikalischer Berechnungen abgeschätzt werden kann, nämlich der U-Wert (früher k-Wert) der Wand im Bestand (höhere Transmissionswärmeverluste) im Vergleich zum U-Wert der Wand mit Wärmedämmputz (niedrigere Transmissionswärmeverluste).

Die reinen Heizwärmeverluste der Außenwand in MJ/m² konnten bei Kenntnis der Heizgradtagszahl Gt abgeschätzt werden nach Q_H = {Gt x 24 h/d}/1.000 Wh/kWh x 3,6 MJ/kWh x U. Geht man von einer Heizgrenztemperatur von 15 °C aus, so ließ sich in DIN V 4108-6 (Ausgabe 2000-11) für die nächstliegenden Orte Stuttgart und Würzburg der Wert Gt = 3.737 (Kd) interpolieren. Zur Berücksichtigung einer Nachtabsenkung wurde der ermittelte Wert für Q_H noch mit 0,95 multipliziert. Die Berechnungsgleichung lautete dann Q_H = 0,95 x 89, 7 x 3,6 x U = 306,8 x U (MJ/m²a). Damit konnten die jährlichen Wärmeverluste mit und ohne zusätzliche Innendämmung abgeschätzt werden:

- mit dem U-Wert des Bestandsgebäudes ohne Dämmung (U = 2,38 W/(m²K)): Wärmeverluste über die Gebäudehülle ca. 730 MJ/(m²a),
- mit dem U-Wert des gedämmten Gebäudes (U = 0,79 W/(m²K)): Wärmeverluste über die Gebäudehülle ca. 242 MJ/(m²a).

Aus der Differenz ließ sich über eine mittlere Lebenserwartung für Dämmsysteme von 30 Jahren die eingesparte Primärenergie in diesem Zeitraum berechnen und der ökologische Break-even ermitteln, d. h. der Zeitpunkt, ab dem sich die Instandsetzungsmaßnahme ökologisch amortisiert und der ökologische Impact wieder ausgeglichen ist.

Der ökologische Break-even betrug bei diesem Objekt 300/(730-242) = 0,6 Jahre, d. h. nach etwa 220 Tagen hatte sich die Investition in den Wärmedämmputz ökologisch schon amortisiert. Hieraus konnte gefolgert werden, dass beim Betrieb des (sanierten) Fachwerkhauses durch die wenigen Zentimeter Wärmedämmputz bereits eine erhebliche Reduzierung des tatsächlichen Endenergieverbrauchs bewirkt wurde.

Der Einfluss der Dämmputzdicke auf die ökologische Amortisationszeit nahm bei diesem Beispiel mit zunehmendem U-Wert des Bestandes deutlich ab und liegt für den Standort des Objektes bei üblichen Bestandskennwerten mit U-Werten größer 1,6 W/(m²K) nahezu unabhängig von der Dämmputzdicke in der Größenordnung von max. einem Jahr.

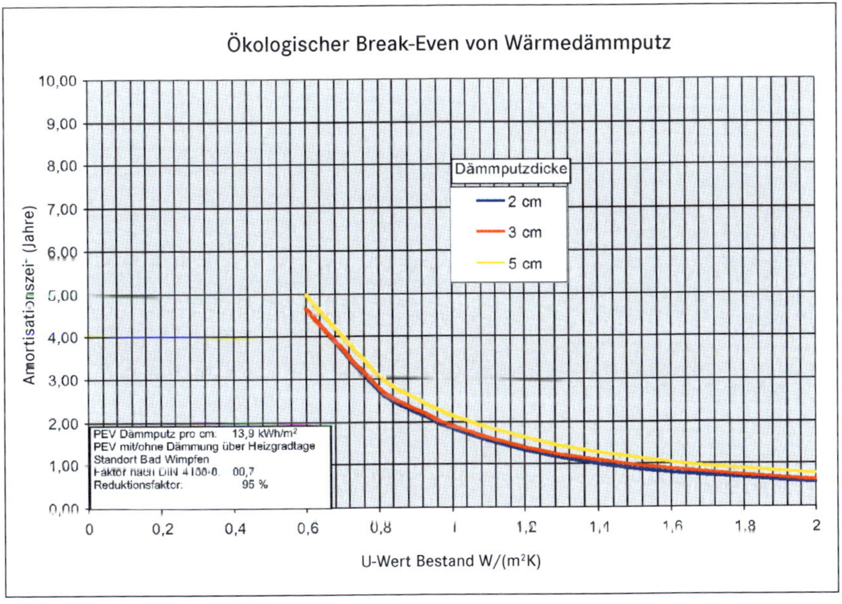

Bild 6-40
Ökologische Amortisationszeiträume von Wärmedämmputz am Praxisbeispiel Fachwerkhaus Bad Wimpfen

Ökonomischer Break-even

Auch eine Wirtschaftlichkeitsbetrachtung der Mehrkosten durch Wärmedämmputz im Vergleich zu konventionellem Kalk-Zement-Putz bei der Überarbeitung raumseitiger Putzflächen erscheint sinnvoll. Dabei muss man prinzipiell zwischen dynamischen und statischen Rechenverfahren unterscheiden. Bei statischen Verfahren werden zeitliche Unterschiede im Auftreten von Einnahmen und Ausgaben nicht berücksichtigt; sie eignen sich daher insbesondere zum Vergleich verschiedener Dämmmaßnahmen untereinander. Bei dynamischen Verfahren werden Zeitunterschiede im Auftreten von Einnahmen und Ausgaben durch Abzinsen auf einen einheitlichen Betrachtungszeitraum berücksichtigt. In der Praxis ist es üblich, die sogenannte Kapitalwertmethode für Investitionsentscheidungen heranzuziehen.

Die Mehrkosten bei der Anwendung von Wärmedämmputz entstehen bei größeren Dämmputzdicken im Wesentlichen nur durch höhere Materialkosten und größeren Zeitaufwand zum Auftrag des Zwischenputzes. Sie wurden auf der Basis aktueller Material- und Lohnkosten kalkuliert (Stand 2003) und lagen im Bereich von 6,20 - 9,10 €/m² pro cm Dämmputzdicke im Vergleich zu konventionellen Kalk-Zement-Putzen.

Mit diesen Mehrkosten konnte der ökonomische Break-even bei der Verwendung von Wärmedämmputz abgeschätzt werden. Die Berechnung nach Kapitalwertmethode erfolgt dabei praktischerweise über das Formblatt eines Tabellen-

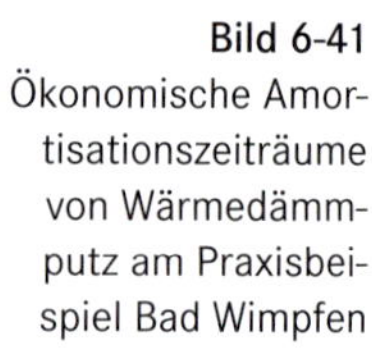

Bild 6-41
Ökonomische Amortisationszeiträume von Wärmedämmputz am Praxisbeispiel Bad Wimpfen

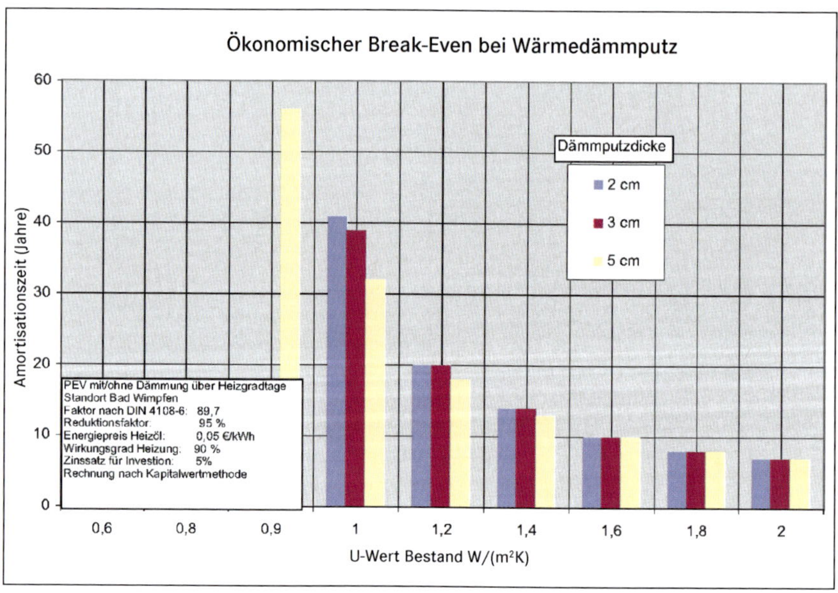

kalkulationsprogramms (z. B. Windows Excel). Das Ergebnis ist sehr stark vom U-Wert des Bestandes (ohne Zusatzdämmung) abhängig: je höher der U-Wert, umso mehr Dämmputz muss aufgebracht werden, um ein bestimmtes Ziel der energetischen Optimierung zu erreichen und umso höher sind dann die Investitionskosten.

Für das Praxisbeispiel des Fachwerkhauses in Bad Wimpfen konnte gezeigt werden, dass die Amortisationszeiten für den Standort des Praxisbeispiels bei üblichen Bestandskennwerten mit U-Werten größer 1,6 W/(m^2K) nahezu unabhängig von der Dämmputzdicke (bei derzeit 5 % Verzinsung der Investition und aktuellen Energiepreisen) in der Größenordnung von zehn Jahren und darunter lagen.

6.5.7 Ausblick

Die Bewertung der Nachhaltigkeit von Maßnahmen zur energetischen Sanierung von Gebäuden im Bestand steckt im Moment noch in den Kinderschuhen. Erste Schritte, wie die aufgezeigten Möglichkeiten, machen deutlich, wie wichtig die Auswahl und Beurteilung der verschiedenen Nachhaltigkeitskriterien ist. Es ist jedoch zu erwarten, dass der Nachweis der Nachhaltigkeit in naher Zukunft in Form eines Nachhaltigkeitszertifikats auch bei Bestandsgebäuden nachgefragt wird.

Nachhaltiges Bauen gewinnt in Deutschland zunehmend an Bedeutung - die gesellschaftliche Diskussion um Erderwärmung und Energieeinsparung spiegelt dies ebenso wider, wie die Neufassung von Gesetzen und internationalen Normen. Vor diesem Hintergrund gründeten Architekten, Ingenieure, Wissenschaftler, Bauindustrie und Investoren im Juni 2007 in Stuttgart die gemeinnützige DGNB - Deutsche Gesellschaft für nachhaltiges Bauen e. V. DGNB, englisch GeSBC German Sustainable Building Council [148].

Die Aufgabe der Gesellschaft ist es zum Beispiel, Wege und Lösungen aufzuzeigen und zu fördern, mit denen die Ziele des nachhaltigen Bauens verwirklicht werden können. Dies betrifft die Planung von Gebäuden sowie deren Ausführung und Nutzung. Als wichtiges Instrument zur Förderung des nachhaltigen Bauens vergibt die Gesellschaft seit 2009 ein Qualitätszeichen für besonders umweltfreundliche, gesunde, Ressourcen sparende und wirtschaftlich effiziente Gebäude. Dabei stützt sich die Gesellschaft auf die Vereinbarungen des Runden Tisches »Nachhaltiges Bauen« des Bundesministeriums für Verkehr, Bau und Stadtentwicklung und den dort veröffentlichten Leitfaden zum Thema.

Das Zertifikat weist die Einhaltung von Nachhaltigkeitskriterien sowohl gegenüber Eigentümern als auch gegenüber Nutzern von Gebäuden aus. Doch nicht nur sie können davon profitieren, sondern vor allem die deutsche bzw. europäische Bauwirtschaft, deren Umweltkompetenz im internationalen Vergleich sehr hoch ist. Diese Stärke soll mit dem neuen Gütesiegel gewürdigt und wirtschaftlich gefördert werden. Im Mittelpunkt des Zertifizierungssystems, das auf deutschen Umweltstandards und Umweltzielen basiert, stehen folgende übergeordnete Schutzziele:

- Ressourcenschutz
- Erhaltung der natürlichen Umwelt
- Sicherung und Erhalt von Werten
- Gesundheit und Behaglichkeit von Gebäudenutzern
- Verbesserung des Umfeldes und Schutz der öffentlichen Güter.

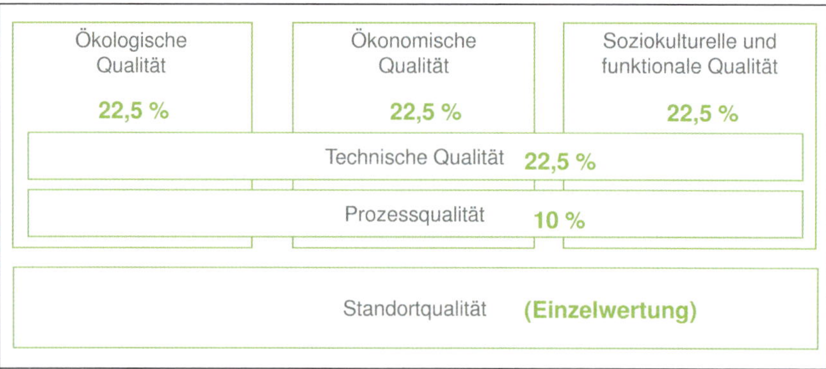

Bild 6-42 Insgesamt sechs Themenfelder werden für die Nachhaltigkeitszertifizierung nach DGNB betrachtet und bewertet. (Quelle: [148])

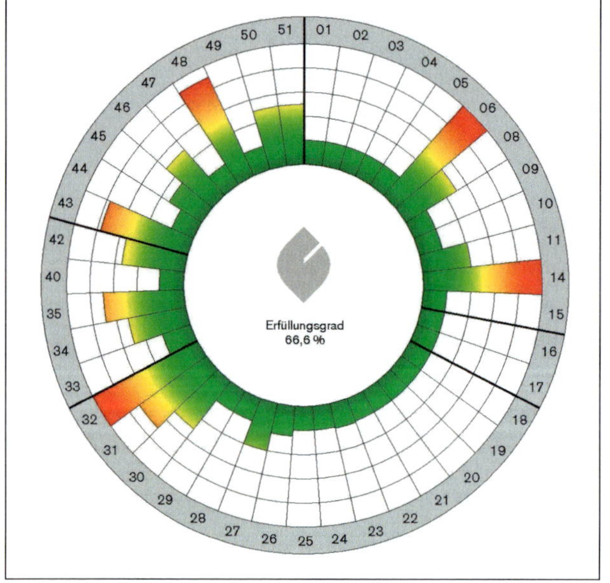

Bild 6-43 Die Auswertung der Bewertung ist Software unterstützt, was eine anschauliche Dokumentation ermöglicht. (Quelle: [148])

Bild 6-44 Das Deutsche Gütesiegel für Nachhaltiges Bauen – Stand 2010 (Quelle: [148])

Dabei werden die Themenfelder ökologische Qualität, ökonomische Qualität, soziokulturelle und funktionale Qualität, technische Qualität und Prozessqualität nach verschiedenen Kriterien betrachtet, gewichtet und bewertet. Auch die Standortqualität fließt in die Zertifizierung ein. Die Software gestützte Bewertung ermöglicht eine zielgerichtete Optimierung des Gebäudes in der Planungsphase; die Ergebnisse der Themenfelder und der Bewertungskriterien werden anschaulich zusammengefasst. Der Erreichungsgrad der Nachhaltigkeitskriterien kommt in unterschiedlichen Gütezeichen (Gold, Silber, Bronze) zum Ausdruck. Für Bestandsgebäude befindet sich ein Bewertungssystem im Aufbau.

6.6 Förderung von Energiesparmaßnahmen

Da es stets eine Vielzahl von Förderprogrammen unterschiedlicher Fördergeber gibt, kann eine umfängliche Auflistung kaum erstellt werden. Zudem ist zu berücksichtigen, dass die Programme, je nach den jeweils zur Verfügung stehenden Mitteln, auch nur zeitweise verfügbar sind oder kurzfristigen Änderungen unterliegen können.

Als wichtige Förderprogramme des Bundesamtes für Wirtschaft und Ausfuhrkontrolle (BAFA; www.bafa.de) können die Nutzung erneuerbarer Energiequellen (u. a. Solarthermische Anlagen sowie Biomasse und Biogasanlagen) sowie die »Vor-Ort-Energieberatung« für Wohngebäude genannt werden. Weiterhin ist das KfW Programm »Effizient Sanieren« im Rahmen des CO_2 Gebäudesanierungsprogramms als Kredit- und Zuschuss-Variante zu nennen. Dabei können auch Maßnahmen bei Baudenkmalen und besonders erhaltenswerter Bausubstanz gefördert werden, selbst wenn die Zielwerte nicht erreicht werden können. Eine Überprüfung der Maßnahmen durch spezielle Energieberater (siehe www.energieberater-denkmal.de) ist dabei gefordert.

Bei der Vermietung von Wohnraum besteht das Problem, dass Investitionen vom Vermieter zu tragen sind, die Energie- und damit Kosteneinsparung jedoch dem Mieter zugute kommt. Deshalb darf die Miete nach der Durchführung von energiesparenden Maßnahmen unter bestimmten Voraussetzungen angepasst werden, jedoch ist die Erhöhung durch gesetzliche Vorgaben sowie durch marktwirtschaftliche Aspekte begrenzt.

Vermieter im sozialen Wohnungsbau haben die Möglichkeiten, bei entsprechend energiesparender Bauweise eine erhöhte Kaltmiete anzusetzen. Mieterhöhungen für energiesparende Maßnahmen im Rahmen von Modernisierungen bedürfen unter Umständen eines Wirtschaftlichkeitsnachweises.

7 Praxisbeispiele

Die Analyse von durchgeführten energetischen Sanierungen, die jeweils als Ziel das Erreichen des sinnvollen Optimums hatten, steht im Vordergrund dieses Kapitels. Die beleuchteten Beispiele verknüpfen dabei zumeist die vorgenommene energetische Ertüchtigung mit ohnehin anstehenden Instandsetzungs- bzw. Umbaumaßnahmen. Ein derartiges Vorgehen ist besonders zu empfehlen, da die Sanierungsarbeiten im Regelfall eine gegenseitige Kompensation erfahren. Sonst entstehende Mehrkosten für die Durchsetzung der EnEV-Anforderungen können dadurch verhindert werden. Bei der Beschreibung der Fallbeispiele werden bewusst unterschiedliche Schwerpunkte gesetzt, um die Vielfältigkeit der möglichen Wege aufzuzeigen. Auf die Darstellung plattenartiger, eher kritischer Dämmsysteme wurde dabei an dieser Stelle bewusst verzichtet.

7.1 Sanierung eines Gerberhauses in Bad Wimpfen

7.1.1 Grundlagen

Historisches

Schon im Mittelalter schlossen sich die Gerber in Zünften zusammen und viele Stadtbilder wurden durch die sogenannten Gerberviertel geprägt.

So entstand auch im Jahre 1727 in Bad Wimpfen das Gerberhaus des heutigen Eigentümers; das Baujahr ist im ursprünglichen Türsturz datiert. Es wurde als lang gestrecktes Traufseithaus mit Aufzugshaube, massivem Erdgeschoss und verputztem Fachwerk-Obergeschoss errichtet und über Erbfolge an die heutigen Eigentümer weitervererbt. Bis 1940 wurde das Gebäude als Gerberei und Lederhandlung genutzt, danach bis 1995 als Schuhmacherei mit Ladengeschäft. 1960 wurde das straßenseitige Fachwerk freigelegt.

Das unter Denkmalschutz stehende Gebäude wurde im Zeitraum Herbst 2000 bis Sommer 2002 vom Eigentümer zur Eigennutzung mit zwei zusätzlichen Wohneinheiten umfangreich saniert.

Situation vor der Sanierung

Das ehemalige Gerberhaus mitten in der historischen Fachwerkstadt Bad Wimpfen ist in eine durchgehende Bebauung integriert. Die nach Norden orientierte Längsseite ist nur durch die Hauptstraße von einem befestigten Hang mit starkem Baum- und Buschbewuchs getrennt und wenig exponiert. Kellergeschoss (KG) und Erdgeschoss (EG) sind verputzt, das Obergeschoss (OG) weist Sichtfachwerk auf, das stets gepflegt wurde. Die nach Süden orientierte Längsseite ist frei zugänglich; das KG ist steinsichtig, die anderen Geschosse wurden als Sichtfachwerk ausgeführt. Im OG bildet ein durchgehender Balkon mit Vordach einen ausreichenden Schlagregenschutz; die anderen Fassadenabschnitte sind der Witterung ausgesetzt. Der westliche Dachgiebel ist wetterseitig und frei exponiert; die Nachbarbebauung grenzt nicht an die Fachwerkkonstruktion. Da das Nachbarhaus giebelständig steht, wird das Dach zum Gerberhaus hin mit einem Kupferblech entwässert, das nicht an die Giebelwand anstößt.

Die Neuplanung des ehemaligen Gerberhauses sieht zunächst drei Wohneinheiten vor. Die Nutzung des EG soll in Form zweier vermieteter Wohnungen erfolgen; das OG wird komplett von der Bauherrschaft bewohnt. Dachgeschoss (DG) und Dachboden bleiben vorerst ungenutzt. Im Verlaufe der Sanierungsarbeiten entscheiden sich die Eigentümer, die Wohneinheiten im EG zu einer Wohneinheit zusammenzulegen und an die Eltern zu vermieten. Somit soll das sanierte Fachwerkgebäude zukünftig komplett von den Eigentümern und deren Familie genutzt werden.

Bild 7-1 Historische Aufnahme des Gerberhauses – Straßenseite (Quelle: aus dem Privatarchiv der Bauherrschaft. M. Wach-Penke und M. Penke, zur Verfügung gestellt von der Architektengemeinschaft Dipl.-Ing. Uwe Frei und Dipl.-Ing. Ralf Hopp)

Bild 7-2
Historische Aufnahme des Gerberhauses – Gartenseite (Quelle: aus dem Privatarchiv der Bauherrschaft. M. Wach-Penke und M. Penke, zur Verfügung gestellt von der Architektengemeinschaft. Dipl.-Ing. Uwe Frei und Dipl.-Ing. Ralf Hopp)

Architektenauftrag

Da das ehemalige Gerberhaus einerseits ein wichtiges Glied im Fachwerkensemble der historischen unteren Hauptstraße Bad Wimpfens darstellt, andererseits aber auch die zeitgemäße Nutzung des gesamten Gebäudes zu Wohnzwecken beabsichtigt war, musste das Sanierungskonzept verschiedene, z. T. gegenläufig wirkende Aspekte berücksichtigen – keine leichte Aufgabe für das Architektenteam:

- Erhaltung des prägenden äußeren Erscheinungsbildes im Straßenraum
- Erhaltung der historischen Gebäudestruktur (Kleinteiligkeit, Maßstäblichkeit, Grundrissgliederung, Fachwerk)
- konstruktive Sicherung der Bausubstanz (Decken über KG, Laubengang)
- Entfernung störender Bauteile (Anbau im rückwärtigen Bereich)
- Erhaltung oder Überarbeitung der bauzeitlichen Bauteile wie Dachaufbauten, Fenster, Türen, Beschläge, Bodenbeläge (Dielen und Fliesen), Deckenverzierungen

Neben den o. g. architektonischen Grundaufgaben bestand eine weitere Herausforderung des Architektenauftrags darin, zum einen die Sanierungsarbeiten nach Kriterien der Nachhaltigkeit zu planen und ausführen zu lassen, zum anderen Kompromisse zu finden zwischen einer denkmalgerechten energetischen

Optimierung der Gebäudehülle und der Erfüllung der zum Zeitpunkt der Sanierungsarbeiten gültigen rechtlichen Anforderungen.

Gutachtenauftrag

Zur Bearbeitung dieser Aufgabenstellung mit baustofflichen und bauphysikalischen Schwierigkeiten entschied sich die Bauherrschaft für die Beauftragung eines Sonderfachmanns, um Sanierungsvorschläge für die Fachwerkaußenwände erarbeiten zu lassen, die als Grundlage für die Instandsetzungsplanung dienen sollten. Da es sich bei dem Gerberhaus um ein historisches Fachwerkhaus handelt, das unter Denkmalschutz steht, wurde von der Bauherrschaft der Gutachtenauftrag wie folgt festgelegt:

- Vorschläge zur Holzsanierung mit Grundlagenermittlung
- Vorschläge zur Innendämmung der Sichtfachwerkfassaden
- Vorschläge zur Dämmung von Kellergeschossdecke und Dach
- Vorschläge zum Außenanstrich der Fassade
- Vorschläge zur Ausfachung der Giebelwand im Dachgeschoss.

Die Ergebnisse sollten als Grundlage für die denkmalpflegerische Instandsetzungsplanung dienen. Die sachverständige Berücksichtigung und Beurteilung der Statik, des Tragverhaltens und möglicher Holzschädlinge der Fachwerkkonstruktion gehörten einvernehmlich nicht zum Umfang des Auftrags.

7.1.2 Bestandsaufnahme

7.1.2.1 Visuelle Feststellungen

Holzfachwerk

Das Holzfachwerk besaß im Allgemeinen eine Dicke von ca. 16 cm; der Zustand war abhängig von der bisherigen Nutzung bzw. Bewitterung. Auf der nördlichen Straßenseite war das mit einer Beschichtung versehene Holzfachwerk in einem technisch guten Zustand (wenige schmale Risse, kaum Verwitterungsspuren, keine Verwindungen usw.). Die Holzoberfläche war mit überwiegend diagonalen oder waagerechten Kerben gebeilt worden; diese waren verschmutzt und Feuchtigkeit sammelte sich dort kurzfristig an. Die Holzverbindungen waren kraftschlüssig.

Auf der südlichen Rückseite hingegen wies das Holzfachwerk (trotz Schlagregenschutz im OG) erhebliche Verwitterungsspuren auf. Breite Risse waren nicht ausgespänt, sondern mit einer unbekannten Rissfüllmasse verfüllt worden; die Holzverbindungen waren überwiegend nicht kraftschlüssig und der Altanstrich

Bild 7-3
Zustand des Holzfachwerks Wetterseite bei Bestandsaufnahme

Bild 7-4
Ist-Zustand Wetterseite mit stark beschädigten Schwellhölzern

teilweise abgeblättert. Die Fugenausbildung Gefach-Holz war unsachgemäß, z. B. Holzanstrich auf Putz, Rissfüllmasse als Fugenfüller usw.

Die auf dem massiven Kellergeschoss aufliegende Schwelle war stark angegriffen; im Bereich der EG-Tür war sie sogar fast völlig verfault. Im Bereich der westlichen Dachgiebelseite war das Holzfachwerk – hier nur ca. 14 cm dick – zwar optisch stark verwittert, aber durchaus noch tragfähig. Die Fensterriegel waren allerdings morsch, die Holzverbindungen in diesem Bereich nicht kraftschlüssig. Die im Gebäudeinnern im EG freigelegten Deckenbalken und -stützen – ca. 20 cm dick und mit einem genagelten Draht als Putzträger versehen – waren optisch in einem einwandfreien Zustand.

Keller

Die Holzkonstruktion der Kellerdecke war z. T. in einem technisch bedenklichen Zustand (Befall durch Holzschädlinge, hoher Feuchtigkeitsgehalt usw.). Die Zwischenräume zwischen den Deckenbalken waren mit den unterschiedlichsten Materialien ausgefüllt. Durch die Last einer in den oberen Geschossen aufsitzenden Zwischenwand waren nahezu sämtliche Deckenbalken gebrochen. Die Deckenschwelle im straßenseitigen Keller war – wahrscheinlich aufgrund von Kondensatproblemen – durchfeuchtet und morsch; auf der Oberfläche des unverputzten Mauerwerks wurden Schimmelpilze festgestellt.

Gefache

Die Gefache (Oberfläche in »Kissenstruktur«) saßen stabil in der Fachwerkkonstruktion. Die verputzten Gefache auf der Straßenseite wiesen im Fugenbereich Gefach-Holz nahezu keine Rissbildung auf; lediglich die kleinen Gefache zwischen den beiden Schwellen zeigten an der Oberseite Fugenrisse und waren überwiegend gefachemittig vertikal gerissen.

Die Gefache auf der Rückseite waren z. T. stark beschädigt. Die bauzeitlichen Ausfachungsmaterialien Strohlehm auf Stakung und kleinformatige Ziegel wurden durch den ca. 8 – 10 mm dicken Gefacheputz nicht mehr ausreichend geschützt, da er großflächig beschädigt war. Teilweise wurden die Ausfachungen mit vorhandenen Materialien (kleinformatige Ziegel, Beton- und Natursteine) notdürftig ohne Putz ausgebessert. Auch der Fugenbereich Gefach-Holz wies überwiegend breite Risse auf, durch die Schlagregen in die Fachwerkkonstruktion eindringen konnte, weil der Gefacheputz ohne Kellenschnitt o. Ä. auch auf das Holzfachwerk aufgebracht wurde.

Im Bereich des westlichen Dachgiebels hatte man den Eindruck, man sei Besucher einer Produktausstellung der Ziegelindustrie: es wurden als Ausfachung

Bild 7-5
Intakte Gefache in Kissenstruktur ohne Risse (Straßenseite)

Bild 7-6
Abgängige Austachungen mit Rissen (Gartenseite)

sämtliche Ziegelarten und -abmessungen vorgefunden; die Fugenbereiche zum Holz waren z. T. nicht oder nur schlecht mit Mörtel ausgefüllt und die Gefache schienen nicht oder nicht ausreichend mit dem Fachwerk verankert zu sein.

Bild 7-7
»Ziegelstein-Ausstellung«

Außenputz

Straßenseitig war die Fassade vollflächig mit einem Putz in einer Dicke von 3 - 4 cm beschichtet. Im KG war die Oberfläche in Spritzstruktur, im EG in geriebener Struktur hergestellt worden. Die Putzfassade wies großflächige Verfärbungen und Verschmutzungen sowie Putzhohlstellen vorwiegend oberhalb des Kellersockels und schichtenartige Putzabplatzungen auf, wodurch ein ca. 10 mm breiter Spalt zwischen den äußeren Putzlagen entstand. Außerdem wurde eine Vielzahl konstruktions- oder putzgrundbedingter, vertikal verlaufender Risse festgestellt.

Innenputz

Die Fachwerkaußen- und -innenwände waren überwiegend vollflächig verputzt; die maximale Putzdicke betrug ca. 7 cm. Die Innenputzflächen waren zu verschiedenen Zeitpunkten mit unterschiedlichen Materialien ausgebessert worden.

Die Innenputzdicke auf der Gebäuderückseite war unterschiedlich; in der Regel stand die Boden- und die Deckenschwelle bis auf die Fensterumrandung vor der ca. 1 - 2 cm dicken Innenputzfläche vor. In einigen Räumen war die Fachwerk-

Bild 7-8
Verfärbungen im straßenseitigen Putz

Bild 7-9
Schollenartige Putzablösungen

konstruktion sichtbar und der Innenputz nur auf den Gefachen oder dünn über der Konstruktion aufgebracht worden.

Der Innenputz auf der Straßenseite war überwiegend einlagig in einer Dicke von durchschnittlich 3 - 5 cm aufgebracht worden; dies wurde bei der Entnahme verschiedener Proben ermittelt. Dabei wurden auch unterschiedliche Putzaufbauten und Putzuntergründe festgestellt.

Auf der westlichen Giebelseite lösten sich im OG größere Putzflächen ab, die dünnschichtig aufgetragen worden waren; vermutlich war in diesem Bereich ein Gipsputz verwendet worden. Die darunter liegenden Ausfachungen waren teilweise sehr instabil. Die gesamten Putzflächen wiesen im Bereich der darunter liegenden Holzkonstruktion beim Abklopfen Hohlstellen auf. In Bereichen, in denen der Innenputz relativ weich war und/oder in denen sich Installationsleitungen zwischen Fachwerk und Putz befinden, wurden z. T. großflächige Putzablösungen festgestellt. Als Putzträger für den Innenputz waren meistens Nägel ins Holz geschlagen worden, die mit dünnem Draht verbunden wurden. Bei den Innenwänden wurden teilweise auch dünne Schilfrohrmatten verwendet.

Decken

Die Decken wiesen z. T. gut erhaltene Stuckornamente auf, die aus Gips auf der Deckenunterseite ausgeführt wurden. Die Putzschicht betrug im Deckenbereich EG/OG ca. 4 - 6 cm und war auf den ca. 14 - 16 cm dicken Deckenbalken befestigt. Die Decke OG/DG wies bis Unterkante Dielung eine Dicke von durchschnittlich 16 - 20 cm auf; der Bodenaufbau im DG besaß unterschiedliche Höhen.

7.1.2.2 Untersuchungen vor Ort

Holzfeuchte

Die Holzfeuchte wurde an verschiedenen Stellen mit einem Holzfeuchtemessgerät (Leitfähigkeitsverfahren) bestimmt. Mit Ausnahme der Deckenbalken im KG und der Fachwerkaußenseite im Bereich des westlichen Dachgiebels lagen die Holzfeuchten von Fachwerk innen wie außen und der Dielung im Bereich der zu erwartenden Ausgleichsfeuchte bei ca. 13 - 16 %. Auch das Holzfachwerk hinter Innenputzflächen der Straßenseite wies keine Auffeuchtung auf. Holzbauteile im Keller hatten den kritischen Feuchtegehalt von 18 % Holzfeuchte überschritten, lagen aber noch nicht oberhalb des Fasersättigungspunktes (> 30 %), was jedoch für die morschen Fachwerkriegel im Giebelbereich DG galt.

Wasseraufnahme von Holzfachwerk und Gefachen

Sowohl beim Holzfachwerk als auch bei den Gefachen konnte keine kapillare Wasseraufnahme gemessen werden. Beim Besprühen der Fassade zeigten sich deutlich zahlreiche Laufspuren des Wassers sowohl auf dem Holz als auch auf dem Putz. Daraus konnte geschlossen werden, dass die Oberflächen nur gering Wasser saugen, d. h. die Beschichtungen Wasser hemmend oder sogar Wasser abweisend eingestellt waren.

Tragfähigkeit des Innenputzes

Zum Auftrag einer Innenbeschichtung oder -dämmung auf den bestehenden Innenputz war dessen ausreichende Tragfähigkeit von Bedeutung. Daher wurden an insgesamt vier charakteristischen Stellen sogenannte Abreißversuche durchgeführt. Bei allen Abreißversuchen wurde ausreichende Tragfähigkeit festgestellt.

7.1.2.3 Laboruntersuchungen

Baustoffeigenschaften

Bei dem Innenputz handelte es sich mit großer Wahrscheinlichkeit um einen Kalkputz (Rohdichte ca. 1,6 - 1,7 kg/dm^3). Der Zuschlag aus gewaschenem Sand hatte eine maximale Korngröße von 16 mm. Der Außenputz war wahrscheinlich zementgebunden. Der Zuschlag aus gebrochenem splittigen Sand hatte eine maximale Korngröße von 6 - 7 mm; möglicherweise enthielt der Zuschlag Pyrit/ Schwefelkies.

Feuchteverhalten

Die Materialfeuchte des Innenputzes lag im Bereich praxisüblicher Feuchtegehalte, die Materialfeuchten der Mauersteinproben KG waren sehr hoch, was auf Kondensatbildung schließen ließ. Im Mauermörtel des KG, im Außenputz sowie bei verschiedenen Putzen und Putzuntergründen im Innenbereich wurden hohe hygroskopische Feuchtigkeiten festgestellt.

Werkstoffzerstörende Salze

Daher wurden bei den oben genannten Proben Art und Menge der werkstoffzerstörenden Salzen bestimmt. In den meisten Fällen zeigte sich eine starke Belastung durch Nitrat und eine schwache Belastung durch Chlorid, bei einer Probe eine hohe Sulfatbelastung. Nitrat ist z. B. in Fäkalien, Dünger usw. enthalten, Chlorid kommt u. a. in Streu- und Auftausalz vor. Durch den früheren Gerberbetrieb und die ehemaligen Pferdeställe im KG (Straßenseite) konnten diese Salze in Mauerwerk und Putz gelangt sein.

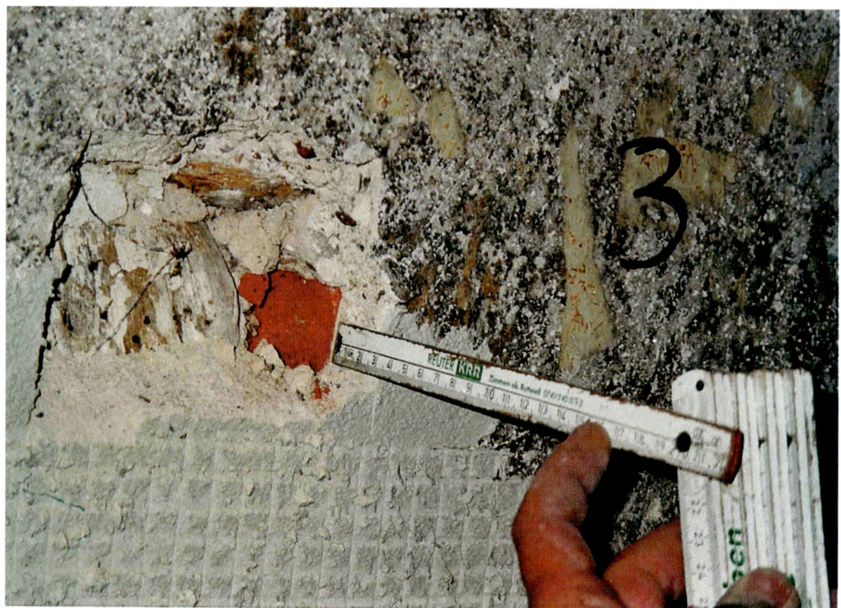

Bild 7-10
Innenputz auf Fachwerkaußenwand – oben: Holz trocken; unten: Putz tragfähig

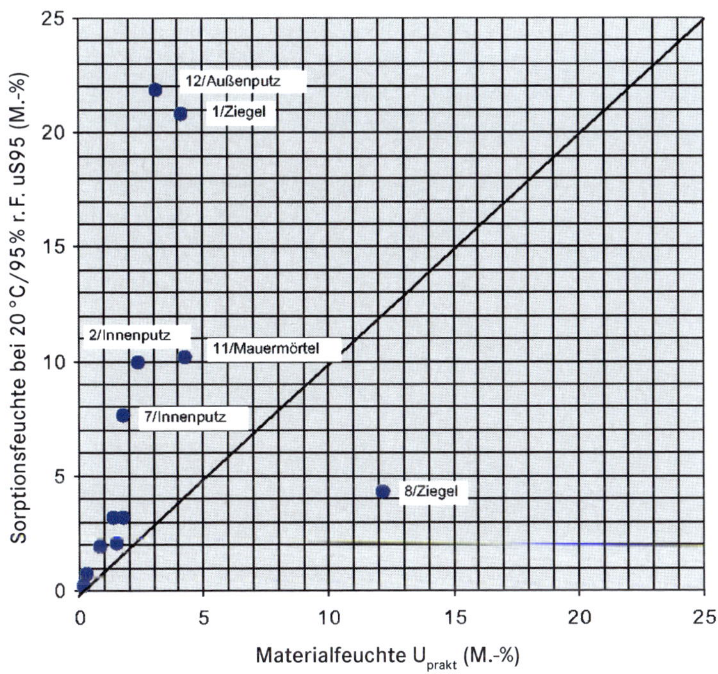

Bild 7-11
Ergebnis der Laboruntersuchungen »Feuchtigkeit«

7.1.3 Bewertung der Bestandsaufnahme

Holzkonstruktion

Bis auf die Fensterriegel im westlichen Dachgiebel und den morschen Schwellenbereich auf der Gebäuderückseite konnte das Holz belassen werden. Die Deckenbalken im Kellergeschoss mussten durch eine nachträglich eingebaute Stahlkonstruktion statisch entlastet werden, da das Tragverhalten infolge der Durchfeuchtung und der Beschädigungen nicht mehr gegeben war. Um ein langfristiges Austrocknen zu gewährleisten, wurde vorgeschlagen, die Deckenbalken möglichst nicht zu verkleiden. Außerdem wurde eine einfache Regulierung der Raumluftfeuchte, z. B. mittels Feuchtesensor und damit gekoppelten Fensterventilatoren, empfohlen, wodurch die Überschreitung einer Grenzfeuchte in der Praxis oft vermieden werden kann.

Gefache

In der straßenseitigen Fachwerkfassade mussten die Gefache nicht saniert werden. Auf der Rückseite des Gebäudes mussten nicht mehr tragfähige oder instabile Gefachbereiche ersetzt werden; dabei war auf eine ausreichende Verankerung mit der Holzkonstruktion zu achten. Im Dachgiebel mussten die vorhandenen Ausfachungen vollständig entfernt und im Zuge einer notwendigen vollflächigen Bekleidung des Fachwerkgiebels neu eingebaut werden.

Außenputz

Auf der Straßenseite musste der Außenputz im Bereich KG/EG aufgrund der konstruktionsbedingten Risse, der Hohlstellen und der werkstoffzerstörenden Salze vollständig abgenommen und durch einen geeigneten Neuputz ersetzt werden. Im Bereich OG (Sichtfachwerk) konnte der Gefacheputz verbleiben. Die offensichtlich konstruktionsbedingten Risse in den Gefachen zwischen den Schwellen konnten z. B. mit Hilfe füllender Beschichtungssysteme nachgebessert werden; weitere Rissbildungen waren jedoch aufgrund der Rissursache nicht ausgeschlossen.

Auf der Rückseite musste das sichtbare Mauerwerk infolge der Witterungsbeanspruchungen und der besonders im kapillar leitfähigen Mauermörtel vorhandenen Feuchtigkeit und Versalzung vollflächig mit einem geeigneten Putzsystem beschichtet werden. Der überwiegend am Gefacherand abgelöste Putz konnte bei Tragfähigkeit der Restputzflächen ergänzt werden.

Innenputz

Die straßenseitigen Putzflächen im EG mussten aufgrund der festgestellten Feuchteaufnahme und Versalzung an mehreren Stellen vor weiteren Maßnahmen entfernt werden. Andernfalls hätten sich bei neuer Nutzung weitere Ausblühungen auf der sanierten Innenputzoberfläche bilden können. Die rückseitigen Putzflächen im EG sowie die längsseitigen Innenputze im OG waren ausreichend tragfähig und konnten belassen werden.

Im Bereich der Giebelseite wurde im OG der Innenputz ebenfalls entfernt; aufgrund möglicher, über den Dachanschluss eingedrungener Feuchte konnten so auch Fehlstellen in den Ausfachungen ausgebessert werden. Putzflächen an den Innenwänden, die sich offensichtlich ablösten, wurden ebenso entfernt. Für Putzausbesserungen und Neuverputz mussten geeignete Putzträger verwendet bzw. Maßnahmen zur Verbesserung der Putzhaftung auf den Altputzflächen ergriffen werden.

7.1.4 Möglichkeiten der energetischen Optimierung

Für die Dimensionierung und Auswahl der Materialien für raumseitige Dämmung der Fachwerkaußenwände und Dämmung der Keller- und Dachgeschossdecke wurden bauphysikalische Berechnungen durchgeführt. Es wurde im

Wesentlichen das stationäre Glaser-Verfahren angewandt und auf instationäre Klimasimulationsrechnungen verzichtet, da die Planer eine behutsame energetische Optimierung anstrebten, d.h. bewusst auf maximale Dämmstoffdicken verzichten wollten.

Innendämmung der Sichtfachwerkfassade

Als Innendämmung wurde der zuständigen unteren Denkmalschutzbehörde ein Wärmedämmputz vorgeschlagen. Diese Werktrockenmörtel mit EPS (expandiertes Polystyrol) als Leichtzuschlag waren zum Ausführungszeitpunkt in der Norm DIN 18550 Teil 3 definiert. Den Berechnungen lag ein Dämmputz der Wärmeleitgruppe 070, d.h. eine Wärmeleitfähigkeit von max. 0,066 W/(mK) zugrunde; damit ergab sich eine maximal zulässige Dicke von ca. 5,0-5,5 cm (Anforderung: $\Delta R_i < 0{,}8\ m^2K/W$).

Durch den Einsatz eines mit Putzmaschine, entsprechend dem vorhandenen Untergrund, aufzutragenden Wärmedämmputzes war es gleichzeitig möglich, die vorhandenen bauzeitlichen Fenster zu belassen und energetisch durch den innenseitigen Einbau von Kastenfenstern auf Putzdicke zu optimieren.

Die Berechnungen erfolgten für den Ausfachungsbaustoff Ziegel, für den aufgrund seiner Rohdichte von ca. 1.600 kg/m^3 der (bauphysikalisch ungünstigere) Rechenwert der Wärmeleitfähigkeit nach DIN 4108-4 von $\lambda_R = 0{,}68$ W/(mK) angesetzt wurde. Dieser Wert konnte hinreichend genau auch für die vorhandenen Strohlehmausfachungen ($\lambda_R = 0{,}60$-$0{,}80$ W/(mK) nach WTA-Merkblatt 8-3) übernommen werden.

Der vorhandene U-Wert der Fachwerkaußenwand von ca. 2,38 W/(m^{2}K) verbesserte sich damit deutlich um ca. 2/3 auf 0,79 W/(m^{2}K). Die Mindestanforderungen nach DIN 4108-2 ($R > 1{,}2\ m^2K/W$) sowie die Anforderungen der damals noch geltenden WSchVO und der (zum Sanierungszeitpunkt noch nicht eingeführten) EnEV wurden damit zwar nicht erfüllt, aber höhere Dämmwerte wären aus Gründen des Tauwasserschutzes für dieses historische Fachwerkhaus nicht zulässig gewesen. Ebenso waren die Anforderungen des Denkmalschutzes über die Anforderungen des Wärmeschutzes zu stellen.

Die für stationaren Wärmetransport (Raumklima innen und außen konstant) berechnete Tauwassermenge war nicht unerheblich, aber unter den üblichen praktischen Nutzungsbedingungen unbedenklich, weil die derart gedämmte Fachwerkwand mit einem kapillar sehr gut leitfähigen Dämmstoff in dieser (reduzierten) Materialstärke erfahrungsgemäß wieder schnell austrocknen kann. Diese kapillaren Transportmechanismen sowie Sorptions- und Austrocknungs-

Bild 7-12.a und 7-12.b
Ergebnisse der stationären Berechnung

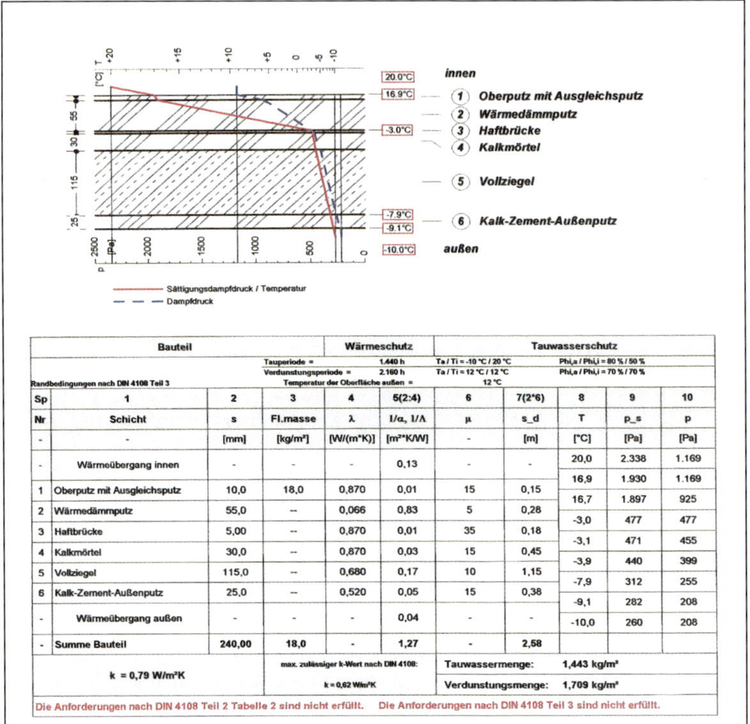

Bauteil					Wärmeschutz		Tauwasserschutz
Randbedingungen nach DIN 4108 Teil 3	Tauperiode = 1.440 h	Ta / Ti = -10 °C / 20 °C	Phi,a / Phi,i = 80 % / 50 %				
	Verdunstungsperiode = 2.160 h	Ta / Ti = 12 °C / 12 °C	Phi,a / Phi,i = 70 % / 70 %				
	Temperatur der Oberfläche außen = 12 °C						
Sp	**1**	**2**	**3**	**4**	**5(2:4)**	**6**	**7(2*6)**
Nr	**Schicht**	**s**	**Fl.masse**	**λ**	**1/α, 1/Λ**	**μ**	**s_d**
-	-	[mm]	[kg/m²]	[W/(m*K)]	[m²*K/W]	-	[m]
-	Wärmeübergang innen	-	-	-	0,13	-	-
1	Oberputz mit Ausgleichsputz	10,0	18,0	0,870	0,01	15	0,15
2	Wärmedämmputz	55,0	--	0,066	0,83	5	0,28
3	Haftbrücke	5,00	--	0,870	0,01	35	0,18
4	Kalkmörtel	30,0	--	0,870	0,03	15	0,45
5	Vollziegel	115,0	--	0,680	0,17	10	1,15
6	Kalk-Zement-Außenputz	25,0	--	0,520	0,05	15	0,38
-	Wärmeübergang außen	-	-	-	0,04	-	-
-	**Summe Bauteil**	**240,00**	**18,0**	-	**1,27**	-	**2,58**

8	**9**	**10**
T	**p_s**	**p**
[°C]	[Pa]	[Pa]
20,0	2.338	1.169
16,9	1.930	1.169
16,7	1.897	925
-3,0	477	477
-3,1	471	455
-3,9	440	399
-7,9	312	255
-9,1	282	208
-10,0	260	208

k = 0,79 W/m²K	max. zulässiger k-Wert nach DIN 4108: k = 0,62 W/m²K	Tauwassermenge: 1,443 kg/m²
		Verdunstungsmenge: 1,709 kg/m²

Die Anforderungen nach DIN 4108 Teil 2 Tabelle 2 sind nicht erfüllt. Die Anforderungen nach DIN 4108 Teil 3 sind nicht erfüllt.

a)

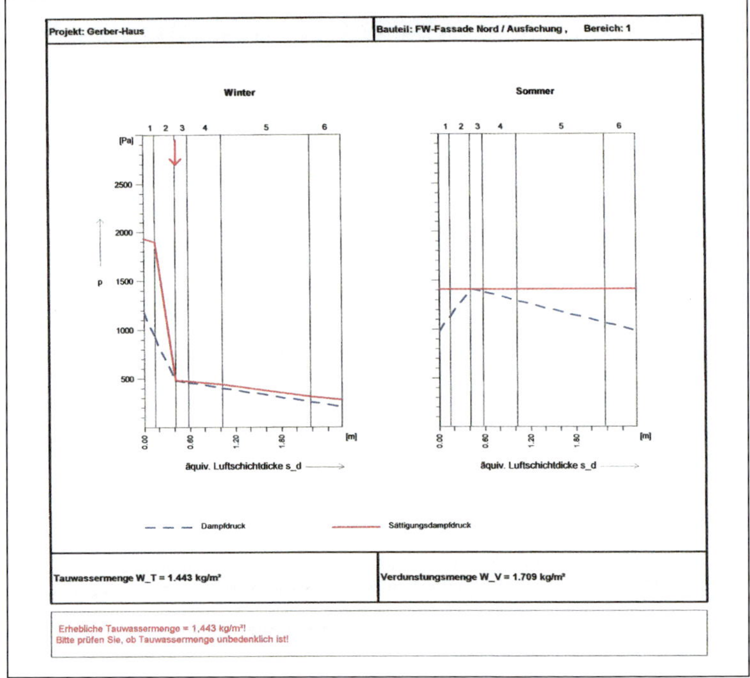

b)

vorgänge werden zudem bei dem nach dem Glaser-Verfahren arbeitenden Berechnungsprogramm nicht berücksichtigt!

Deckendämmung zum Kellergeschoss

Die Zwischenräume zwischen den Deckenbalken des KG waren mit den unterschiedlichsten Materialien gefüllt: Bauschutt, Strohlehmwickel, Holzwolle-Leichtbauplatten, Steine usw. waren dort eingebaut und mittels Querstreben aus Holz vor dem Herausfallen mehr oder weniger gut gesichert worden. Diese schweren Baustoffe nehmen zum einen Einfluss auf den Trittschallschutz bei Begehung der Dielung – fehlen diese schweren Einschübe, fehlen Gewicht und Schalldämpfung und das Gehen klingt »hohler« –, zum anderen beeinflusst die Baustoff-Rohdichte den Wärmeschutz erheblich.

Für eine angenommene Dicke der Kellerdecke von 20 cm betrug der U-Wert im Bestand ca. 1,3 W/(m^{2}K). Legte man z. B. WSchVO Anlage 3 Tab. 1 zugrunde, durfte der U-Wert einer Kellerdecke maximal 0,5 W/(m^{2}K) betragen. Dieser wurde durch Einlegen eines Faserdämmstoffs problemlos erreicht; der Einbau einer Dampfsperre war rechnerisch nicht notwendig.

Unter diesen Bedingungen wurde die Temperatur auf der Oberseite des Holzdielenbodens zu ca. 19,4 °C, die Oberflächentemperatur auf der Dielung des ungedämmten Bereichs zu ca. 15,5 °C ermittelt unter der Voraussetzung, dass die Raumtemperatur des Kellers im Winter nicht auf -10 °C absinken wird, sondern sich in alten massiven Kellern erfahrungsgemäß bei ca. 0 °C einpendelt. Diese Differenz von ca. 4 K wäre physiologisch wahrnehmbar, hätte man die alten Einschübe belassen und nur die freigelegten neu gedämmt. Neben unterschiedlicher Temperaturverteilung hätte man auch unterschiedliche Trittschalleigenschaften feststellen können.

Wollte man die tragfähigen vorhandenen Einschübe belassen, hätten die freigelegten Zwischenräume alternativ von unten massiv mit einem schnell abbindenden mineralischen Mörtel verfüllt werden können, wie er auch für die Neuausfachungen verwendet werden kann. Zur Verbesserung der Dämmeigenschaften hätte zusätzlich noch eine geeignete Dämmplatte, z. B. eine Holzwolle-Leichtbauplatte, in den Mörtel eingelegt werden können.

Die beiden Alternativen wurden den Planern zur Abstimmung mit der Bauherrschaft gegenüber gestellt. Eine geeignete Versiegelung der Dielenoberseite (z. B. mit einem 1-K-Wasser-basierenden Parkettsiegel) nach vorhergehender Grundierung war unbedingt zu empfehlen, da durch das sehr gute Füllvermögen Zugerscheinungen in der Dielenfläche reduziert und durch die Abriebfestigkeit einer schnellen Abnutzung vorgebeugt werden kann. Außerdem wirkt die Holzbodenversiegelung zusätzlich wie eine Dampfbremse.

Deckendämmung zum Dachgeschoss

Für die Deckendämmung zum DG war die weitere (bzw. zukünftige) Nutzung des Dachgeschosses von Bedeutung. Zum Zeitpunkt der Bestandsaufnahme waren im Dachboden die Dachziegel sichtbar, und es war keine Dämmung zwischen den Sparren eingebaut. Bei diesem »Kaltdach« ist ein ausreichender Luftaustausch möglich; bestehende Decken wirken als Dampfbremse.

Die Bauherrschaft hatte in den vorhandenen Einschüben Schüttungen aus Getreide o. Ä. festgestellt, die – sofern sie trocken waren – zwischen den Deckenbalken belassen werden konnten. Darauf sollte eine zusätzliche Dampfsperre vollflächig aufgebracht werden, auf der dann die anschließende Zusatzdämmung inkl. Ausgleich von Unebenheiten, z. B. durch Aufdopplung von Kanthölzern und Einbringen von Faserdämmstoffen, vorgenommen werden konnte.

Um die vorhandenen Unebenheiten auszugleichen und gleichzeitig einen ausreichenden sommerlichen Wärmeschutz zu gewährleisten, war auch der Einsatz einer Dämmschüttung, z. B. aus Blähton oder Blähglas, alternativ möglich. Blähglasgranulate haben bei grober Körnung bis zu 4 mm immerhin noch Schüttgewichte von ca. 190 kg/m^3, d. h. bei einer Schütthöhe von 0,2 m beträgt die Flächenlast der Deckeneinschübe ca. 40 kg/m^2. Daher wurde den Planern vorgeschlagen, vor dem Einsatz einer Dämmschüttung unbedingt das Tragverhalten der Decke und die Statik zu prüfen.

7.1.5 Details zur Planung der Instandsetzung

Die im Folgenden aufgeführten Sanierungsvorschläge wurden unter dem Gesichtspunkt der denkmalpflegerischen Anforderungen bei gleichzeitiger Kostenoptimierung erarbeitet. Da es sich bei Fachwerkkonstruktionen um »lebende« Bauteile handelt, die permanent in Bewegung sind (durch statische Beanspruchung, feuchte- oder temperaturbedingte Formänderungen des Holzes usw.), bedeutete dies, dass eine vollständige rissfreie Innenputzoberfläche auch nach Abschluss der Sanierungsarbeiten auf der Basis der folgenden Vorschläge praktisch nicht möglich war. Die Bauherrschaft hatte daher im Gespräch vereinzelt auftretende Risse akzeptiert.

Sanierung der Fachwerkkonstruktion

Die Fensterriegel im westlichen Dachgiebel, der morsche Schwellenbereich auf der Gebäuderückseite sowie andere, nicht in Augenschein genommene zerstörte Holzbauteile mussten ausgetauscht werden. Beim Einbau von Neuholz waren die Anforderungen nach WTA-Merkblatt 1-3 »Baulicher Holzschutz« zu beachten, insbesondere die maximale Holzfeuchte beim Einbau von 20 %. Die Holzverbindungen sollten dort, wo es erforderlich war, weitestgehend zimmermannsmäßig saniert werden, z. B. durch kraftübertragende Holznägel. Fugen in den Holzverbindungen sowie zwischen Holz und Gefach durften nicht dauerelastisch verfüllt werden. Risse im Holz > 8 mm wurden ausgefräst und mit artgleichem Holz ausgespänt.

Ausfachungen

Bei hoher Schlagregenbelastung sollte auf jeden Fall auf Sichtfachwerk verzichtet und eine Außenbekleidung (Verkleidung, Außenbekleidung mit kombinierter Wärmedämmung o. Ä.) verwendet werden. Dies traf für den westlichen Dachgiebel des Gebäudes zu. Da keine Anforderungen an die Dämmeigenschaften des

Bild 7-13
Instandsetzung der Ausfachungen

Giebels im (ungenutzten) Dachbereich gestellt wurden, verzichtete man auf eine außen liegende Wärmedämmung und brachte eine Boden-Deckel-Schalung an.

Die Ausmauerung mit kleinformatigen Ziegelsteinen erfüllte die Anforderungen an einen historischen Baustoff bei gleichzeitigem Wärme- und Feuchteschutz. Dabei war besonders darauf zu achten, dass vorhandene Hohlräume in den Gefachen und Fugen – insbesondere zum Fachwerk – mit Mörtel gut ausgefüllt wurden.

Wichtig bei jeder Art der Ausfachung ist eine ausreichende Verankerung des Gefaches mit dem Fachwerk. Daher wurden in den Gefachen trockene Trapez- bzw. Dreikantleisten (ca. 20 x 12 x 20 mm) mit nicht rostenden Schrauben etwa in mittlerer Gefachtiefe eingebaut. Durch Einlegen von dichtenden Naturfasern zwischen Leiste und Fachwerkholz konnte die Winddichtheit verbessert werden.

Gefacheputze

Die Anforderungen an Außenputze waren zum Ausführungszeitpunkt u. a. durch DIN 18550 definiert (ab 2005 in DIN EN 998-1 und DIN V 18550) sowie in WTA-Merkblatt 8-3 festgelegt. Auf den Ziegelausfachungen war keine Putzgrundvorbehandlung notwendig; bei Lehmausfachungen wurde ein geeigneter Putzträger erforderlich. Als Gefacheputze kam ein Leichtputz zur Anwendung. Nach Einhalten der praxisüblichen Standzeiten (pro mm Putzdicke ein Tag) wurde der Oberputz als Edelputz aufgetragen.

Feste Altputz-Ausfachungen, für die ein Anstrich vorgesehen war, wurden sauber gereinigt. Vorhandene Feinrisse wurden mit einem feinkörnigen mineralischen Mörtel geschlossen.

Außenputz im Sockelbereich Kellergeschoss bzw. Erdgeschoss

Hierfür wurde ein Sanierputzsystem nach dem zum Ausführungszeitpunkt gültigen WTA-Merkblatt 2-2 (ab 2006: 2-9) eingesetzt. Nach Entfernen des Altputzes auf der Straßenseite wurden Mörtelreste, Schlämmen und Anstriche auf dem Mauerwerk vollständig entfernt, Mauerwerksfugen ausgekratzt und anschließend das Mauerwerk mechanisch gereinigt. Nach Aufbringen eines netzförmigen Spritzbewurfs wurde zunächst Porengrundputz-WTA in einer Dicke von mindestens 10 mm aufgetragen und die Oberfläche gut mechanisch aufgeraut. Nach einer praxisüblichen Standzeit (ein Tag pro mm Putzdicke) wurde ein Sanierputz-WTA in einer Dicke von mindestens 15 mm mehrlagig aufgebracht; die letzte Lage wurde als Deckputz strukturiert und mit einem geeigneten Anstrich versehen.

Innendämmung der Fachwerk-Außenwände

Ausreichend wissenschaftliche Untersuchungen und praktische Langzeiterfahrung liegen bei der Verwendung von EPS-haltigem Wärmedämmputz auch an historischen und/oder denkmalgeschützten Fachwerkfassaden vor. Selbst bei einem schlechten Wärmedurchlasswiderstand der vorhandenen Ausfachung von ca. 0,25 m^2K/W werden höchstens 19 % maximale Holzfeuchte erreicht und die Konstruktion kann in der Verdunstungsperiode wieder austrocknen. Weitere Vorteile: keine Fugen, Ausgleich von Unebenheiten, keine Hohlräume.

Handelsübliche Fabrikate wurden in der Regel maschinell vom Handwerker verarbeitet. Folgende Arbeitsschritte waren dazu gemäß der folgenden Tabelle auszuführen:

Putzuntergrund Arbeitsschritt	massives Mauerwerk, versalzt	sichtbares Fachwerk	tragfähiger Innenputz
Vorbereitung	Innenputz entfernen, Mauerwerksfugen säubern		Tapete und sonstige Beschichtungen entfernen
Vorbehandlung	netzförmiger Spritzbewurf (0,5 cm WTA-Sanierputz zweilagig 1-2 cm mit Zwischenstandzeiten (pro mm ein Tag))	Putzträger (Drahtgewebe mit Pappeinlage), vollflächig an Ausfachung befestigen	vollflächiges Abspachteln mit Dünnschichtputz und aufrauen, alternativ Dämmputzträger befestigen
Dämmputz	Aufbringen des Wärmedämmputzes einlagig (bei 5,5 cm Dicke), Standzeit mindestens eine, am besten zwei Wochen oder länger		
Oberputz	vollflächige Gewebespachtelung mit Dünnschichtputz und Einbetten eines alkalibeständigen Armierungsgewebes, Standzeit drei bis fünf Tage, danach Oberputz, z. B. Edelputz aufbringen und strukturieren. Aufgrund der Gebäudeabmessungen ist in den Raumecken ein feiner Kellenschnitt einzufügen und dieser mit einer diffusionsoffenen elastischen Verfüllmasse auszufüllen.		

Tabelle 7-1 Materialübersicht zum Wärmedämmputzsystem als Innendämmung

Bild 7-14
Tragfähiger, nicht versalzter Innenputz mit vorgesetztem Kastenfenster

Bild 7-15
Raumseitige Fachwerkaußenwand nach Auftrag von 5,5 cm Wärmedämmputz

7.1.6 Nutzungshinweise

Da insbesondere auch die spätere Nutzung des sanierten Fachwerkhauses einen maßgeblichen Einfluss auf die Dauerhaftigkeit hat, wurde der Bauherrschaft eine »Gebrauchsanweisung« für ihr Fachwerkhaus nach WTA-Merkblatt 8-9 übergeben, aus der die notwendigen Inspektionen und Wartungen sowie Zeitintervalle und Instandhaltungsarbeiten abgelesen werden konnten.

7.1.7 Fazit

Nach Abschluss der umfangreichen Sanierungsarbeiten konnte im Winter 2001/ Frühjahr 2002 die geplante Nutzung begonnen werden. Viele bauzeitliche Baustoffe und Bauteile konnten erhalten werden – neben den Zimmertüren und Beschlägen auch die vorhandene Dielung und die Deckenverzierungen.

Die Zusatzinvestition in ein Gutachten zur Ermittlung der Schadensursachen und Erarbeitung von Vorschlägen zur differenzierten Renovierung und energetischen Optimierung unter denkmalschützerischen Kriterien hat sich für die Planer und die Bauherrschaft ausgezahlt – und für das historische Gebäude. Es wurde im Rahmen einer Aktion der Tageszeitung »Heilbronner Stimme« im November 2002 mit einer Anerkennung prämiert.

Bild 7-16
Innenraum nach Abschluss der Sanierungsarbeiten

Bild 7-17
Straßenseite nach der Sanierung

Bild 7-18
Hofseite nach der Sanierung

7.1.8 Ein Wiedersehen nach acht Jahren

Aus dem Bereich der Normenarbeit und aus der Merkblattarbeit innerhalb der WTA ist allgemein bekannt, dass es unverzichtbar ist, anerkannte Regeln der Technik in gewissen zeitlichen Abständen zu überprüfen, wobei Abstände von fünf bis sechs Jahren dann ausreichend sind, wenn sich zwischenzeitlich keine neuen Entwicklungen ergeben (haben). Daher erscheint es sehr sinnvoll, eine derartige »Qualitätsprüfung« unbedingt auch bei ausgeführten Sanierungsmaßnahmen durchzuführen.

So wurden die Eigentümer von dem Sachverständigen, der 2001 die ursprüngliche Sanierungsempfehlung erarbeitet hat, im Sommer 2009 besucht. Im Rahmen eines Interviews sollten die Eigentümer über ihre Alltagserfahrungen und Erlebnisse mit dem sanierten Denkmal berichten. Im Vordergrund standen konkrete Informationen zur tatsächlichen Ausführung der Sanierung, Aspekte der Behaglichkeit und vor allem der tatsächliche Energieverbrauch in diesem Zeitraum.

Anlagentechnisch wurde zusätzlich zu der geplanten und ausgeführten Heizungsanlage im EG ein Kachelofen installiert, im OG nicht. Der Ofen heizt zwei Räume; der Materialverbrauch wird nicht gesondert erfasst und wurde auf jährlich 2 Raummeter Holz geschätzt. Im Winter wird die Raumtemperatur auf ca. 21 - 22 °C eingeregelt; Wohnungsflur und Treppenhaus sind unbeheizt.

Manchmal beschlagen im Winter zum Teil die äußeren (erhaltenen, einfach verglasten) Fenster. Die innen gedämmten Außenwände bewirken keine unangenehme Raumatmosphäre - im Gegenteil: Es gibt weder kalte abstrahlende Oberflächen noch Zugerscheinungen. Lediglich in Wandbereichen mit Holzfachwerk, wo man im Wärmedämmputz auf das Einlegen eines Armierungsgewebes verzichtet hat, werden geringfügige Rissbildungen verzeichnet, die für die Eigentümer optisch nicht störend sind. Probleme mit Mikroorganismen wie zum Beispiel Schimmelpilz - besonders in den Anschlusspunkten der gedämmten Außenwände zu den Innenwänden oder Decken - sind noch nie aufgetreten.

Die Eigentümer freuen sich, dass sie die komplexe Sanierung gewagt haben und haben bisher noch keine bösen Überraschungen erlebt. Die zusätzlichen Kosten für den Gutachtenauftrag des Sachverständigen haben sich gelohnt, denn die Planungs- und Ausführungssicherheit wurde dadurch gewährleistet und die Eigentümer können in Ruhe das technisch und energetisch sanierte Denkmal genießen. Vor allem die Betriebskosten für die Endenergie sind deutlich reduziert.

Die Eigentümer führen gewissenhaft Buch über den Gasverbrauch zum Betreiben der Heizungsanlage und der Warmwasserbereitung. Die Heizung wird für EG und OG benötigt.

Tabelle 7-2
Dokumentation des tatsächlichen Endenergieverbrauchs im Zeitraum 11-2001 bis 05-2009

Erdgas

	Warmwasser & Heizung	
	Zeitraum	Verbrauch in m^3
	29.11.2001 - 31.12.2001	514,000
	01.01.2002 - 31.03.2002	1362,000
	01.04.2002 - 15.09.2002	565,000
	16.09.2002 - 31.12.2002	1139,481
	01.01.2003 - 30.06.2003	1765,407
	01.07.2003 - 01.10.2003	161,112
	02.10.2003 - 01.09.2004	2907,000
	02.09.2004 - 31.12.2004	1149,138
	01.01.2005 - 23.05.2005	1628,162
	24.05.2005 - 31.07.2005	111,395
	01.08.2005 - 31.12.2005	1243,321
	01.01.2006 - 30.04.2006	1603,464
	01.05.2006 - 02.05.2006	9,520
	03.05.2006 - 31.07.2006	160,061
	01.08.2006 - 30.09.2006	102,200
	01.10.2006 - 31.12.2006	861,091
	01.01.2007 - 31.03.2007	910,225
	01.04.2007 - 09.05.2007	154,423
	10.05.2007 - 30.09.2007	287,206
	01.10.2007 - 31.12.2007	1130,852
	01.01.2008 - 06.05.2008	1407,942
	07.05.2008 - 30.06.2008	73,501
	01.07.2008 - 31.08.2008	23,109
	01.09.2008 - 31.12.2008	1235,558
	01.01.2009 - 31.01.2009	556,555
	01.02.2009 - 30.04.2009	988,094
	01.05.2009 - 05.05.2009	34,183
	Gesamt:	**22084,000**

Die beheizte Gebäudehülle wurde im Vergleich zur Ausführungsplanung nicht geändert, d.h. das DG und das KG sind unbeheizt. Die (beheizte) Wohn- und Nutzfläche im EG und OG beträgt ca. 324 m^2. Insgesamt wurde im Zeitraum Dezember 2001 bis Anfang Mai 2009 ein Gasverbrauch von 22.084 m^3 dokumentiert.

Im (nicht witterungsbereinigten) Durchschnitt wurden jährlich somit ca. 2.945 m^3 Gas für Heizung und Warmwasser verbraucht. Legt man einen Energiekennwert

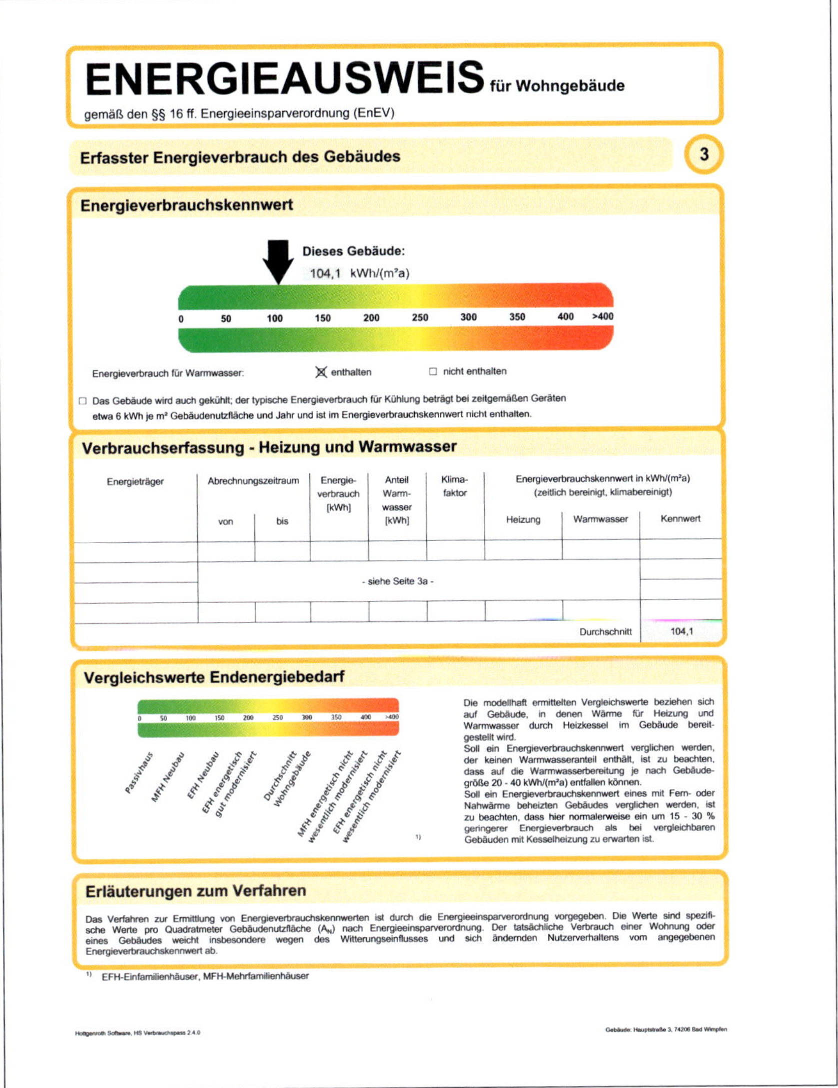

ENERGIEAUSWEIS für Wohngebäude

gemäß den §§ 16 ff. Energieeinsparverordnung (EnEV)

Erfasster Energieverbrauch des Gebäudes (3)

Energieverbrauchskennwert

Dieses Gebäude: 104,1 kWh/(m²a)

Energieverbrauch für Warmwasser: ☒ enthalten ☐ nicht enthalten

☐ Das Gebäude wird auch gekühlt; der typische Energieverbrauch für Kühlung beträgt bei zeitgemäßen Geräten etwa 6 kWh je m² Gebäudenutzfläche und Jahr und ist im Energieverbrauchskennwert nicht enthalten.

Verbrauchserfassung - Heizung und Warmwasser

Energieträger	Abrechnungszeitraum von	Abrechnungszeitraum bis	Energieverbrauch [kWh]	Anteil Warmwasser [kWh]	Klimafaktor	Energieverbrauchskennwert in kWh/(m²a) (zeitlich bereinigt, klimabereinigt) Heizung	Warmwasser	Kennwert
	- siehe Seite 3a -							
							Durchschnitt	104,1

Vergleichswerte Endenergiebedarf

Die modellhaft ermittelten Vergleichswerte beziehen sich auf Gebäude, in denen Wärme für Heizung und Warmwasser durch Heizkessel im Gebäude bereitgestellt wird.
Soll ein Energieverbrauchskennwert verglichen werden, der keinen Warmwasseranteil enthält, ist zu beachten, dass auf die Warmwasserbereitung je nach Gebäudegröße 20 - 40 kWh/(m²a) entfallen können.
Soll ein Energieverbrauchskennwert eines mit Fern- oder Nahwärme beheizten Gebäudes verglichen werden, ist zu beachten, dass hier normalerweise ein um 15 - 30 % geringerer Energieverbrauch als bei vergleichbaren Gebäuden mit Kesselheizung zu erwarten ist.

Erläuterungen zum Verfahren

Das Verfahren zur Ermittlung von Energieverbrauchskennwerten ist durch die Energieeinsparverordnung vorgegeben. Die Werte sind spezifische Werte pro Quadratmeter Gebäudenutzfläche (A_N) nach Energieeinsparverordnung. Der tatsächliche Verbrauch einer Wohnung oder eines Gebäudes weicht insbesondere wegen des Witterungseinflusses und sich ändernden Nutzerverhaltens vom angegebenen Energieverbrauchskennwert ab.

1) EFH-Einfamilienhäuser, MFH-Mehrfamilienhäuser

Hottgenroth Software, HS Verbrauchspass 2.4.0 — Gebäude: Hauptstraße 3, 74206 Bad Wimpfen

Bild 7-19
Auszug aus dem verbrauchsorientierten Energieausweis nach EnEV für das Fachwerk-Gerberhaus in Bad Wimpfen: Bandtacho zur Ergebnisdarstellung

von 10,4 kWh/m³ zugrunde und berücksichtigt die o.g. Wohn- und Nutzfläche, so kann als Energiekennzahl für das sanierte Fachwerkhaus in Bad Wimpfen ein Wert von 104 kWh/(m²a) inkl. Stückholzverbrauch ermittelt werden.

Als kleines Dankeschön für das Interview wurde für das Gerberhaus in Bad Wimpfen ein verbrauchsorientierter Energieausweis nach EnEV (2007) ausgestellt und den Eigentümern übergeben. Er dokumentiert die praktischen Möglichkeiten einer mäßigen, objektorientierten, auf den Einzelfall bezogenen Verbesserung der Energieeffizienz von Fachwerkgebäuden im Denkmalschutz und

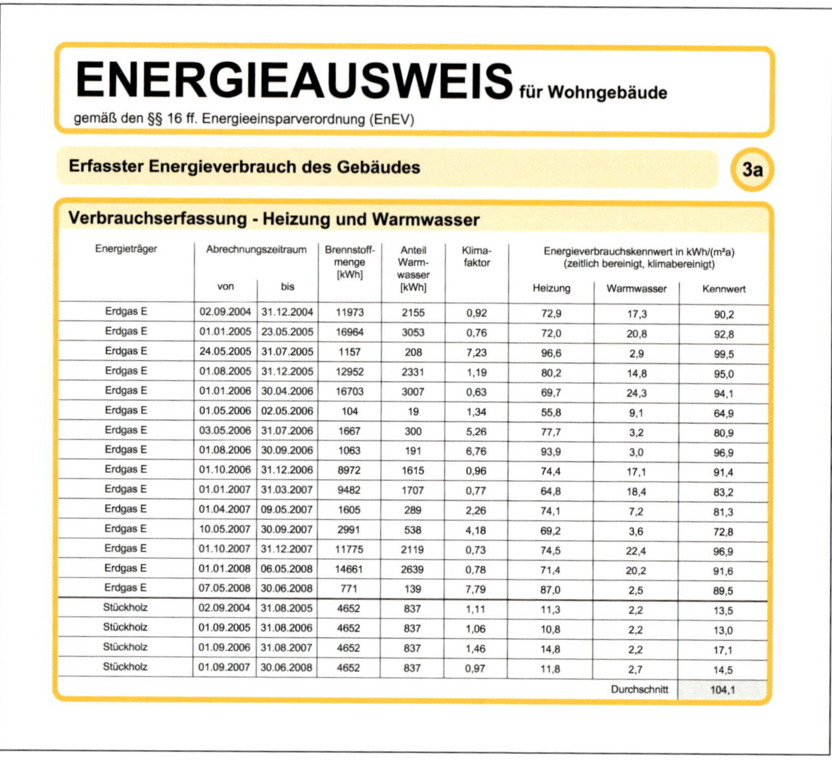

ENERGIEAUSWEIS für Wohngebäude

gemäß den §§ 16 ff. Energieeinsparverordnung (EnEV)

Erfasster Energieverbrauch des Gebäudes **3a**

Verbrauchserfassung - Heizung und Warmwasser

Energieträger	Abrechnungszeitraum		Brennstoff-menge [kWh]	Anteil Warm-wasser [kWh]	Klima-faktor	Energieverbrauchskennwert in kWh/(m²a) (zeitlich bereinigt, klimabereinigt)		
	von	bis				Heizung	Warmwasser	Kennwert
Erdgas E	02.09.2004	31.12.2004	11973	2155	0,92	72,9	17,3	90,2
Erdgas E	01.01.2005	23.05.2005	16964	3053	0,76	72,0	20,8	92,8
Erdgas E	24.05.2005	31.07.2005	1157	208	7,23	96,6	2,9	99,5
Erdgas E	01.08.2005	31.12.2005	12952	2331	1,19	80,2	14,8	95,0
Erdgas E	01.01.2006	30.04.2006	16703	3007	0,63	69,7	24,3	94,1
Erdgas E	01.05.2006	02.05.2006	104	19	1,34	55,8	9,1	64,9
Erdgas E	03.05.2006	31.07.2006	1667	300	5,26	77,7	3,2	80,9
Erdgas E	01.08.2006	30.09.2006	1063	191	6,76	93,9	3,0	96,9
Erdgas E	01.10.2006	31.12.2006	8972	1615	0,96	74,4	17,1	91,4
Erdgas E	01.01.2007	31.03.2007	9482	1707	0,77	64,8	18,4	83,2
Erdgas E	01.04.2007	09.05.2007	1605	289	2,26	74,1	7,2	81,3
Erdgas E	10.05.2007	30.09.2007	2991	538	4,18	69,2	3,6	72,8
Erdgas E	01.10.2007	31.12.2007	11775	2119	0,73	74,5	22,4	96,9
Erdgas E	01.01.2008	06.05.2008	14661	2639	0,78	71,4	20,2	91,6
Erdgas E	07.05.2008	30.06.2008	771	139	7,79	87,0	2,5	89,5
Stückholz	02.09.2004	31.08.2005	4652	837	1,11	11,3	2,2	13,5
Stückholz	01.09.2005	31.08.2006	4652	837	1,06	10,8	2,2	13,0
Stückholz	01.09.2006	31.08.2007	4652	837	1,46	14,8	2,2	17,1
Stückholz	01.09.2007	30.06.2008	4652	837	0,97	11,8	2,7	14,5
							Durchschnitt	104,1

Bild 7-20 Auszug aus dem verbrauchsorientierten Energieausweis nach EnEV für das Fachwerk-Gerberhaus in Bad Wimpfen: Erfassung des Endenergieverbrauchs

zeigt, dass es durchaus möglich ist, Fachwerk und EnEV zu verbinden – und das noch vor der offiziellen Einführung der Verordnung.

7.2 Barockes Fachwerkgebäude

7.2.1 Bestandsaufnahme

Zur Baugeschichte und zum Bestand

Das unter Denkmalschutz stehende Fachwerkgebäude befindet sich in südlicher Anbindung an den Marktplatz im Sanierungsgebiet der mecklenburgischen Stadt Gnoien. Die Entstehungszeit des Hauses ist in die Barockzeit, vermutlich nach dem Stadtbrand von 1710, einzuordnen. Es handelt sich um einen zweigeschossigen, fünfachsigen Fachwerkbau, der für eine Wohnnutzung mit Nebengebäude errichtet wurde. Mit seiner Traufstellung und Bauausführung kann er als typische Bebauung der Barockzeit in Gnoien angesehen werden. Das Gebäude ist teilweise unterkellert. Die Gliederung des fünfachsigen Hauses blieb bis heute erhalten, wobei die Fenstergröße im Erdgeschoss in der lichten Höhe verkleinert wurde. In seinem hohen Grad der Überlieferung bauzeitlicher Substanz trägt das Gebäude zum historischen Ortsbild Gnoiens mit seiner noch weitgehend intakten Stadtstruktur bei.

Bestandsaufnahme

Im Rahmen einer Modernisierungs- und Instandsetzungsbegutachtung erfolgte eine umfassende graphische Bestandsaufnahme und Dokumentation, die, einhergehend mit einer detaillierten Beschreibung aller wesentlichen Bauteile, die Grundlage für eine Mängelerfassung bildete. Anhand dieser Dokumentation wurde im Dialog mit dem Rahmenplaner des Sanierungsgebiets und den zuständigen Denkmalschutzbehörden die Erarbeitung eines Maßnahmenkatalogs, der den Umfang der denkmalpflegerischen Behandlung und der Instandsetzung des Gebäudes beschreibt, in Angriff genommen. Neben der umfangreichen Bestandsdokumentation wurde ergänzend eine restauratorische Fassungsuntersuchung zur Erstfassung der Fassade beauftragt, die den hohen Grad der Überlieferung bauzeitlicher Substanz bestätigte und sichere Ergebnisse zur barocken Farbgestaltung des historischen Fachwerkgebäudes brachte.

Die Fassaden

Das Gebäude ist mit Ausnahme eines Wandbereichs auf der Südseite, dessen Fachwerkkonstruktion vermutlich im 19. Jh. durch massives Ziegelwerk ausgetauscht wurde, fachwerksichtig. Die Fachwerkkonstruktion besteht aus Eichenholz.

Die Gefache der zur Straße zeigenden Nordfassade sind mit gebrannten Ziegeln, die mit Lehmmörtel vermauert wurden, ausgefacht. Als bauzeitlicher Fugenvollstrich wurde eine Kalkfuge erkannt. Die Fassadengefache sind bauzeitlich mit einer dünnen Kalkschlämme versehen. Das Haus besaß aber zu keiner Zeit einen geschlossenen Putz über die gesamten Fassadenbereiche – also über Gefache und Fachwerk –, sodass die Fachwerksichtigkeit prägend war. Ein gesicherter bauzeitlicher Befund zur Farbgebung des Fachwerkes konnte trotz stark reduzierter Befundsituation erhoben werden. Auf dem Fachwerk und auf den Gefachen der Nordseite wurde als erste Farbgebung ein kräftiger roter Anstrich ohne Fugenstrich im Sinne einer Ziegelimitation nachgewiesen, sodass von einer monochromen, ziegelroten Fassadengestaltung auszugehen war [58]. Während barocke Fenster und Türen nicht mehr belegt werden konnten, dokumentierten die Fensteröffnungen im Obergeschoss die bauzeitlichen barocken Fensteröffnungen. Die Fenster im Erdgeschoss stellten jüngeren Baubestand dar, die Öffnungen selber fanden jedoch bauzeitliche Einordnung.

Bild 7-21
Westgiebel vor der Sanierung

Die Gefache des westlichen Giebels, bestehend aus Lehmstaken, waren mit einem Lehmputz in barocker Werktechnik versehen. Ein stark verwitterter Erhaltungszustand kennzeichnete den Giebelbereich. In den oberen Bereichen waren neben Putzreparaturen im Erdgeschoss Lehmputzergänzungen zu dokumentieren. Dabei ist zu bemerken, dass diese Giebelseite - obwohl in ihrer Ausrichtung der Wetterseite zugewandt - durch die geschützte Einbausituation im Stadtgefüge in noch weitgehend bauzeitlicher Substanz ausgebildet angetroffen wurde. Als erste Farbfassung für den Giebel war ein grauer Anstrich an den Gefachen nachweisbar, der jedoch nicht eindeutig der barocken Farbgebung zugeordnet werden konnte. Eine Fachwerksichtigkeit mit gekalkten Gefachen erschien dagegen denkbar [58].

Auf der Südseite wurden die Gefache ebenfalls mit Lehmstaken ausgefacht. Das Obergeschoss dokumentiert die bauzeitliche Fachwerkgliederung. Als Farbfas-

Bild 7-22
Restauratorische Untersuchung an einem Balkenkopf der Nordfassade [58]

sung zeigte der Sichtbestand mehrere weiß-graue und grau-blaue Kalkungen, sodass auch hier davon ausgegangen werden konnte, dass zunächst eine Fachwerksichtigkeit mit gekalkten Gefachen vorlag.

Bestandsanalyse

Gegliedert nach Bauteilen erfolgte eine Beschreibung des jeweils vorgefundenen konstruktiven Aufbaus einschließlich der Materialhaftigkeit, eine Mängelerfassung und eine Zusammenstellung der notwendigen Maßnahmen zur denkmalpflegerischen Behandlung, zur Instandsetzung und zu den geplanten Maßnahmen zum Umbau des Gebäudes in tabellarischer Form. Diese Betrachtung wurde Bestandteil der Modernisierungs- und Instandsetzungsbegutachtung für das Gebäude. Trotz der aufgeführten Mängel war die Bausubstanz, bedingt durch ihren hohen denkmalpflegerischen und städtebaulichen Wert, überwiegend zu erhalten. Das Gebäude befand sich zwar in einem stark geschädigten, jedoch nicht sanierungsunfähigen Gesamtzustand. Gerade innerhalb eines Sanierungsgebietes auf Grundlage der §§ 136 164 BauGB war eine Modernisierungswürdigkeit gegeben. Das Gebäude konnte in seinem vorhandenen Zustand zwar nicht mehr genutzt werden und stand leer, die Erhaltung des Gebäudes war jedoch ergänzend zur denkmalpflegerischen Bedeutung als städtebaulich besonders wichtig einzustufen [149]. Diese Einschätzung ließ eine Unterstützung mit Städtebaufördermitteln der Stadt Gnoien zu.

7.2.2 Das Sanierungskonzept

Das Gebäude wurde ursprünglich als Wohnhaus für einen Haushalt errichtet. Im Rahmen der Untersuchungen für eine bestimmte Nutzung stellte sich heraus, dass ein Entwurfskonzept für die Schaffung von zwei Wohnungen in dem historischen Gebäude die Zustimmung der Rahmenplanung und der Denkmalschutzbehörde erzielen konnte. Beim Gestaltungskonzept für die Fassaden wurde im Wesentlichen auf die Ergebnisse der restauratorischen Untersuchungen zurückgegriffen; soweit möglich, wurde die Fenster- und Türengliederung auf die bauzeitliche Struktur zurückgeführt.

Für das Erdgeschoss wurde eine Drei-Zimmer- und für das Ober- und Dachgeschoss eine Maisonettewohnung konzipiert. Die Fachwerksichtigkeit erfuhr dabei, soweit genehmigungstechnisch vertretbar, auch im Inneren des Gebäudes Berücksichtigung. Das betrifft insbesondere die Querwände des Obergeschosses sowie eine freigelegte Trennwand zwischen dem Wohn- und Kochbereich. Um die Dachstruktur nicht zu stören, wurde zwischen allen Beteiligten einvernehmlich abgestimmt, für den Dachgeschossausbau liegende Dachfenster lediglich zur Südseite, ohne Beeinträchtigung des historischen Straßenbildes zur Nord-

Bild 7-23
Ansicht von Norden (Entwurfsplanung)

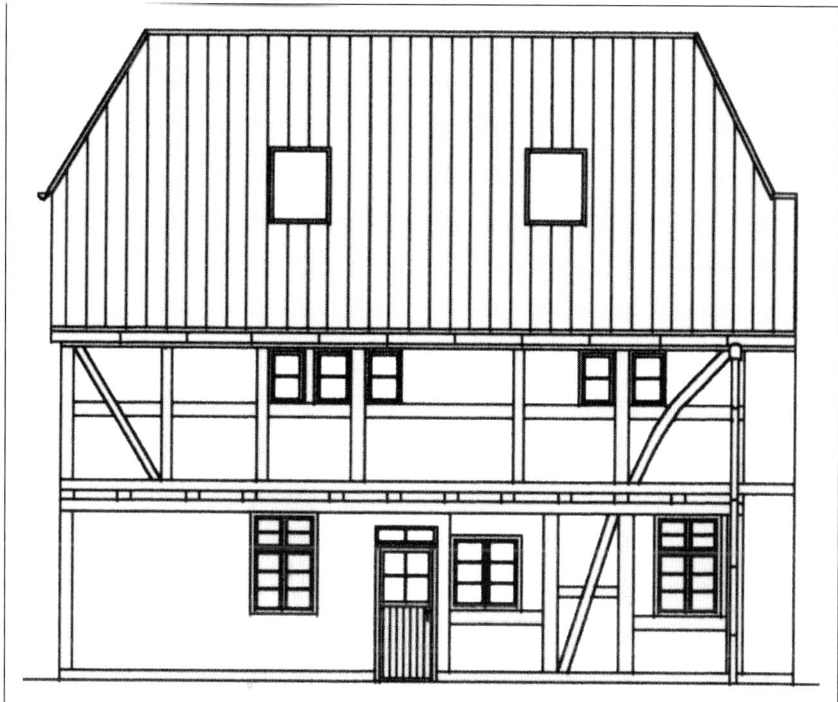

Bild 7-24
Ansicht von Süden
(Entwurfsplanung)

seite, einzubauen. Dadurch konnte für das Dachgeschoss eine ausreichende Belichtung und Belüftung geschaffen werden.

7.2.3 Instandsetzung des Fachwerkgefüges

Nach erfolgter Abstimmung mit den zuständigen Behörden begannen die Arbeiten für die denkmalpflegerische Behandlung, einhergehend mit den notwendigen Schritten zur Modernisierung und Instandsetzung des Gebäudes. Eine gründliche Untersuchung der Fachwerkhölzer begleitend zu den Instandsetzungsmaßnahmen führte zu der Einschätzung, dass ca. 85 % des äußeren Fachwerkgefüges wieder zu verwenden waren. Somit handelte es sich bei den Zimmererarbeiten an den Fassaden weitgehend um Reparaturen oder um Auswechslungen in den Schwellenbereichen, die Schädigungen durch Spritzwasser aufwiesen. Das Feldsteinfundament wurde gleichzeitig unterfangen und eine Rollschicht im Sockelbereich neu aufgemauert. Besonderer Wert wurde bei den Zimmererarbeiten darauf gelegt, keine beeinträchtigenden Verbindungs- oder Hilfsmittel einzubauen, sondern ausschließlich zimmermannsmäßige Holzverbindungen auszuführen.

Das gesamte Gebäude erhielt im Erdgeschoss einen neuen, konstruktiv bewehrten Unterbeton, der, fingerartig mit der Feldsteinfundamentunterfangung verbunden, die Gründungssicherheit für das Gebäude wiederherstellte.

Während die Fachwerkausfachungen auf der Nordseite vollständig erhalten werden konnten, waren auf der West- und Südseite Reparaturen im Bereich der Lehmausstakungen vorzunehmen. Die in späterer Zeit ausgeführten Ziegelausfachungen im Giebelbereich wurden durch beim Abbruch gewonnene Lehmzie-

Bild 7-25 Sockel- und Schwellenbereich bei der Reparatur, defekte bauzeitliche Lehmausfachungen auf der Westseite

Bild 7-26 Lehmausfachung vor der Reparatur

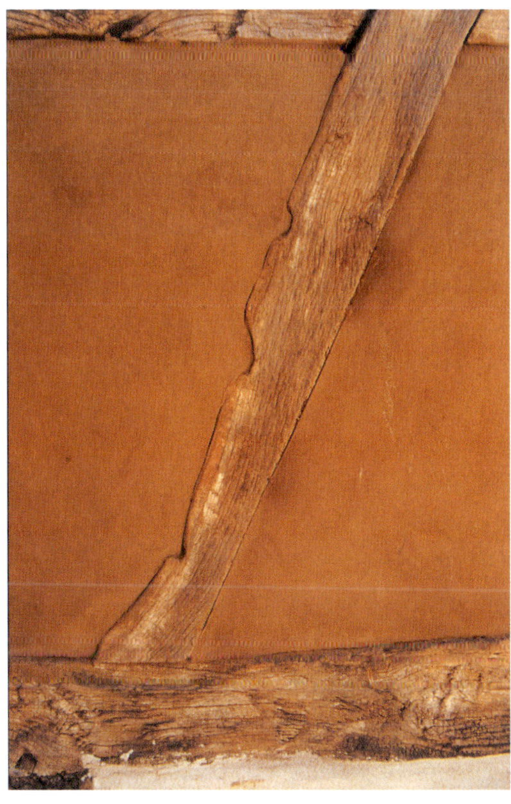

Bild 7-27
Lehmausfachung nach der Reparatur

gel auf einer anderen Baustelle ersetzt. Die Reparatur der Lehmstakenausfachung erfolgte unter Anwendung eines Lehmreparatursystems, bestehend aus Lehmschlämme als Untergrundvorbereitung und einem Lehmputz als Grund- und Oberputz.

7.2.4 Fachwerksanierung und EnEV

Für die energetische Optimierung des Fachwerkgebäudes wurde neben dem Einbau einer Mineralfaserdämmung im Dachbereich und dem Einbringen einer Dämmung innerhalb der neuen Erdgeschossfußböden eine Innendämmung an den Fachwerkaußenwänden, bestehend aus einem Wärmedämmputzsystem der Wärmeleitfähigkeitsgruppe 070 mit der Stärke von durchschnittlich 5 cm, gewählt. Bauphysikalische Betrachtungen des Gebäudes ergaben eine Bauteilsicherheit für die Fachwerkaußenwände, die durch instationäre Simulationen nachgewiesen wurde. Es wurde mit diesen Untersuchungen aufgezeigt, dass keine kritischen Holzfeuchten zu erwarten sind. Weiterhin konnte die Einhaltung des Energieeinsparnachweises nach EnEV Anlage 1 (Bilanzverfahren) aufgrund des 40 %igen Zuschlags für Bestandsgebäude ermittelt werden [150].

Elektrotechnische Installationen wurden bereits im Zuge der Anbringung des dreidimensionalen Putzträgersystems integriert, um ein nachträgliches Einschneiden für die Steckdosengehäuse in das Wärmedämmputzsystem zu vermeiden. In Teilbereichen wurden dabei Aufputzsteckdosen gewählt, um das Dämmputzsystem in seiner Stärke nicht wesentlich zu beeinträchtigen. Der Wärmedämmputz als Innendämmsystem erwies sich im Einklang mit den WTA-Merkblättern 8-5-00/D und 8-10-02/D hier als besonders geeignet, da er eine hohlraumfreie, sich an das durch die bisherige Lebensdauer verformte Fachwerkgefüge homogen anpassende Ausbildung ermöglichte. Zunächst wurde auf die Fachwerkhölzer ein diffusionsoffenes Vlies zur Entkopplung des Fachwerkes zur Putzschicht aufgebracht.

Danach erfolgte die Befestigung eines dreidimensionalen Putzträgers ausschließlich an tragenden Ausfachungsbereichen sowie abschließend der mehrlagige Putzauftrag. Diese energetische Verbesserung wurde an der Nord-, West- und Südseite des Gebäudes vorgenommen. Da an der Ostseite eine anschließende Bebauung vorlag, wurde hier auf das Dämmputzsystem verzichtet. Die Fenster

Bild 7-28 Eingebauter Wärmedämmputz (innenseitig) als hohlraumfreies Innendämmsystem schmiegt sich auch an unregelmäßige Wandverläufe an

Bild 7-29
Kastenfenster mit fachgerechter Einpassung aus Hanf (kein Bauschaum!)

wurden als Kastenfenster mit außen liegender Einfach- und innerer Isolierverglasung ausgebildet.

Die Bauteile wurden folgendermaßen angesetzt:

Außenwand – Fachwerk		Dicke [mm]	
innen			
Innenputz, Kalkputz		ca. 15	
Wärmedämmputz, WLG 070		ca. 50	
Lehmgefach	Holz	140	
Außenputz		20	
außen			U = 0,76 W/(m²K)

Tabelle 7-3
Gewählter Außenwandaufbau (Fachwerk)

Außenwand – Massivwand	Dicke [mm]	
innen		
Innenputz, Kalkputz	ca. 15	
Wärmedämmputz, WLG 070	ca. 50	
Natursteinmauerwerk	ca. 400	
Außenputz	20	
außen		U = 0,86 W/(m²K)

Tabelle 7-4
Gewählter Außenwandaufbau (Massivwand)

Es wurden neue Holzfenster mit Wärmeschutzverglasung innen vorgesetzt.

Tabelle 7-5 Angaben zur gewählten Fensterkonstruktion

Fenster	U_W = 1,36 W/(m²K) + ΔU_{psi}
	ΔU_{psi} = 0,24 W/(m²K)
Verglasung, Neu Wärmeschutzverglasung	U_g = 1,20 W/(m²K) (DIN, ΔT=15K)
	g = 0,63 (DIN EN 410)
	τ = 0,80
Rahmen Holz-Rahmen, Weichholz	$U_{f,BW}$ = 1,80 W/(m²K)

Tabelle 7-6 Gewählter Fußbodenaufbau

Bodenplatte Erdgeschoss	Dicke [mm]	
innen/oben		
Bodenbelag		
Zementestrich	50	
Trennlage		
Wärmedämmung, WLG040	50	
Betonsohle/Bauwerksabdichtung	150	
außen/unten		U = 0,55 W/(m²K)

Tabelle 7-7 Gewählter Dachaufbau

Steildach	Dicke [mm]	
außen/oben		
Ziegeldeckung auf Lattung		
diffusionsoffene Unterspannbahn		
Wärmedämmung WLG040/Sparren	160	
Dampf-/Windsperre, verklebt		
Beplankung/Gipskarton	12^5	
innen/unten		U = 0,30 W/(m²K)

Tabelle 7-8
Monatliche Ermittlung der Wärmegewinne und -verluste

	Jan.	Feb.	März	April	Mai	Juni
Ausnutzungsgrad der Wärmegewinne	1,00	1,00	1,00	0,99	0,93	0,49
Heizgrenztemperatur in °C	16,2	16,1	15,9	15,4	15,3	15,1
Transmissionswärmeverlust Q_T	3.714,4	3.040.9	2.726,3	1.682,2	1.116,1	584,3
Lüftungswärmeverlust Q_V	1.766,2	1.446,0	1.296,4	799,9	530,7	277,9
Nachtabschaltung ΔQ_{il}	-303,9	-236,1	-195,9	-114,7	-76,1	-39,8
Nutzbare interne Wärmegewinne Q_i	-731,1	-660,4	-731,1	-702,8	-676,5	-347,0
Nutzbare solare Wärmegewinne . . .						
. . . durch Fenster	-130,1	-147,8	-225,4	-390,9	-392,0	-233,3
. . . durch transparente Wärmedämmung	0,0	0,0	0,0	0,0	0,0	0,0
. . . opaker Bauteile	29,5	4,9	39,4	188,0	-198,2	-238,6
Heizwärmebedarf Q_h	**4.345,0**	**3.447,6**	**2.830,9**	**1.085,0**	**304,1**	**3,5**

	Juli	Aug.	Sept.	Okt.	Nov.	Dez.	Jahr
Ausnutzungsgrad der Wärmegewinne	0,00	0,02	0,87	1,00	1,00	1,00	0,74
Heizgrenztemperatur in °C	15,1	15,4	15,6	15,9	16,2	16,4	
Transmissionswärmeverlust Q_T	183,0	128,1	814,5	1.811,4	2.532,1	3.238,6	21.572,1
Lüftungswärmeverlust Q_V	87,0	60,9	387,3	861,4	1.204,1	1.540,0	10.257,9
Nachtabschaltung ΔQ_{il}	-12,5	-8,7	-55,5	-123,5	-180,1	-247,1	-1.593,8
Nutzbare interne Wärmegewinne Q_i	-1,5	-11,0	-612,5	-730,1	-707,5	-731,1	-6.642,6
Nutzbare solare Wärmegewinne . . .							
. . . durch Fenster	-1,0	-5,7	-271,4	-223,8	-133,5	-81,3	-2.236,3
. . . durch transparente Wärmedämmung	0,0	0,0	0,0	0,0	0,0	0,0	0,0
. . . opaker Bauteile	-254,9	-163,5	-118,3	-35,1	23,7	62,9	-1.115,1
Heizwärmebedarf Q_h	**0,0**	**0,0**	**144,0**	**1.560,3**	**2.738,9**	**3.782,0**	**20.242,1**

Mit den vorn angesetzten Bauteildaten sowie der folgenden Anlagentechnik wurde der Nachweis nach Energieeinsparverordnung über das Bilanzverfahren (Monatsbilanz) geführt:

- Gas-Brennwert-Kessel
- Erdgas H
- Systemtemperaturen 55/45 °C
- horizontale und vertikale Verteilung innerhalb der thermischen Gebäudehülle
- geregelte Pumpe
- freie Heizflächen an Außenwänden
- P-Regler mit Auslegungsproportionalbereich 1 Kelvin
- Trinkwasserbereitung über Gas-Brennwert-Kessel
- Speicherung innerhalb der thermischen Gebäudehülle

Die nachfolgenden Grafiken zeigen die einzelnen Ergebnisse (Ermittlung des Nachweises über das Programmsystem Bautherm, BMZ).

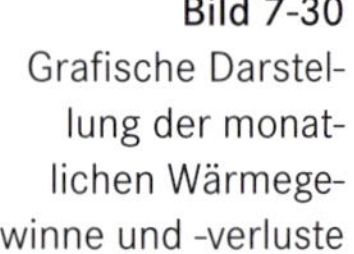

Bild 7-30 Grafische Darstellung der monatlichen Wärmegewinne und -verluste

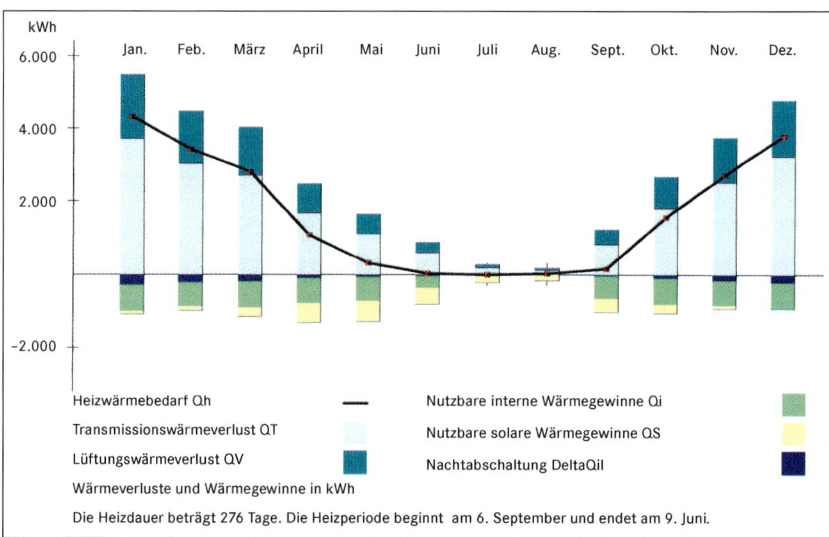

Wie hier dargestellt ist, wurde die Heizdauer individuell berechnet. Da hier bauphysikalische, konstruktive und denkmalpflegerische Gesichtspunkte nur eine begrenzte Wärmedämmung im Fußboden- und Wandbereich zuließen, ist die Heizdauer mit 276 Tagen natürlich länger als die Standard-Heizdauer von 185 Tagen für Neubauten.

Die Jahresbilanz zeigte die folgenden Ergebnisse:

Jahres-Heizwärmebedarf						
A	Summe der Hüllflächen	368,91 m^2	$A/V_e = 0{,}60\ m^{-1}$			
V_e	beheiztes Gebäudevolumen	614,21 m^3				
A_N	Gebäudenutzfläche	196,55 m^2				
		Wärmeverlust H	Anteil	Wärmeverlust H	Wärmeverluste Q	Anteil
		[W/K]	[%]	[W/K]	[kWh/a]	[%]
H_T/Q_T	Transmissionswärmeverlust	245,9	100,0	245,9	21.572	106,6
W	Außenwände	122,5	49,8			
F	Fenster	26,7	10,9			
D	Dach	35,3	14,4			
G	Grundfläche	24,5	9,9			
AB	Trennwände/-decken	0,0	0,0			
DL	Decke (unten Außenluft)	0,0	0,0			
WB	Wärmebrücken	36,9	15,0			
Q_V	Lüftungswärmeverlust			116,9	10.258	50,7
ΔQ_{il}	Nachtabschaltung				-1.594	-7,9
Q_i	Nutzbare interne Wärmegewinne				-6.643	-32,8
QS_{opak}	Solare Wärmegewinne opaker Bauteile				-1.115	-5,5
Q_S	Nutzbare solare Wärmegewinne				-2.236	-11,0
Q_h	Jahres-Heizwärmebedarf				20.242	100,0
$H_{T'\,vorh}$	vorhandener spezifischer Jahres-Transmissionswärmeverlust	H_T/A		=	0,67	W/m²K
$H_{T'\,zul.}$	max. zulässiger spezifischer Jahres-Transmissionswärmeverlust	$(0{,}30+0{,}15(V_e/A))*1{,}40$		=	0,77	W/m²K

Tabelle 7-9
Ermittlung des Jahres-Heizwärmebedarfes (Wärmegewinne und -verluste)

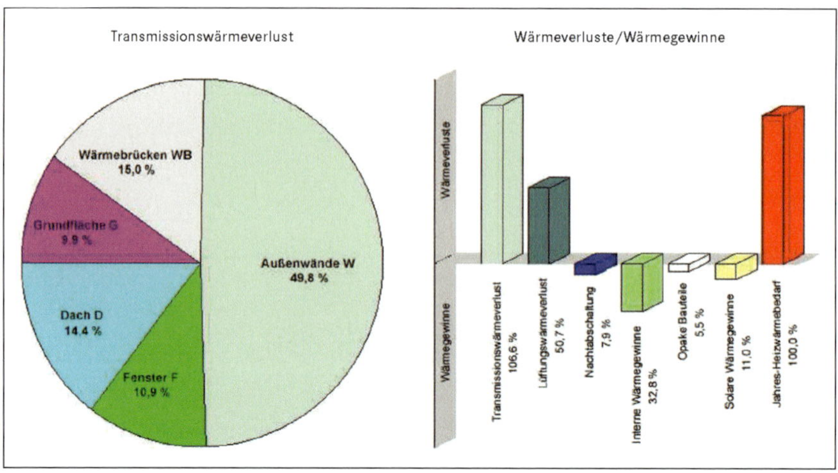

Bild 7-31 Grafische Darstellung der Wärmegewinne und -verluste

Tabelle 7-10 Ermittlung des Primärenergiebedarfes

Heizwärmebedarf Q_h	20.242,09 kWh/a	
Spezifischer Heizwärmebedarf Q_h"	102,99 kWh/m²a	
Wärmebedarf für Warmwassser Q_w	2.456,83 kWh/a	$Q_w = 12{,}5(kWh/m^2a)*A_N$
Anlagenaufwandszahl e_P	1,25	
Primärenergiebedarf Q_P	28.350,74 kWh/a	$Q_P = (Q_h + Q_w)*e_P$

Bei einem Verhältnis A/V_e des Gebäudes in Höhe von 0,60 m-1 ergeben sich die folgenden nachzuweisenden Kenngrößen:

Tabelle 7-11 Nachweis nach EnEV 2004 - Bilanzverfahren

	vorhanden		zulässig (*)	Nachweis erfüllt ?
Jahres-Primärenergiebedarf Q''_P [kWh/(m²a)]	144,24	≤	104,93 (146,90)	Ja
Spezifischer Transmissionswärmeverlust H'_T [W/(m²K)]	0,67	≤	0,55 (0,77)	Ja
(*) Klammerwerte incl. 40%-Zuschlag für Bestandsgebäude (s. EnEV § 8 (2))				

Es zeigt sich, dass für dieses Fachwerkgebäude der EnEV-Nachweis für Bestandsgebäude eingehalten werden kann. Ein Vergleich mit dem Bauteilverfahren (Tabelle 7-12) verdeutlicht, dass dabei die Einzelanforderungen an die Bauteile nicht alle eingehalten werden konnten. Beim Bilanzverfahren schlagen demzufolge die kompensatorischen Maßnahmen, hier insbesondere die gute Dachdämmung und die energiesparende Heiztechnik, positiv zu Buche. Es kann aber auch festgestellt werden, dass bei diesem Bestandsgebäude der 40 %-Zuschlag gemäß EnEV § 8 (2) berücksichtigt werden muss, da der Jahres-

Tabelle 7-12
Nachweis nach EnEV 2004 – Bauteilverfahren

Bauteil	vorh. U [W/(m²K)]		max . U [W/(m²K)]	Nachweis erfüllt ?
Außenwand – Fachwerk	0,76	≤	ohne Anforderung	(*)
Außenwand – Massiv	0,86	≤	ohne Anforderung	(*)
Fenster	1,60	≤	1,70	Ja
Außentür	2,09	≤	2,90	Ja
Bodenplatte	0,55	>	0,50	Ja (1)
Steildach	0,30	≤	0,30	Ja

(*) Nach EnEV sind für innen aufzubringende wärmedämmende Putze keine Anforderungen beschrieben.
(1) Aufgrund der Begrenzung durch die vorhandenen Türhöhen wurde hier lediglich die maximale Dämmschichtdicke eingebracht (s. EnEV, Anhang 3, Pkt. 5).

Primärenergiebedarf den Anforderungswert nach EnEV, Anlage 1, Tabelle 1 um 37,5 % und der spezifische Transmissionswärmeverlust den Grenzwert um 21,8 % überschreitet.

Wenn man diese für ein Baudenkmal durchaus respektablen Ergebnisse nun mit den Anforderungen der EnEV 2009 vergleicht (siehe Tabelle 7-13 und 7-14), wird schnell klar, welche unangemessene Überforderung historischer Fachwerkgebäude bei einer unkritischen Anwendung der EnEV auf den wertvoll überlieferten Gebäudestand eintreten kann. Weiterhin wird deutlich, dass die Einhaltung des primärenergetischen Nachweises (Bilanzverfahren) nur noch durch den Einsatz erneuerberarer Energien zu gewährleisten ist.

Tabelle 7-13
Nachweis nach EnEV 2009 – Bilanzverfahren

	vorhanden		zulässig (*)	Nachweis erfüllt ?
Jahres-Primärenergiebedarf [kWh/(m²a)]	142,27	>	78,44 (109,82)	nein
spezifischer Transmissionswärmeverlust [W/(m²K)]	0,67	>	0,45 (0,63)	nein

(*) Klammerwerte incl. 40 %-Zuschlag für Bestandsgebäude (s. EnEV 2009, § 9 (1))

Tabelle 7-14
Nachweis nach EnEV 2009 – Bauteilverfahren

Bauteil	vorh. U [W/(m²K)]		max. U [W/(m²K)]	Nachweis erfüllt ?
Außenwand - Fachwerk	0,76	<	ohne Anforderung	(*)
Außenwand - massiv	0,86	<	ohne Anforderung	(*)
Fenster	1,60	>	1,30	nein
Außentür	2,09	<	2,90	ja
Bodenplatte	0,55	>	0,50	ja (1)
Steildach	0,30	>	0,24	nein

(*) Nach EnEV sind für innen aufzubringende wärmedämmende Putze keine Anforderungen beschrieben.

(1) Aufgrund der Begrenzung durch die vorhandenen Türhöhen wurde hier lediglich die maximale Dämmschichtdicke eingebracht (s. EnEV 2009, Anlage 3, Pkt. 5).

7.2.5 Außenanstrich

Um der Ursprünglichkeit der barocken Farbgestaltung der Nordfassade nahe zu kommen, wurde für diese Fassade ein das Holz und die Gefache überdeckender Anstrich mit einer Wetterschutzfarbe auf Reinacrylatbasis gewählt. Die restauratorische Untersuchung ergab unter Berücksichtigung der Verwitterung einen bauzeitlichen Farbton, der auf Basis der normierten Farbtonkarte des National-Color-Systems (NCS) mit NCS 5040 Y 80 R beschrieben werden konnte. Da sich für die West- und Südfassade keine eindeutige bauzeitliche Zuordnung als Grundlage für die Farbfassung ergab, wurde auf den gesicherten Befund der zunächst vorhandenen Fachwerksichtigkeit mit gekalkten Gefachen zurückgegriffen. Es erfolgte in diesen Bereichen die Behandlung der Fachwerkhölzer mit einer Holzschutz-Lasur nach Imprägniergrundauftrag und dem Anstrich der Fachwerkgefache mit einer Kalkkaseinfarbe.

7.2.6 Zusammenfassung

Basierend auf einer detaillierten Bestandsanalyse und einer restauratorischen Untersuchung gelang die Revitalisierung des unter Denkmalschutz stehenden, städtebaulich wertvollen, beinahe 300 Jahre alten Fachwerkgebäudes. Denkmalpflegerisch im Einklang mit der Rahmenplanung und den bauphysikalischen Prozessen der heutigen Nutzungsansprüche entsprechend modernisiert, wurde zugleich eine energetische Optimierung des Fachwerkgebäudes im Rahmen der EnEV (Anforderungen 2004/2007) erreicht.

Bild 7-32
Fertiggestellte Nord- und Westfassade

Bild 7-33
Südfassade nach der Sanierung

7.3 Energetische Sanierung eines Museums

7.3.1 Grundlagen

Das Gebäude, Dänische Straße 19 in Kiel, wurde 1616 dem Amtsschreiber Christoph Martens vom dänischen König als Lehen übergeben und mit den Vorzügen eines Adelshauses ausgestattet. Nach den im Rahmen der Umbau- und Sanierungsarbeiten an Ort und Stelle vorgefundenen Gründungsbalken aus Eichenholz konnte die Entstehungsgeschichte des Gebäudes, zumindest des Gewölbekellers, auf das Jahr 1278 datiert werden. Der Name des Warleberger Hofes (Bild 7-34) geht auf den Landsassen Henning von Thienen auf Warleberg zurück, der das Gebäude 1695 erwarb. Später wurde das Gebäude von der Kieler Universität gekauft und genutzt. Ab 1970 ist das Kieler Stadtmuseum in den Räumen beheimatet.

Bild 7-34 Straßenansicht um 1909 (Quelle: [151])

Die Hauptfassade des ursprünglichen Gebäudes wurde 1909 im Zuge der Straßenverbreiterung um fünf Meter zurückgesetzt. Das Gebäude ist straßenseitig in massivem Außenmauerwerk, der rückwärtige Teil in Fachwerk erstellt. Es sind für das Gebäude Denkmalschutz-Auflagen zu berücksichtigen.

Die im Folgenden dargestellte Sanierung von 2009/2010 war vor allem eine statische, die nach umfangreichen Umbauten – zuletzt dem oben erwähnten

Zurückversetzen des Giebels – überfällig war. Das Konjunkturpaket II der Bundesregierung ermöglichte dann auch energetische Maßnahmen sowie Aspekte der Barrierefreiheit stärker einzubringen: neben Dämmmaßnahmen sowie effizienten Haustechniken (Einzelraumregelung, LED-Beleuchtung etc.) erfolgten der Einbau eines Aufzuges, eines WC für Menschen mit Behinderung, der Ausbau des Dachgeschosses sowie eine funktionelle Verbesserung in den Hauptgeschossen (z. B. neuer Empfang).

Bauherr war die Landeshauptstadt Kiel, vertreten durch die Immobilienwirtschaft.

Im Rahmen dieser Sanierung mussten u. a. die Fachwerk-Außenwände im rückwärtigen Bereich aufgrund von Schäden am Fachwerkholz annähernd vollständig neu aufgebaut werden. Für diese Fachwerkwände war eine raumseitige Wärmedämmung zu planen. Nicht gedämmt wurden die ca. 30-60 cm dicken Massivwände, da zum einen der Dämmeffekt hier verringert wäre und zum anderen in Teilbereichen raumseitige Bemalungen und Verkleidungen dieses untersagten. Ziel war es, trotz des Denkmalschutz-Status einen vertretbaren Wärmeschutz für das Gebäude zu erzielen, um die Betriebskosten zu verringern. Die Planung wurde noch zur Geltungszeit der EnEV 2007 vorgenommen. Es sollten jedoch die Ansätze der zu erwartenden Verschärfungen der EnEV 2009 vergleichend betrachtet werden.

Die Berechnung wurde auf der Grundlage der DIN V 18599 durchgeführt. Für den Gebäudekomplex konnten auf dieser Grundlage die folgenden Kenndaten ermittelt werden:

Bruttovolumen V_e	3.960,1 m³
Nettovolumen V	2.713,1 m³
Nettogrundfläche	842,1 m²
thermische Hüllfläche	1.527,7 m²
charakteristische Breite	12,22 m
charakteristische Länge	24,05 m

Tabelle 7-15 Übersicht der allgemeinen Gebäudedaten nach DIN V 18599

7.3.2 Außenbauteile

Bei den Bestands-Fachwerkwänden zeigte sich ein etwa 24 cm dickes Fachwerk mit in weiten Teilen entsprechend dicker Ziegel-Ausfachung. Laboruntersuchungen [152] ergaben für die Ausfachung eine Rohdichte ρ von ca. 1750 kg/m³ sowie eine kapillare Wasseraufnahme w von ca. 0,05 bis 0,21 kg/(m²s$^{0.5}$).

Für die Innendämmung bei Fachwerkbauten haben sich kapillaraktive, vollflächige Materialien bewährt. Durch den hier vorhandenen relativ ebenen Untergrund konnte dabei auch ein plattenartiges Dämmmaterial eingesetzt werden. Daraufhin wurde der Wandaufbau gemäß Tabelle 7-16 gewählt.

Die Dimensionierung der Innendämmung wurde nach den o.g. WTA-Merkblättern 8-1 bis 8-10 sowie den Substanz erhaltenden und hygienischen Mindestanforderungen ausgerichtet. Hier war insbesondere die Funktionsweise des feuchtetechnischen Systems der Fachwerk-Außenwand zu berücksichtigen. Bei der instationären, mehrjährigen Betrachtung des wärme- und feuchtetechnischen Verhaltens der Außenwand wurde die Fachwerk-Außenwand im Gefach- und Holzbereich untersucht ([152], siehe auch Bild 7-35).

Die Berechnungen wurden mit dem ein- und zweidimensionalen Programm WUFI des Fraunhofer-Instituts für Bauphysik erstellt. Das kapillare Materialverhalten konnte aufgrund der labortechnischen Untersuchungen vergleichend angesetzt werden. Hierbei zeigte sich, dass unter Beachtung der kapillarleitenden Prozesse keine Feuchteanreicherungen bei dem Bauteil zu erwarten waren. Des Weiteren wurde die Holzfeuchte jeweils im Bereich der Ausgleichsfeuchte ermittelt.

Folgende Aspekte waren bei der Fachwerkinstandsetzung zu berücksichtigen:

- Es wurde trockenes Altholz verwendet.
- Die neu einzubringenden Gefach-Ausmauerungen wurden mit trockenen Trapez- oder Dreikantleisten mit nichtrostenden Schrauben oder Nägeln etwa in

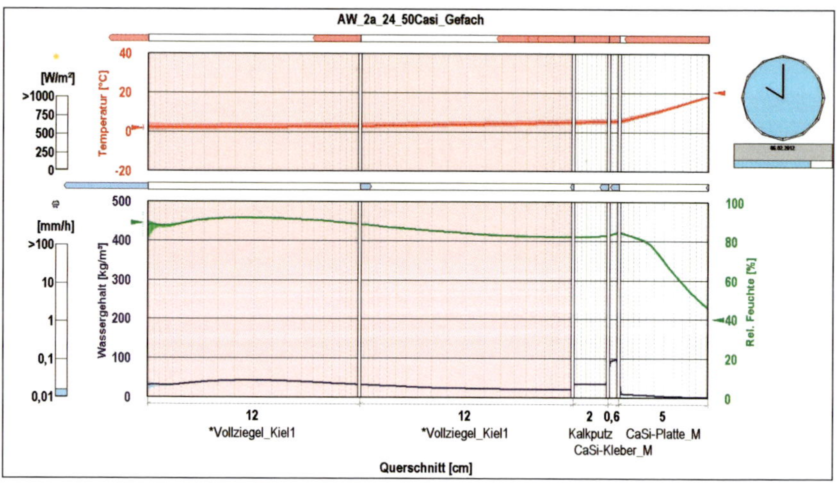

Bild 7-35 Hygrothermische Bauteilsimulation der Außenwand (hier: 1D-Berechnung im Gefach)

mittlerer Steintiefe umlaufend als Wind- und Wasserschutz befestigt. Auf der Unterseite des Gefaches ist diese Leiste nicht eingebracht worden.

- Bei raumseitigen Unebenheiten zwischen Holz- und Gefachbereich war ein Ausgleich erforderlich, um einen kapillaren Verbund der Dämmplatte mit dem Untergrund zu ermöglichen.
- Die Fuge zwischen Gefach und Holz durfte nicht mit einem dauerelastischen Material, z. B. Silikon, geschlossen werden. Hier wurde dieser Bereich mit dem Fugenmörtel geschlossen.
- Beim Holzanstrich wurde ein diffusionsoffener Außenanstrich verwendet.

Als weitere Bauteile wurden das Steildach (siehe Tabelle 7-17) sowie die Fenster (als Kastenfenster, siehe Tabelle 7-18) energetisch verbessert. Die Wärmebrücken wurden rechnerisch mit einem pauschalen Zuschlag von ΔU_{WB} = 0,10 W/(m²K) berücksichtigt.

Außenwand - Fachwerk		Dicke [mm]	U = 0,70 W/(m²K)
innen			
Kalkglätte (altern. Kalkputz)		2	
Calcium-Silikat-Platte, WLG 066		50	
Klebemörtel		6	
Kalkputz		20	
Holz (Fachwerk)	Ziegel-Mauerwerk	ca. 240	
außen			

Tabelle 7-16
Fachwerkwand, saniert

Steildach		Dicke [mm]	U = 0,25 W/(m²K)
innen			
Gipskartonplatte		12⁵	
Dampfbremse, Luftdichtheitsebene			
Sparren (incl. Aufdopplung)	Wärmedämmung, WLG035	200	
diffusionsoffene Unterspannbahn			
Dachziegel und Lattung			
außen			

Tabelle 7-17
Steildach, saniert

Tabelle 7-18
Aufbau des Kastenfensters

Fenster (Kastenfenster, Abstand 160 mm)	U_w = 1,56 W/(m²K) nach DIN EN ISO 10077
	g = ca. 0,50
Fenster außen (Bestand)	**$U_{w,BW}$ = 4,90 W/(m²K)**
Verglasung Einfach-Verglasung	U_g = ca. 5,70 W/(m²K)
	g = ca. 0,80
Rahmen Holz-Rahmen	$U_{f,BW}$ = 2,18 W/(m²K)
Sprossung ψ = 0,00	
Fenster innen	**$U_{w,BW}$ = 2,28 W/(m²K)**
Verglasung (neu, aufgesetzt) Wärmeschutz-Verglasung 4/6/4 Ar	U_g = 2,00 W/(m²K)
	g = ca. 0,63
Rahmen Holz-Rahmen	$U_{f,BW}$ = 1,80 W/(m²K)
Sprossung (wie Bestand) ψ = 0,08 (aufgesetzt); l = ca. 14,28 m	

Bild 7-36
Ausführung der Innendämmung (noch ohne Leibungsdämmung)

Bild 7-37
Kastenfenster

7.3.3 Anlagentechnik

Für die jeweiligen Komponenten der Anlagentechnik wurden die nachfolgenden Parameter angesetzt.

Heizung

Die vorhandene Übergabestation für die Fernwärme der Kieler Stadtwerke (Fernwärme aus Kraft-Wärme-Kopplung mit fossilen Energieträgern) wurde erneuert. Für den Energieträger »Fernwärme aus KWK/fossiler Energieträger« ist nach DIN V 18599 ein Primärenergiefaktor von f_P = 0,70 anzusetzen. Die hier zugrunde liegende Fernwärme der Stadtwerke Kiel konnte mit einem reduzierten Primärenergiefaktor von f_P = 0,64 nach Zertifikat angesetzt werden.

Vorhandene Heizleitungen waren zumeist ungedämmt gewesen. In den durch die Instandsetzungsmaßnahmen zugänglich gemachten Bereichen wurden die Leitungen nach den heutigen Anforderungen gedämmt. Die Heizflächen befinden sich größtenteils an den Außenwänden unter den Fenstern. Thermostatventile (2K) sind vorhanden.

Die Leitungslängen wurden für die Berechnungen dem realen Verlauf entsprechend überschlägig ermittelt.

Lüftung

Eine Lüftungsanlage ist nicht vorhanden.

Warmwasser-Bereitung

Eine signifikante Warmwasserbereitung wurde hier nicht angesetzt; einzelne Kleingeräte sind zu vernachlässigen.

Kühlung

Eine Kühlung ist nicht vorhanden.

Beleuchtung

In den Museumsräumen wurden zu etwa 75 % dimmbare Halogenlampen installiert. Die restlichen Bereiche wurden mit LED-Leuchten versehen.

In den Büroräumen wurden Leuchten mit stabförmigen Leuchtstofflampen (mit elektronischen Vorschaltgeräten EVG) und in den Nebenräumen ausschließlich Kompaktleuchtstofflampen (mit integrierten elektronischen Vorschaltgeräten EVG) eingebaut.

In den Sanitärräumen und den Büroﬂuren wurden Präsensmelder installiert.

7.3.4 Zonierung nach DIN V 18599

Das Gebäude wurde hinsichtlich der Nutzungen in Zonen unterteilt (siehe Bild 7-38 und 7-39 exemplarisch für das Erd- und das Dachgeschoss). Es wurden für die jeweiligen Zonen die Nutzungsprofile nach DIN V 18599 eingesetzt.

Tabelle 7-19
Zonierung nach DIN V 18599

Zone	Raumnutzung
1	Büro
2	Museum
3	Museum - minderbeheizt (15 °C)
4	Sanitärräume
5	Verkehrsfläche
6	Technik - unbeheizt

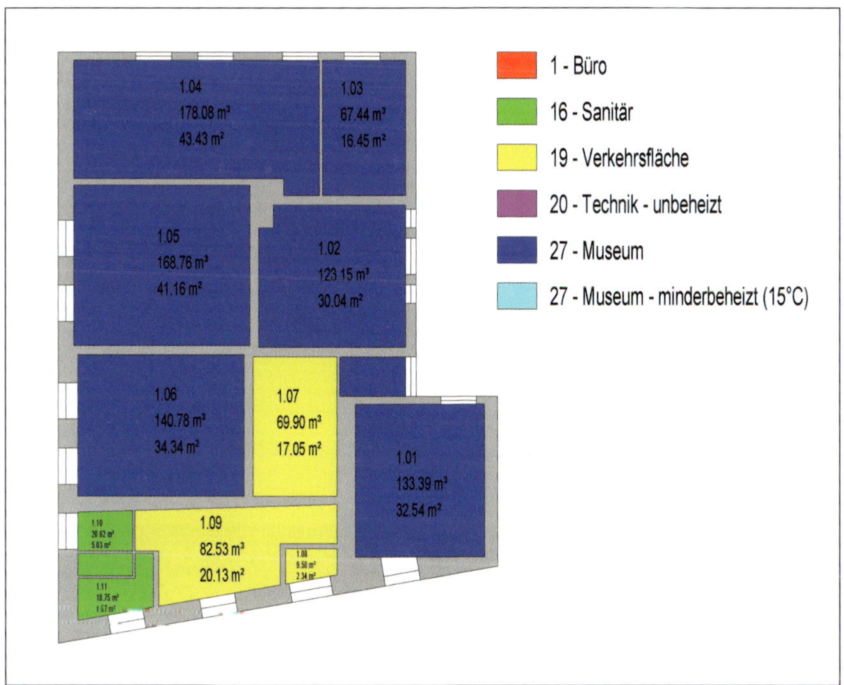

Bild 7-38
Zonierung Erdgeschoss

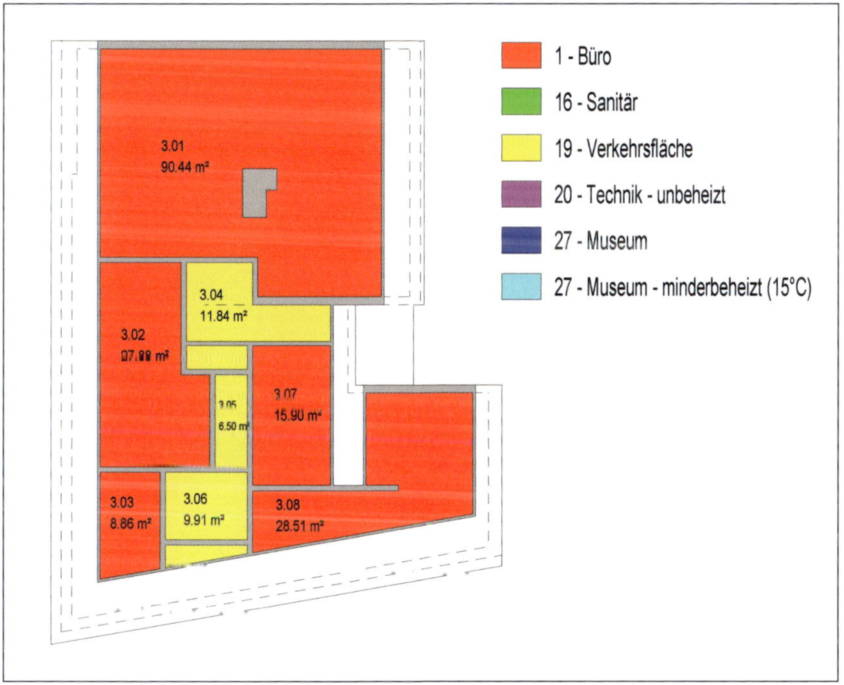

Bild 7-39
Zonierung Dachgeschoss

7.3.5 Nachweise nach EnEV 2007 und EnEV 2009

Hinsichtlich der Erfüllung der Anforderungen nach Energieeinsparverordnung konnte eine Ausnahme gemäß § 24 EnEV (Baudenkmal) herangezogen werden. Anforderungen an die energetische Qualität des Gebäudes sind somit formal nicht zu stellen gewesen.

Trotzdem sollte der energetische Standard beschrieben und eine Verringerung der energetischen Verluste erbracht werden. Dabei wurde die Sanierung noch zur Geltungszeit der EnEV-Anforderungen 2007 berechnet [153]. Im Laufe der Sanierungsmaßnahme ist die EnEV 2009 in Kraft getreten, sodass hier beide Anforderungsniveaus parallel betrachtet wurden.

Nach **EnEV 2007** ergaben sich die Kennwerte gemäß der Tabelle 7-20 sowie Bild 7-40:

Tabelle 7-20 Ausführungsvariante in Bezug auf die Anforderungen der EnEV 2007

EnEV-Werte	Sanierung Warleberger Hof	Soll-Wert (Referenzgebäude)	% vom Soll-Wert
spez. Transmissionswärmetransferkoeffizient H'_T in W/(m²K)	0,96	0,74	129,3 %
spez. Transmissionswärmetransferkoeffifizient (< 19 °C) H'_T in W/(m²K)	0,53	0,92	58,0 %
spez. Primärenergiebedarf Q''_P in kWh/(m²a)	173,75	221,07	78,6 %
Anm.: Für eine Gebäudesanierung ist nach EnEV eine 140 %-Überschreitung des Soll-Wertes zulässig.			

Wird berücksichtigt, dass nach EnEV eine 140 %-Überschreitung des Anforderungswertes bei Bestandsgebäuden zulässig ist, kann das Gesamtgebäude auf der Grundlage der EnEV 2007 nach der Instandsetzung als »gut« eingestuft werden.

Durch die primärenergetisch günstige Bewertung der Beheizung über Fernwärme aus Kraft-Wärme-Kopplung können primärenergetisch sogar die Anforderungen an Neubauten eingehalten werden. Von der baulichen Seite (H'_T) werden diese Anforderungen erwartungsgemäß nicht erfüllt, liegen aber sogar in dem erwähnten Überschreitungsbereich für Bestandsbauten.

Nach Fertigstellung der Baumaßnahme war die **EnEV 2009** in Kraft getreten. Zur Erstellung des auszuhängenden Energieausweises wurde damit eine Neuberechnung erforderlich [153]. Die Kennwerte sind in den folgenden Bildern und

Tabellen dargestellt. Dabei ist anzumerken, dass in der Energieeinsparverordnung der Nachweis des spezifischen Transmissionswärmeverlustes durch den Nachweis des mittleren U-Wertes ersetzt wurde.

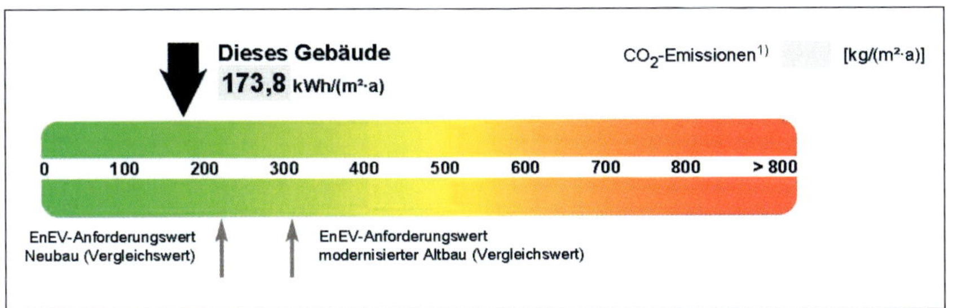

Bild 7-40 Einstufung der Energieeffizienz (Basis EnEV 2007)

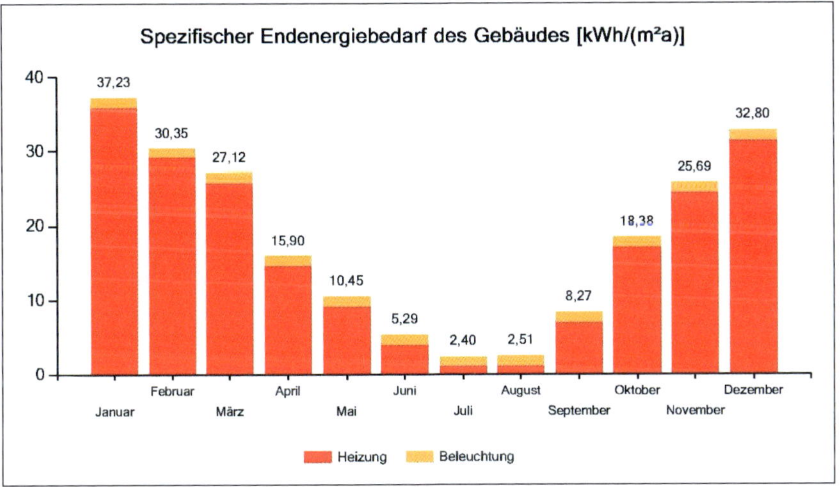

Bild 7-41 Spezifischer Endenergiebedarf des Gebäudes (Monatswerte)

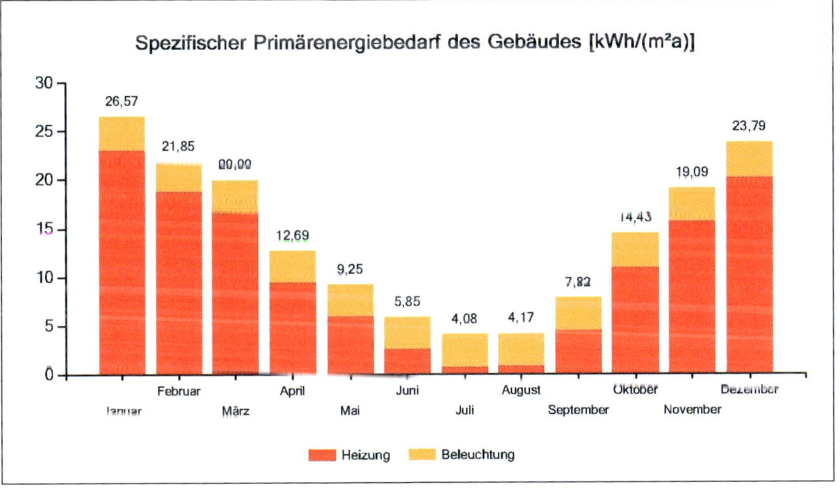

Bild 7-42 Spezifischer Primärenergiebedarf des Gebäudes (Monatswerte)

Tabelle 7-21 Ausführungsvariante in Bezug auf die Anforderungen der EnEV 2009

Spez. Primärenergiebedarf	Sanierung Warleberger Hof	Soll-Wert (Referenzgebäude)	% vom Soll-Wert
Q_P [kWh/(m²a)]	169,59	148,65	114,1 %

mittlere U-Werte [W/(m²K)]	Sanierung Warleberger Hof	Soll-Wert (Referenzgebäude)	% vom Soll-Wert
opake Außenbauteile (17 °C)	0,964	0,500	192,8 %
transparente Außenbauteile (17 °C)	1,560	2,800	55,7 %
opake Außenbauteile (21 °C)	0,759	0,350	216,9 %
transparente Außenbauteile (21 °C)	1,560	1,900	82,1 %
Anm.: Für eine Gebäudesanierung ist nach EnEV eine 140 %-Überschreitung des Soll-Wertes zulässig.			

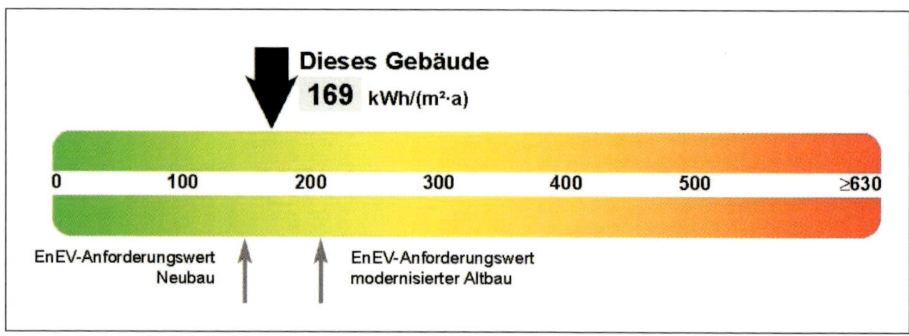

Bild 7-43 Einstufung der Energieeffizienz (Basis EnEV 2009)

In den Tabellen 7-22 und 7-23 sind die erzielten energetischen Standards (für den Zustand vor und nach der Sanierung) im Vergleich zu dem jeweiligen Anforderungsniveau der Energieeinsparverordnung 2007 bzw. 2009 für die normalbeheizten Bereiche vergleichend dargestellt. Dabei zeigen die farbigen Unterlegungen Klassifizierungen in einer »Ampeldarstellung«:

Das Anforderungsniveau an Neubauten wird erreicht.

Das erhöhte Anforderungsniveau bei Verbesserungen an Bestandsbauten wird erreicht; nicht das an Neubauten.

Auch das erhöhte Anforderungsniveau bei Verbesserungen an Bestandsbauten wird nicht erreicht.

	Anforderungen		Warleberger Hof	
	EnEV 2007 - Neubau	EnEV 2007 - Bestand	Zustand vor der Sanierung	Zustand nach der Sanierung
spez. Transmissionswärmetransferkoeffizient H'_T in $W/(m^2K)$	0,74	1,04	1,63	0,96
spez. Primärenergiebedarf Q''_P in $kWh/(m^2a)$	221,07	309,50	265,84	173,75

Tabelle 7-22
Darstellung des erzielbaren energetischen Niveaus im Vergleich zur EnEV 2007

	Anforderungen		Warleberger Hof	
	EnEV 2009 - Neubau	EnEV 2009 - Bestand	Zustand vor der Sanierung	Zustand nach der Sanierung
mittlerer U-Wert, opake Bauteile in $W/(m^2K)$	0,35	0,49	1,11	0,76
mittlerer U-Wert, transparente Bauteile in $W/(m^2K)$	1,90	2,66	5,00	1,56
spez. Primärenergiebedarf Q''_P in $kWh/(m^2a)$	148,65	208,11	255,28	169,59

Tabelle 7-23
Darstellung des erzielbaren energetischen Niveaus im Vergleich zur EnEV 2009

Es ist zunächst festzustellen, dass der Primärenergiebedarf zwischen beiden Nachweisen abweicht, da der Primärenergiefaktor für Strom von 2,7 auf 2,6 reduziert wurde. Insbesondere ist aber die Verschärfung des Anforderungsniveaus heraus zu streichen. Wurde mit dem Sanierungs-Zustand zum Planungszeitraum (EnEV 2007) noch der primärenergetische Anforderungswert für Neubauten unterschritten, so ist zur Beendigung der Arbeiten (EnEV 2009) dieser Wert nur noch im Bereich zwischen dem Niveau »Neubau« und »Bestandssanierung« angesiedelt. Dieser zu erwartende Einfluss wurde bereits im Planungsstadium dargestellt [154], wobei zu dem Zeitpunkt das genaue Anforderungsniveau der EnEV 2009 noch nicht feststand. Die gleichen Verschiebungen stellen sich auch beim Nachweis des baulichen Zustandes dar. Nach EnEV 2007 war für den spezifischen Transmissionswärmeverlust ein Wert zwischen Neubau und Bestandssanierung festzustellen. Nach EnEV 2009 ist nun zu erkennen, dass für die opaken Bauteile, die nun getrennt betrachtet werden, auch der Wert für Bestandssanierung nicht einzuhalten war, was bei teilweise nicht gedämm-

Bild 7-44
Straßenansicht – Südost nach Fertigstellung der Maßnahme

Bild 7-45
Rückansicht – Nordwest nach Fertigstellung der Maßnahme

ten Bauteilen auch nicht verwunderlich ist. Bei den transparenten Bauteilen ist durch die Ausführung der Kastenfenster dagegen sogar der Anforderungswert für Neubauten eingehalten. Die Ergebnisse sind also sehr komplex zu erfassen und zu bewerten.

Insgesamt kann festgehalten werden, dass durch die Sanierung des historischen Gebäudes eine deutliche Reduzierung des Energiebedarfs erreicht werden konnte. Endenergetisch ist dieser um rechnerisch 34,3 % gesenkt worden - für ein denkmalgeschütztes Gebäude ein nennenswerter Anteil.

7.4 Energetische Sanierungen mit Wärmedämmlehm

7.4.1 Materialbeschreibung und Anwendungsbereiche

Wärmedämmlehme wurden speziell für die Sanierung von Alt- und Fachwerkgebäuden als Innendämmsysteme entwickelt. Derartige Baustoffe bestehen zumeist aus natürlichen Bestandteilen wie Kork, Lehm, Kieselgur und Stroh. Zudem sind auch mit Polystyrol adaptierte Systeme anwendbar. In ihrer Zusammensetzung entsprechen diese Wärmedämmlehme damit in den bauphysikalischen Eigenschaften den historischen Ausfachungsmaterialien Lehm und Ziegel. Dampfsperren und -bremsen kommen beim Einbau dieser Dämmsysteme i.d.R. nicht zum Einsatz. Das Sorptions- und Wasserdampfdiffusionsverhalten entspricht bei zugleich deutlich besseren Wärmedämmeigenschaften in etwa einer Lehmausfachung. Tragende Funktionen werden durch Wärmedämmlehme weder im feuchten noch im trockenen Zustand übernommen.

Wärmedämmlehme können in vor Feuchtigkeit geschützten inneren Bereichen als raumseitige Wärmedämmschicht und somit als Innendämmsystem angewendet werden und sind daher besonders für die Anwendung bei Sichtfachwerken geeignet.

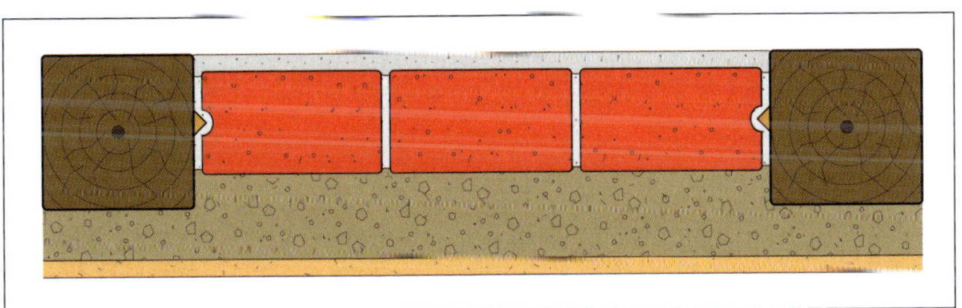

Bild 7-46 Prinzipskizze der Innendämmung mit Wärmedämmlehm

Bild 7-47 Sichtfachwerk, mit Wärmedämmlehm energetisch verbessert [105]

7.4.2 Wärme- und feuchtetechnische Kennwerte

Die Materialeigenschaften können in wärme- und feuchtetechnischer Hinsicht z. B. wie folgt beschrieben werden:

Tabelle 7-24 Wärme- und feuchtetechnische Kennwerte von Wärmedämmlehm nach [105]

Rohdichte ρ [kg/m³]	Wärmeleitfähigkeit λ_R [W/mK]	Wasserdampfdiffusions-Widerstand μ [-]
300 - 350	0,080	5 / 20
Wasserlagerung (getaucht, 2 Tage)	**Wasseraufnahme-koeffizient (w-Wert)**	**baupraktische Feuchte (massebezogen)**
u_m = 100 % (Masse) u_v = 30 % (Volumen)	ca. 1,0 kg/m²√h	4,3 %

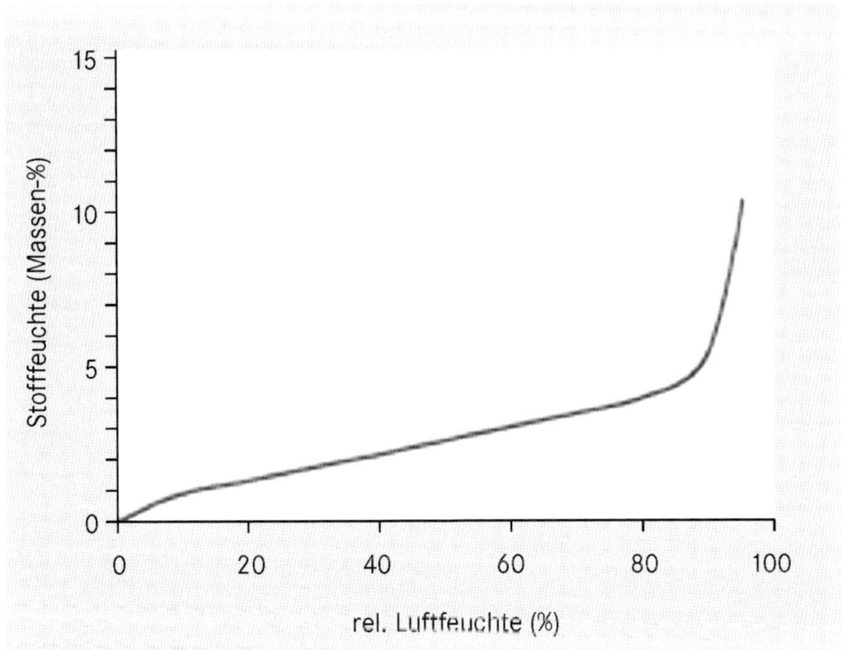

Bild 7-48
Sorptionsfeuchte von Wärmedämmlehm nach [105]

7.4.3 Verarbeitung

Eine mögliche Lieferform ist der bereits verarbeitungsfertige plastische Wärmedämmlehm. Dieser wird erdfeucht in Big Bags oder kleinen Säcken zur Baustelle transportiert und kann dann - ohne weiteres Anrühren oder Anfeuchten - eingesetzt werden. Diese Variante hat viele Vorteile, da das Produkt einen optimalen Mischungsgrad aufweist und somit einen minimalen Wasseranteil einbringt. Außerdem spart man natürlich teure Vorbereitungszeit am Einsatzort.

Wärmedämmlehme werden durch Einstampfen hinter einer verlorenen oder einer Gleitschalung eingebaut. Die Schalung wird aufgrund der Gegebenheiten beim Fachwerkbau auf einer im Regelfall ohnehin notwendigen, vertikalen Ausgleichslattung, die im Minimum der geforderten Dämmschichtstärke entspricht, befestigt.

Vor dem vollflächigen Einbringen des Wärmedämmlehms sind lose Putzflächen, Tapeten etc. und evtl. vorhandene Sperrschichten (Ölanstriche o.Ä.) zu entfernen. Gegebenenfalls vorhandene Altlehmputze sollten als Windsperre erhalten und vor dem Einbringen des Wärmedämmlehms leicht vorgenässt werden. Weiterhin sind Schwachstellen wie Löcher, Vertiefungen, die beim historischen Fachwerkbau häufig anzutreffen sind, sorgfältig auszufüllen, damit keine Hohlräume zurückbleiben.

Bild 7-49
Anlieferung von Wärmedämmlehm in Big Bags

Bild 7-50
Gleitschalung oder ...

Bild 7-51
... verlorene Schalung für den Einbau eines Wärmedämmlehms

Bild 7-52
Anarbeiten (»aufknoten«) unregelmäßiger Wandbereiche

Danach erfolgt das lagenweise Einschutten und Einstampfen. Dabei ist auf eine ausreichende Verdichtung zu achten. Das durch den Einfülldruck entstehende klebende Gefüge des Wärmedämmlehms ermöglicht eine hohlraumfreie und homogene Verarbeitung. Auf der verlorenen Schalung kann ein Putzträger, z. B. aus Rohrgewebe, befestigt werden. Beim Arbeiten mit einer Gleitschalung ist eine feldweise Verarbeitung vorzuziehen. Die Felder sind dann mit einem Putzträger aus Rippenstreckmetall oder Ziegeldraht zu überspannen. Einige Produkte können auch mit einer Estrichmaschine großflächig aufgespritzt werden. Auch dabei sollte eine feldweise Bearbeitung erfolgen.

Die eingestampften Flächen werden mit einem Putzträger überspannt und können verputzt werden. Für das feucht eingebrachte Material muss eine aus-

Bild 7-53
Einschütten und …

Bild 7-54
… Einstampfen des Wärmedämmlehms

reichende Trocknungszeit vor Beginn der Putzarbeiten berücksichtigt werden. Hierfür sollte im Bauablauf je nach örtlichen Gegebenheiten, Dämmstärke und Witterung ein Zeitraum zwischen zwei bis vier Wochen eingeplant werden.

Will man die Trocknungszeit aufgrund des feuchten Lehmdämmstoffes reduzieren, dann gibt es die Möglichkeit Wärmedämmlehm-Platten (WDP) einzusetzen. Dies bietet sich auch bei Wänden mit geringen Unebenheiten an. Die WDP wird werkseitig getrocknet und ist in verschiedenen Dämmstärken in den Abmessungen 25 x 50 cm erhältlich. Das homogene und hohlraumfreie Verarbeitungsprinzip muss auch hier berücksichtigt werden. Daher werden die Dämmplatten mit einem abgestimmten Tonmörtel kapillaraktiv mit dem Bestand verbunden. Eine Trocknung muss nicht berücksichtigt werden.

Dieser spezielle Kontakt-Dämm-Klebe-Mörtel hat die besondere Eigenschaft, dass er trotz seiner ausgeprägten Kapillarität eine diffusionshemmende Wirkung hat. Sein Wasserdampfdiffusionswiderstand von 30 vermindert den Feuchteeintrag in die tragende Konstruktion. Gleichzeitig sorgt aber das stark sorptionsfähige Gefüge des Mörtels für ein ausreichendes Rücktrocknungspotenzial von Feuchtigkeit. Die Kontaktschicht wird vollflächig aufgetragen, denn die punktuelle Verarbeitung wie man sie von Mörtelschichten aus dem WDVS kennt, würde hier für unkontrollierbare Lufträume sorgen.

Bild 7-55
»Trockene« Anwendung des Wärmedämmlehms als Platte

7.4.4 Hygrothermische Bewertung kapillaraktiver Innendämmungen

Mittlerweile können die wärme- und feuchtetechnischen Prozesse derartiger kapillaraktiver Innendämmsysteme aus Wärmedämmlehmen auch mit weiterführenden Programmen zur hygrothermischen Beurteilung, die über den rechnerischen Ansatz üblicher Verfahren hinaus gehen, betrachtet werden. Im Gegensatz zu Rechenvorschriften nach DIN 4108-3 und DIN EN ISO 13788 (Glaser-Verfahren, Monatsbilanzverfahren) werden damit wichtige physikalische Effekte miterfasst, wie z. B. die Feuchtespeicherung, der Transport von Kapillarwasser, die Phasenumwandlungsenthalpien und vieles mehr. Hygrothermische Bewertungen von Konstruktionen im nachträglich gedämmten Gebäudebestand werden hauptsächlich aus folgenden Gründen durchgeführt: Reduzierung von Wärmeverlusten, Vermeidung von Bauschäden und Schaffung behaglicher Raumluft.

Die praxisnahe Anwendung derartiger Berechnungsprogramme wurde u. a. konkret für die Anwendung von Wärmedämmlehmen im Fachwerkbau in letzter Zeit weiter verbessert. So wurden auch die Materialkennwerte für spezifische Wärmedämmlehme wissenschaftlich ermittelt und sind in Materialdatenbanken zu Programmen des gekoppelten Wärme- und Feuchtetransports verankert [105]. Angaben zu weiterführenden Untersuchungen sind u. a. in [155] zu finden.

Bei den weiterführenden Programmen ist das Programmsystem COND [156] empfehlenswert, das die Ausbreitung und Verteilung des eventuell entstehenden Kondensats unter Hinzuziehung des Flüssigwassertransports berücksichtigt. Darüber hinausgehend sind zwei hygrothermische Bauteilsimulationsprogramme zu nennen, die die umfangreichen Flüssigtransportvorgänge auch im instationären Zustand betrachten. Es handelt sich dabei um die Programmsysteme WUFI [157] (**W**ärme **U**nd **F**euchte **I**nstationär) des Fraunhofer-Instituts für Bauphysik, Holzkirchen und DELPHIN [158] des Instituts für Bauklimatik, TU Dresden. Beide basieren auf den Vorgaben der WTA-Merkblätter 6-1 [87] und 6-2 [88] bzw. DIN EN 15026 [89].

Für einen angenehmen Wohnkomfort sind die inneren Oberflächentemperaturen der Außenbauteile von entscheidender Bedeutung. Unter Berücksichtigung der modernen Dämmstandards ist diese Anforderung in der Regel immer erfüllt. Besonderes Augenmerk sollte man jedoch auch den Bauteilanschlüssen widmen, um Wärmebrücken zu reduzieren bzw. zu vermeiden. Ein zweites Behaglichkeitskriterium ist die möglichst konstante relative Luftfeuchtigkeit. Hier bietet der Wärmedämmlehm einen ausreichenden Feuchtepuffer, der insbesondere nutzerbedingte Schwankungen regulieren kann. Bauschäden können viele Ursachen haben. Planungs- und Verarbeitungsfehler sind die häufigsten Gründe. Der reine Blick auf den U-Wert ist für die Bewertung einer energetischen Sanierung nicht ausreichend und führt zu bauphysikalisch bedenklichen Aufbauten. Eine unsorgfältige Verarbeitung rächt sich deutlich schneller als bei anderen Bauausführungen, da die feuchteführenden Schichten natürlich sensibel auf Fehlstellen reagieren.

Der Transmissionswärmeverlust von ungedämmten Wänden ist sehr hoch. Es ist ein Vielfaches der Energie, die durch eine Außenwand mit innen liegender Wärmedämmung, verloren geht. Die folgende Grafik stellt dies anschaulich dar. Betrachtet man die Spitzenzeit, so ist der Verlust fünfmal so groß: Die ungedämmte Wand (blaue Kurve) hat im Winter Höchstwerte von über 50 Watt/m^2, wobei die Wärmeverluste der mit Wärmedämmlehm gedämmten Wand (rote Kurve) hingegen nur bei 10 Watt/m^2 liegen. Über diese Auswertungsmethode lassen sich abseits von der Energieeinsparverordnung und von Förderprogrammen Dämmstärken individuell auslegen und somit greifbare Einsparpotenziale verdeutlichen.

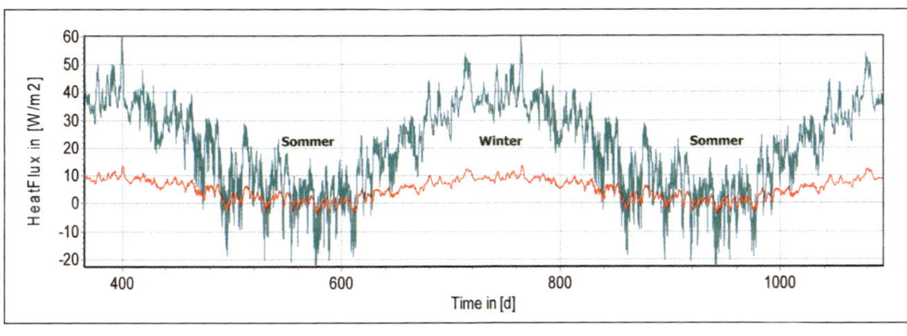

Bild 7-56 Transmissionswärmeverluste einer ungedämmten Wand (blaue Kurve) und einer mit Wärmedämmlehm gedämmten Wand (rote Kurve)

7.4.5 Anwendungsbeispiel »Anna-Amalia-Bibliothek«

Aufgrund der möglichen Ausbildung eines kapillar leitenden, wasserdampfdiffusionsfähigen und weitestgehend hohlraumfreien Innendämmsystems sind Wärmedämmlehme besonders für die energetische Sanierung von historischen Sichtfachwerkgebäuden geeignet. Das folgende Beispiel belegt stellvertretend die Leistungsfähigkeit derartiger Innendämmsysteme über einen ausreichend langen Zeitraum hinweg.

Geschichte und Brandereignis

Die Anna-Amalia-Bibliothek hat ihren Stammsitz im Grünen Schloss, das Nicol Gromann zwischen 1562 und 1565 im Auftrag des Herzogs Johann Wilhelm als

Bild 7-57
Anna-Amalia-Bibliothek, Weimar

fürstliches Wohngebäude errichtet hat. Zur Bibliothek wurde das Gebäude unter Herzogin Anna Amalia zwischen 1761 und 1766 ausgebaut und zugleich dem Stil der Zeit angepasst. Der in den oberen Stockwerken eingerichtete Rokokosaal bildete das Zentrum der öffentlichen Herzoglichen Bibliothek. Ein Verbindungsbau zwischen dem Bibliotheksbau und dem alten Stadtturm wurde auf Anregung Goethes nach einem Entwurf von Heinrich Gentz 1803 bis 1805 eingefügt. Den Turm haben etwa 20 Jahre später Clemens Wenzeslaus Coudray und Carl Friedrich Steiner zu einem Büchermagazin umgestaltet und durch einen neugotischen Anbau ergänzt. 25 Jahre später, 1849 zu Goethes 100. Geburtstag, wurde die nach einem Entwurf von Coudray ausgeführte nördliche Erweiterung des ursprünglich vierachsigen Kernbaus eingeweiht.

Der Brand vom 2. September 2004 hatte das Haus stark getroffen und das Dachgeschoss des Grünen Schlosses vollständig zerstört. Durch das Feuer waren auch 35 Gemälde, die sich im Dachbereich des Rokokosaals befanden, zerstört worden. Zudem waren Schäden an etwa 80 Porträtbüsten und weiteren Bildern entstanden, so beispielsweise an der Totenmaske Schillers und an dem von Ferdinand Jagemann gemalten Porträt des Herzogs Carl August. Insgesamt waren etwa 118.000 Bücher vom Brand und Löschwasser beschädigt worden, weitere 50.000 sind verbrannt. Das einzigartige Ensemble aus Büchersammlung, Kunstbestand und Architektur, das zum UNESCO-Weltkulturerbe gehört, war stark in Mitleidenschaft gezogen worden, aber in seiner Substanz erhalten. Bis 2007 wurde das Gebäude saniert und dann sowohl zur Besichtigung als auch für den Bibliotheksbetrieb wieder geöffnet.

Energetische Bewertung der ungedämmten Außenwand des Goethe-Anbaus

Die in Fachwerk erstellten Obergeschosse des Goethe-Anbaus stehen auf einem massiven Erdgeschoss und dienten vor dem Brand als Archivräume. Im Zuge der Sanierung wurden sie nun als Werkstätten für die Buchrestauratoren hergerichtet. Damit optimale Bedingungen für die Instandsetzung der historischen Werke geschaffen werden, ist eine kontrollierte relative Raumluftfeuchte um 50 % erforderlich.

Material	d in mm	λ in W/(mK)	μ
Kalkinnenputz	10	0,70	12
Lehmausgleich	30	0,55	9
Kalksteinmauerwerk	120	2,10	160
Kalkaußenputz	30	0,74	15

Tabelle 7-25 Konstruktionsaufbau und Materialparameter im Bestand von innen nach außen

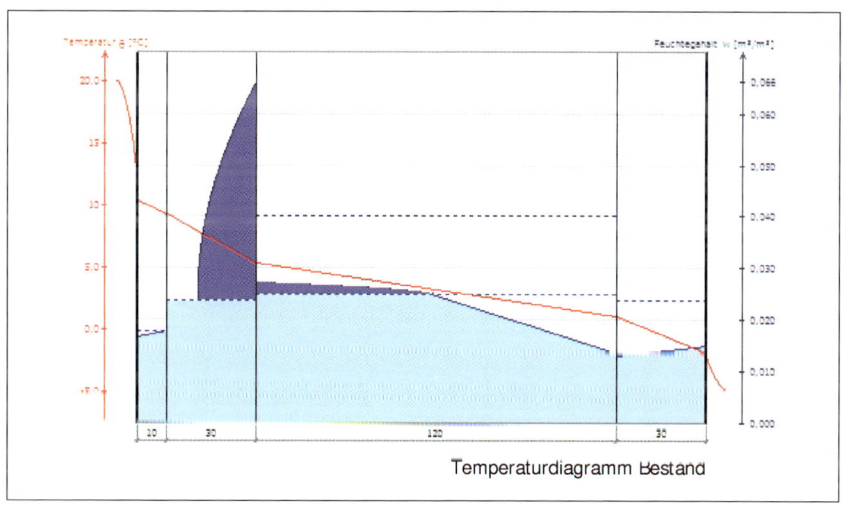

Bild 7-58 Betrachtung Außenwandquerschnitt vor der Sanierung

Zusammenfassung der Berechnungsergebnisse vor der Sanierung

Wärmedurchgangskoeffizient der Konstruktion: **U = 2,97 W/(m²K)**

Oberflächentemperatur (bei 20 °C Raumtemperatur): **T = 10,3 °C**

Das durch die Nutzungsänderung bedingte Risiko von Schimmelbildung an der historischen Fachwerkkonstruktion und die Behaglichkeitskriterien in den Arbeitsräumen erforderten zwingend den Einbau von Wärmedämmschichten. Das folgende Diagramm stellt den

Temperaturverlauf des ungedämmten Bestands dar. Erkennbar sind die geringe Oberflächentemperatur der Innenseite und das Risiko der Kondensatbildung im Bereich des Kalkinnenputzes.

Der denkmalpflegerische Anspruch, das ursprüngliche Fassadenbild sowie Teile der Bestandswände komplett zu erhalten, und der Wunsch des Bauherrn nach einer auf den historischen Bestand abgestimmten Lösung, führten zu der Entscheidung für Wärmedämmlehm. Die Verarbeitung ermöglichte den Verzicht auf eine Untergrundvorbehandlung und wirkte stabilisierend auf die historischen Gefachfüllungen. Auch konstruktiv bedingte Hohlräume in den Fachwerkwänden konnten mit dem Wärmedämmlehm in einem Arbeitsschritt mit ausgefüllt werden.

Energetische Bewertung der mit Wärmedämmlehm gedämmten Außenwand

Tabelle 7-26 Konstruktionsaufbau und Materialparameter nach Sanierung von innen nach außen

Material	d in mm	λ in W/(mK)	μ
Lehminnenputz	15	0,78	15
Verlorene Schalung	25	0,13	45
Wärmedämmlehm Kork	60	0,068	10
Kalksteinmauerwerk	120	2,10	160
Kalkaußenputz	30	0,74	15

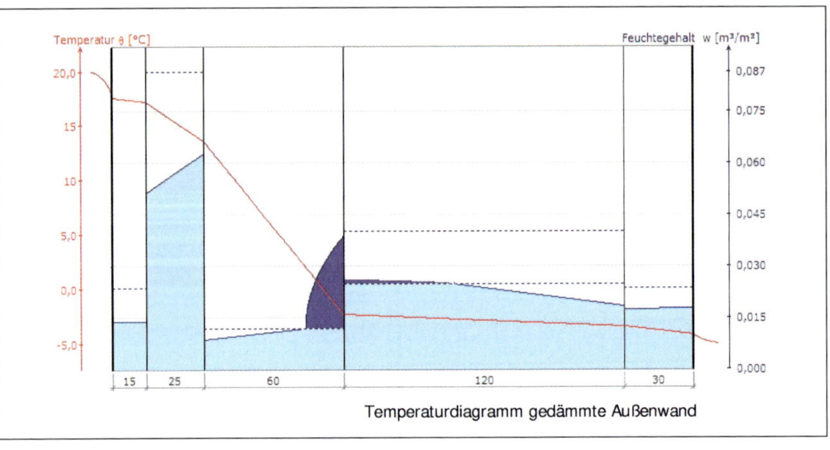

Bild 7-59 Betrachtung Außenwandquerschnitt nach der Sanierung durch Aufbringen von Wärmedämmlehm als Innendämmung

Zusammenfassung der Berechnungsergebnisse nach der Sanierung

Wärmedurchgangskoeffizient der Konstruktion: **U = 0,73 W/(m²K)**
Oberflächentemperatur (bei 20 °C Raumtemperatur): **T = 17,5 °C**

Gegenüber Innendämmsystemen, die Dampfsperren erfordern und damit einen kapillaren Feuchtetransport nach innen ausschließen, kann mit dem Wärmedämmlehm eine deutlich höhere Sicherheit der Gesamtkonstruktion gewährleistet werden. Diese allgemeinen Anforderungen an Innendämmungen in historischen Gebäuden werden von Wärmedämmlehm optimal erfüllt. Das Temperaturdiagramm der gedämmten Außenwand weist eine physiologisch optimale Oberflächentemperatur von 17,5 °C aus. Die Abkühlung der warmen Raumluft an der Außenwand wird somit wesentlich verringert und das Risiko der Kondensatbildung somit in einen unkritischen Bereich verlagert. Durch Einstampfen des Materials zwischen der historischen Außenwand und einer inneren Schalung wird ein homogener und kontrollierbarer Wandaufbau ohne Lufteinschlüsse erreicht.

8 Fazit

Die Ausführungen haben gezeigt, dass energiesparende Maßnahmen in Fachwerkgebäuden zu einem beträchtlichen Teil möglich sind. Es hat sich aber auch herausgestellt, dass die Anforderungen der Energieeinsparverordnung (EnEV) nicht in jedem Fall problemlos zu erfüllen sind. Hierzu wurden entsprechende Maßnahmen oder Kompensationsmöglichkeiten aufgezeigt. Auch der Verordnungsgeber hat die Problematik der energetischen Sanierung von Fachwerkgebäuden erkannt und in der Neufassung der EnEV ab 01.10.2009 für die bauphysikalisch komplexe Situation der Innendämmung eine Abschwächung der Anforderungen, hier $U \leq 0{,}84\ W/(m^2K)$ statt $U \leq 0{,}35\ W/(m^2K)$, zugelassen. Dieses ist auch als Ergebnis der Arbeit der WTA, besonders des Referats 8 (Fachwerk), zu werten.

Dennoch zeigt die Praxis – und hier auch die vorgestellten Praxisbeispiele –, dass bei differenziertem Vorgehen und integrativem Planen auch ein bauhistorisch wertvolles oder gar unter Denkmalschutz stehendes Fachwerkhaus unter Umständen aktuelle Energieeffizienzanforderungen erfüllen kann. Die tatsächlichen Endenergieverbräuche helfen mit, dem politischen Ziel der Reduzierung von CO_2-Emissionen ein Stück näher zu kommen. »Aus dem Barock und in die EnEV« ist also durchaus machbar, ohne dass die Fachwerkgebäude kaputt saniert werden. Das wäre dann »Aus dem Barock über die EnEV in die Deponie« ...

Mit welchen Möglichkeiten kann nun der energetische Erfolg bewertet werden?

Es kann der tatsächliche Heizenergieverbrauch vor und nach der Instandsetzungsmaßnahme zugrunde gelegt werden oder das Ergebnis über IR-Thermografien bzw. umfangreiche Messtechnik bestimmt werden. Eine Dokumentation der Ergebnisse ist bereits mit der letzten EnEV-Fassung (ab 2007) im Rahmen des Energieausweises für Bestandsgebäude geschaffen worden. Hierzu ist aber eine genaue Erfassung der Bauteile, Flächen und Anlagentechnik erforderlich, was eine Bewertung über Gebäudetypologien nicht zulässt. Zudem ist der Gesamtenergiebedarf gegenüber dem Primärenergiebedarf stärker zu betonen.

Leider hat sich auch im Rahmen von Energieberatungsgutachten gezeigt, dass der rechnerische Energieverbrauch häufig nicht mit dem tatsächlichen Energieverbrauch übereinstimmt. Verminderungen des tatsächlichen Verbrauchswertes auf ca. 50 % bzw. Erhöhungen auf ca. 130 % des rechnerischen Wertes sind dabei ohne Weiteres möglich, da oft eine nicht vollständige Bestandsaufnahme und insbesondere ein von der Norm abweichendes Benutzerverhalten zu beobachten sind. Gerade im Fachwerkbau, mit den im Rahmen der Instandsetzung vielfältigen Fehlerquellen, kann es zu weit reichenden Abweichungen gegenüber dem geplanten Verbrauch kommen.

Eine hohe Planungs- und Ausführungsqualität ist daher im Fachwerkbau unerlässlich. Die Kosten für eine Qualitätssicherung – noch besser wäre eine Qualitätslenkung – während der Instandsetzung sind daher schon im Vorfeld zu berücksichtigen. Ein geeignetes Mittel kann z. B. die Bestellung eines staatlich anerkannten Sachverständigen für Schall- und Wärmeschutz, wie er in Nordrhein-Westfalen Pflicht ist, oder eines Sachverständigen für Energieeffizienz schon während der Planungs- und Bauphase sein. Ausführungsbegleitende Kontrollen der Dämmqualität, aber auch der Planung und Ausführung sollten zur Regel werden. Teilweise ist auch der Schornsteinfeger, hier aber lediglich bei der Anlagentechnik, in die Qualitätssicherung mit einzubeziehen.

Das erzielte Ergebnis steht und fällt aber auch mit dem Nutzerverhalten. Wird ein Fachwerkgebäude nicht regelmäßig gepflegt und gewartet, kann es zu Zerstörungen des Fachwerkgefüges und zu energetischen Verlusten größeren Ausmaßes kommen. In dieser Hinsicht ist daher besonders auf das WTA-Merkblatt 8-9, Gebrauchsanweisung für Fachwerkgebäude [19], hinzuweisen.

Trotz aller Hinweise und Überlegungen zu einer energetischen und fachwerkgerechten Instandsetzung und Nutzung gilt in den meisten Fällen ...

Literatur / Anmerkungen

1 Deutsches Zentrum für Handwerk und Denkmalpflege, Propstei Johannesberg Fulda e. V. (Hrsg.); Gerner, M; Rübesam, H.; Bauer, Ch.: Die wirtschaftlichen Auswirkungen der Denkmalpflege. Studie. Fulda: Selbstverlag 1997

2 EnEV, Verordnung über einen energiesparenden Wärmeschutz und energiesparende Anlagentechnik bei Gebäuden (Energieeinsparverordnung - EnEV), vom 20.11.2001, in Kraft seit 01.02.2002; Änderung vom 18.03.2009, in Kraft seit 01.10.2009.

3 Bundesministerium für Raumordnung, Bauwesen und Städtebau (Hrsg.): Dritter Bericht über Schäden an Gebäuden. Bonn: Selbstverlag 1996

4 Vitruvius: Arten des Mauerwerks (ca. 31 v.Chr.). In: Vitruvius: 10 Bücher über die Architektur. 2. Buch. Berlin-Schöneberg: Langenscheidtsche Verlagsbuchhandlung 1865. Kap. 8 (Langenscheidtsche Bibliothek; 110)

5 Klöckner, K.: Alte Fachwerkbauten. Lizenzausgabe. Augsburg: Weltbild Verlag 1999

6 Lenze, W.: Fachwerkhäuser restaurieren - sanieren - modernisieren. Materialien und Verfahren für eine dauerhafte Instandsetzung. Stuttgart: Fraunhofer IRB Verlag 2001

7 Ellenberg, H.: Bauernhaus und Landschaft in ökologischer und historischer Hinsicht. Stuttgart: E. Ulmer 1990

8 Institut für Wohnen und Umwelt (Hrsg.); Born, R.; Ebel, W.; Eicke-Hennig, W.; Feist, W.; Jäckel, M.; Logar, T. Schmidt, H.; Storch, Hildebrandt, O.; Siegel, B.: Empirische Überprüfung der Möglichkeiten und Kosten im Gebäudebestand und bei Neubauten Energie einzusparen und die Energieeffizienz zu steigern (ABL und NBL). Darmstadt: Selbstverlag 1995

9 Gesellschaft für Rationelle Energieverwendung e. V. - GRE -, Berlin (Hrsg.): Hauser, G.; Höttges, K.; Otto, F.; Stiegel, H.: Energieeinsparung im Gebäudebestand. Bauliche und anlagentechnische Lösungen. 4. Aufl. Ausgabe 1/2002. Böhl-Iggelheim: BAUCOM Verlag 2002

10 Ansorge, D.: Fachwerkgebäude - Fachwerkfassaden - Schäden erkennen und beseitigen. Ein breites Aufgabengebiet für Bausachverständige und Handwerker. WTA-Journal (2003), Nr. 1, S. 35-61

11 Schlemminger, H.: Rechtliche Erfordernisse bei der Umnutzung von Bestandsimmobilien. Der Syndikus (2000), Nr. Januar/Februar

12 Neue Zeitschrift für Verwaltungsrecht (NVwZ) (1998), S. 842 ff.

13 Geburtig, G.: Bauen im Bestand - Baurecht, Möglichkeiten und Grenzen. In: Bauen im Bestand - mit Holz. 4. Holzbauforum Leipzig. Berlin: HUSS-MEDIEN GmbH 2004, S. 8-36

14 Schmidt, H.: Zur Entwicklung denkmalpflegerischer Richtlinien seit dem 19. Jahrhundert. Die »Charta von Venedig«. In: Univ. Karlsruhe, Sonderforschungsbereich 315 - Erhalten historisch bedeutsamer Bauwerke: Baugefüge, Konstruktionen, Werkstoffe; Hrsg.: Wenzel, F., Sprecher des Sonderforschungsbereichs 315 . Jahrbuch 1989. Berlin: Ernst und Sohn 1990, S. 1-24

15 DIN 4108-2, Ausgabe: 2003-07: Wärmeschutz und Energieeinsparung in Gebäuden. Teil 2: Mindestanforderungen an den Wärmschutz

16 Vereinigung der Landesdenkmalpfleger in der Bundesrepublik Deutschland; Westfälisches Amt für Denkmalpflege (Hrsg.); Stöver, Dirk; Farnsworth, John Richard: Fachwerk in der Denkmalpflege. Arbeitsunterlagen zur Instandsetzung und Wärmedämmung von Fachwerkbauten. Münster: Selbstverlag 2004. (Berichte zu Forschung und Praxis der Denkmalpflege in Deutschland; 13)

17 DIN 4108: Wärmeschutz und Energieeinsparung in Gebäuden. Entwicklungen im Zeitraum 2001/2003

18 Wissenschaftlich-Technische Arbeitsgemeinschaft für Bauwerkserhaltung und Denkmalpflege e. V. -WTA- , WTA-Publications (Hrsg.): Merkblatt 8-1. Fachwerkinstandsetzung nach WTA I. Bauphysikalische Anforderungen an Fachwerkgebäude. München 2004 (1. Ausgabe 1996)

19 Wissenschaftlich-Technische Arbeitsgemeinschaft für Bauwerkserhaltung und Denkmalpflege e. V. -WTA-, WTA-Publications (Hrsg.): Fachwerkinstandsetzung nach WTA. Band 1: WTA-Merkblätter 8-1 bis 8-9. Freiburg: Aedificatio Verlag 2001; Aktuelle Merkblätter unter www.wta.de [Stand 30.09.2011]

20 Wissenschaftlich-Technische Arbeitsgemeinschaft für Bauwerkserhaltung und Denkmalpflege e. V. -WTA-, WTA-Publications (Hrsg.): Merkblatt 8-10. Fachwerkinstandsetzung nach WTA X. EnEV: Möglichkeiten und Grenzen. München 2011 (1. Ausgabe 2003)

21 WTA-D Wissenschaftlich-Technische Arbeitsgemeinschaft für Bauwerkserhaltung und Denkmalpflege, Vereinigung der Landesdenkmalpfleger Deutschlands, Deutsches Nationalkomitee für Denkmalschutz, Deutsche Stiftung Denkmalschutz und Deutsche Bundesstiftung Umwelt: »Energieberatung statt Energieausweise für Baudenkmale!«, Presseerklärung vom 13.03.2007, einzusehen unter www.wta.de [Stand 30.09.2011]

22 Bundesministerium für Wirtschaft und Arbeit (Hrsg.): Energieeinspargesetz (EnEG) - Gesetz zur Einsparung von Energie in Gebäuden. Vom 22. Juli 1976 (BGBl I S. 1873, 1978), geändert durch das Erste Änderungsgesetz vom 20. Juni 1980 (BGBl. I S. 701, 1980). Bundesgesetzblatt Teil 1 (1976), Nr. 87, S. 1874-1878. Referentenentwurf vom 10.01.2005 (BGBl. I S. 2992), letztes Änderungsgesetz vom 28. März 2009 (BGBl. I Seite 643).

23 Wärmeschutzverordnung (WSchV): Verordnung über einen energiesparenden Wärmeschutz von Gebäuden, 1. Verordnung von 1977. Letzte Verordnung außer Kraft getreten zum 31.01.2002

24 Heizungsanlagenverordnung (HeizAnlV): Verordnung über energiesparende Anforderungen an heizungstechnische Anlagen- und Brauchwasseranlagen. 1. Verordnung von 1978. Letzte Verordnung außer Kraft getreten zum 31.01.2002

25 EnEV, Neufassung der Energieeinsparverordnung vom 02.12.2004, in Kraft seit 08.12.2004

26 EnEV, Neufassung der Energieeinsparverordnung vom 24.07.2007, in Kraft seit 01.10.2007

27 (Vornorm) DIN V 18599, Ausgabe: 2011-12: Energetische Bewertung von Gebäuden - Berechnung des Nutz-, End- und Primärenergiebedarfs für Heizung, Kühlung, Lüftung, Trinkwarmwasser und Beleuchtung; Teile 1-10

28 EnEV, Neufassung der Energieeinsparverordnung vom 29.04.2009, in Kraft seit 01.10.2009

29 Hegner, H.-D.; Vogler, I.: Energieeinsparverordnung EnEV - für die Praxis kommentiert. Berlin: Ernst & Sohn Verlag, 2002.

30 DIN EN 832, Ausgabe: 2003-06: Wärmetechnisches Verhalten von Gebäuden, Berechnung des Heizenergiebedarfs, Wohngebäude; inzwischen zurückgezogen

31 (Vornorm) DIN V 4108-6, Ausgabe: 2003-06: Wärmeschutz und Energie-Einsparung in Gebäuden - Teil 6: Berechnung des Jahresheizwärme- und des Jahresheizenergiebedarfs

32 (Vornorm) DIN V 4701-10, Ausgabe: 2003-08: Energetische Bewertung heiz- und raumlufttechnischer Anlagen - Teil 10: Heizung, Trinkwassererwärmung, Lüftung

33 Erste BImSchV, Erste Verordnung zur Durchführung des Bundes-Immissionsschutzgesetzes (Verordnung über kleine und mittlerer Feuerungsanlagen): vom 26. Januar 2010 (BGBl I S. 38), zuletzt geändert am 26.01.2010

34 Fachkommission »Bautechnik« der Bauministerkonferenz: Auslegungsfragen zur Energieeinsparverordnung vom 17.12.2009, 08.03.2010, 22.07.2010, 14.01.2011, 27.06.2011, 02.04.2012, Mitteilungen des Deutschen Instituts für Bautechnik. Berlin

35 (Vornorm) DIN V 18599-Beiblatt 1, Ausgabe 2010-01: Energetische Bewertung von Gebäuden - Berechnung des Nutz-, End- und Primärenergiebedarfs für Heizung, Kühlung, Lüftung, Trinkwarmwasser und Beleuchtung, Beiblatt 1: Bedarfs-/Verbrauchsabgleich

36 Eßmann, F.: Energieausweise für historische Fachwerkgebäude - erwünscht und doch problematisch?. In: Historische Holzbauwerke und Fachwerk, Ansorge, D. und Geburtig, G. (Hrsg.); Stuttgart: Fraunhofer IRB Verlag 2008, S. 223-233

37 Sahner, G.; Weeber, R.; Bosch-Lewandowski, S.: Energieausweise für Wohngebäude: Marktentwicklung und Akzeptanz. EnEV aktuell, Heft II / 2010, S. 7-9

38 Bundesministerium für Umwelt, Naturschutz und Reaktorsicherheit (Hrsg.): Gesetz zur Förderung Erneuerbarer Energien im Wärmebereich (EEWärmeG) - Erneuerbare-Energien-Wärmegesetz. Vom 07. August 2008 (BGBl I S. 1658, 2008) sowie Änderung mit Gesetz zur Umsetzung der Richtlinie 2009/28/EG (BGBl I S. 619), Novellierung vom 12.04.2011 (BGBl. I S. 623), in Kraft seit 01.05.2011

39 (Vornorm) DIN V 4701-12, Ausgabe: 2004-02: Energetische Bewertung heiz- und raumlufttechnischer Anlagen im Bestand - Teil 12: Wärmeerzeuger und Trinkwassererwärmung

40 (Vornorm) DIN V 18599-100, Ausgabe 2009-10: Energetische Bewertung von Gebäuden - Berechnung des Nutz-, End- und Primärenergiebedarfs für Heizung, Kühlung, Lüftung, Trinkwarmwasser und Beleuchtung, Teil 100: Änderungen zu DIN V 18599-1 bis DIN V 18599-10,

41 Bundesministerium für Verkehr, Bau und Stadtentwicklung (Hrsg.): Bekanntmachung der Regeln zur Datenaufnahme und Datenverwendung im Wohngebäudebestand. Berlin 30.07.2009. Ebenso für Nichtwohngebäudebestand. Download unter www.bbsr.bund.de [Stand 30.09.2011]

42 WTA-D Wissenschaftlich-Technische Arbeitsgemeinschaft für Bauwerkserhaltung und Denkmalpflege, Vereinigung der Landesdenkmalpfleger Deutschlands, Deutsches Nationalkomitee für Denkmalschutz, Deutsche Stiftung Denkmalschutz, et al.: »Denkmalschutz ist Klimaschutz«, Positionspapier 2011, einzusehen unter www.wta.de [Stand 30.09.2011]

43 Europäische Gemeinschaften (Hrsg.): Richtlinie 2010/31/EU des europäischen Parlaments und des Rates vom 19. Mai 2010 über die Gesamtenergieeffizienz von Gebäuden; Amtsblatt der Europäischen Union vom 18.06.2010; Directive on the energy performance of buildings (EPBD)

44 Bundesministerium für Wirtschaft sowie Bundesministerium für Umwelt; Energiekonzept für eine umweltschonende, zuverlässige und bezahlbare Energieversorgung; 28.09.2010, Überarbeitung zum 06.06.2011

45 Gerner, M.: Fachwerk: Entwicklung, Gefüge, Instandsetzung. 7. Aufl. Stuttgart: Deutsche Verlags-Anstalt 1994

46 Wetzel, J.: Holzfachwerk. Untersuchungen zu einer historischen Holzbauweise, zu ihrer Eigenart und Entwicklung und zur Erhaltung noch bestehender Bauten. Renningen: expert Verlag 2003

47 Ossenberg, H.: In: Binding, G. (Hrsg.): Das Bürgerhaus in Oberschwaben. Tübingen: Wasmuth 1979, S. 17. (Das Deutsche Buergerhaus; 28)

48 Baumgarten, K.: Das deutsche Bauernhaus. Eine Einführung in seine Geschichte vom 9. bis zum 19. Jahrhundert. Berlin 1980

49 Binding, G.; Mainzer, U.; Wiedenau, A.: Kleine Kunstgeschichte des deutschen Fachwerkbaus. 4., überarb. u. erw. Aufl. Darmstadt: Primus Verlag 1997

50 Gerner, M.: Farbiges Fachwerk. Ausfachung, Putz, Wärmedämmung und Farbgestaltung. 2. Aufl. Stuttgart: Deutsche Verlags-Anstalt 1993

51 Großmann, U.: Der Fachwerkbau. Das historische Fachwerkhaus, seine Entstehung, Farbgebung, Nutzung und Restaurierung. 3. Aufl. Köln: DuMont Buchverlag 1992

52 Wetzel, J.: Historische Holzfachwerkbauten. Erhalt und Sanierung. Bd. 1. Sanierungspraxis. 2., erw. Aufl. Renningen: expert verlag 2000. (Historische Holzfachwerkbauten; 1 = Reihe Technik)

53 Europäische Gemeinschaften (Hrsg.): 89/106/EWG. Ausgabe: 1988. Richtlinie des Rates vom 21. Dezember 1988 zur Angleichung der Rechts- und Verwaltungsvorschriften der Mitgliedstaaten über Bauprodukte. (Geändert durch: 93/68/EWG vom 22. Juli 1993; EGV 1882/03 vom 29. September 2003; Nachdruck in: VOB-Materialsammlung (1984); Bauproduktengesetz (1992); Planen u. Bauen (1982); Identisch mit: prEN 921(1992-10); PrEN 922(1992-10), zuletzt geändert durch das Gesetz vom 06.01.2004 (BGBl. I S. 2, 15). Berlin: DITR 1988

54 Bauregelliste A – Ausgabe 2009/1. DIBt Mitteilungen Sonderheft 38 (2009)

Bauregelliste B – Ausgabe 2009/1. DIBt Mitteilungen Sonderheft 38 (2009)

Liste C – Ausgabe 2009/1. DIBt Mitteilungen Sonderheft 38 (2009)

55 Wissenschaftlich-Technische Arbeitsgemeinschaft für Bauwerkserhaltung und Denkmalpflege e. V. -WTA- WTA-Publications (Hrsg.): Merkblatt 8-3. Fachwerkinstandsetzung nach WTA III: Ausfachungen von Sichtfachwerk. München: 2010

56 Dachverband Lehm e. V., Weimar (Herausgeber); Volhard, F.; Röhlen, U.: Lehmbau Regeln. Begriffe – Baustoffe - Bauteile. 3. Aufl. Wiesbaden: Vieweg+Teubner 2009

57 Röhlen, U.; Ziegert, C.: Lehmbau-Praxis. Planung und Ausführung. Berlin: Bauwerk Verlag 2010

58 Brandner, H.: Gnoien, Scharfrichterstraße 5, Fassungsuntersuchung zur Erstfassung der Fassade. Bützow: 1999 (unveröffentlicht)

59 Zentrum für Handwerk und Denkmalpflege (Hrsg.): Arbeitsblatt Zimmererarbeiten: Wiederherstellen alter Holzkonstruktionen. Fulda: Selbstverlag

60 Bundesministerium für Wirtschaft und Technologie sowie Bundesministerium für Verkehr, Bau und Stadtentwicklung; Begründung zum Referenten-Entwurf der Energieeinsparverordnung; Stand vom 18. April 2008

61 VOB/B 2002: Anwendung des Begriffs »anerkannte Regel der Technik« erfolgt hier und folgend gemäß VOB/B, § 4 Ausführung, 2. (1), gleichbedeutend mit dem Begriff »allgemein anerkannte Regel der Technik« gemäß § 641a BGB

62 Wissenschaftlich-Technische Arbeitsgemeinschaft für Bauwerkserhaltung und Denkmalpflege e. V. -WTA-, WTA-Publications (Hrsg.): Merkblatt 2-9. Sanierputzsysteme. München 2004 (1. Ausgabe 1992 als Merkblatt 2-2)

63 DIN 4109, Ausgabe: 1989-11: Schallschutz im Hochbau; Anforderungen und Nachweise

64 DIN 4102-1, Ausgabe: 1998-05: Brandverhalten von Baustoffen und Bauteilen - Teil 1: Baustoffe; Begriffe, Anforderungen und Prüfungen

DIN 4102-2, Ausgabe: 1977-09: Brandverhalten von Baustoffen und Bauteilen; Bauteile, Begriffe, Anforderungen und Prüfungen

DIN 4102-3, Ausgabe: 1977-09: Brandverhalten von Baustoffen und Bauteilen; Brandwände und nichttragende Außenwände, Begriffe, Anforderungen und Prüfungen

DIN 4102-4, Ausgabe: 1994-03: Brandverhalten von Baustoffen und Bauteilen; Zusammenstellung und Anwendung klassifizierter Baustoffe, Bauteile und Sonderbauteile

DIN 4102-5, Ausgabe: 1977-09: Brandverhalten von Baustoffen und Bauteilen; Feuerschutzabschlüsse, Abschlüsse in Fahrschachtwänden und gegen Feuer widerstandsfähige Verglasungen, Begriffe, Anforderungen und Prüfungen

DIN 4102-6, Ausgabe: 1977-09: Brandverhalten von Baustoffen und Bauteilen; Lüftungsleitungen, Begriffe, Anforderungen und Prüfungen

DIN 4102-7, Ausgabe: 1998-07: Brandverhalten von Baustoffen und Bauteilen - Teil 7: Bedachungen; Begriffe, Anforderungen und Prüfungen

DIN 4102-8, Ausgabe: 2003-10: Brandverhalten von Baustoffen und Bauteilen - Teil 8: Kleinprüfstand

65 Wissenschaftlich-Technische Arbeitsgemeinschaft für Bauwerkserhaltung und Denkmalpflege e. V. -WTA- , WTA-Publications (Hrsg.): Merkblatt 8-11. Fachwerkinstandsetzung nach WTA XI: Schallschutz bei Fachwerkgebäuden. München 2008

66 Wissenschaftlich-Technische Arbeitsgemeinschaft für Bauwerkserhaltung und Denkmalpflege e. V. -WTA- , WTA-Publications (Hrsg.): Merkblatt 8-12. Fachwerkinstandsetzung nach WTA XII: Brandschutz bei Fachwerkgebäuden. München 2011 (1. Ausgabe 2005)

67 Wissenschaftlich-Technische Arbeitsgemeinschaft für Bauwerkserhaltung und Denkmalpflege e. V. -WTA-, WTA-Publications (Hrsg.): Merkblatt E-8-13, Ertüchtigung von Holzbalkendecken I: Schwingungen, Durchbiegungen, Tragfähigkeit. München 2012

68 Wissenschaftlich-Technische Arbeitsgemeinschaft für Bauwerkserhaltung und Denkmalpflege e. V. -WTA-, WTA-Publications (Hrsg.): Merkblatt E-8-14, Ertüchtigung von Holzbalkendecken II: Balkenköpfe in Außenwänden. München 2012

69 Bundesministerium für Verkehr, Bau- und Wohnungswesen -BMVBW-, Bonn (Förd.); Aachener Institut für Bauschadensforschung und Angewandte Bauphysik GmbH -AIBau - (Ausf. Stelle); Lamers, R.; Rosenzweig, D.; Abel, R.: Bewährung innen wärmegedämmter Fachwerkbauten. Stuttgart: Fraunhofer IRB Verlag 2000. (Bauforschung für die Praxis; 54)

70 Künzel, H.: Der Feuchtehaushalt von Holz-Fachwerkwänden. Untersuchungen an Fachwerkelementen und Fachwerkhäusern und Folgerungen für die Praxis. Stuttgart: Fraunhofer IRB Verlag 1996. (Bauforschung für die Praxis; 23)

71 Eßmann, F.: Anforderungen der Energieeinsparverordnung bei der Fachwerk-Sanierung. In: Wissenschaftlich-Technische Arbeitsgemeinschaft für Bauwerkserhaltung und Denkmalpflege e. V. -WTA-, München (Hrsg.): Fachwerkinstandsetzung nach WTA. Band 2: Aktuelle Berichte. Stuttgart: Fraunhofer IRB Verlag 2002, S. 76–81

72 Arbeitskreis selbstständiger Kulturinstitute, Bonn; Download unter www.aski.org [Stand: 24.07./18.12.2004]

73 Niebert, Burkhard, Naumburg; Download unter www.kunstmaler-niebert.de [Stand: 16.06.2003]

74 Künzel, Hartwig M.: Fachwerksanierung ohne Feuchteschäden. In: Wissenschaftlich-Technische Arbeitsgemeinschaft für Bauwerkserhaltung und Denkmalpflege e. V. -WTA-, München (Hrsg.): Fachwerkinstandsetzung nach WTA. Band 2: Aktuelle Berichte. Stuttgart: Fraunhofer IRB Verlag 2002, S. 43–48

75 DIN 4108-3, Ausgabe: 2001-07. Wärmeschutz und Energie-Einsparung in Gebäuden. Teil 3: Klimabedingter Feuchteschutz; Anforderungen, Berechnungsverfahren und Hinweise für Planung und Ausführung.

76 Wissenschaftlich-Technische Arbeitsgemeinschaft für Bauwerkserhaltung und Denkmalpflege e. V. -WTA- (Hrsg.): Merkblatt 4-5. Beurteilen von Mauerwerk – Mauerwerksdiagnostik. München 1999

77 Wissenschaftlich-Technische Arbeitsgemeinschaft für Bauwerkserhaltung und Denkmalpflege e. V. -WTA- (Hrsg.): Merkblatt 8-2. Fachwerkinstandsetzung nach WTA II: Checkliste zur Instandsetzungsplanung und -durchführung. München 2008

78 Deutsches Fachwerkzentrum Quedlinburg (Hrsg.): Hilfe, ich habe ein Fachwerkhaus. Ein Leitfaden für Bauherren und am Fachwerk Interessierte. 1. Aufl. Quedlinburg 2009

79 Stahr, H. (Hrsg.): Praxiswissen Bausanierung. Wiesbaden: Vieweg 1999

80 Deutsche Bauchemie e. V. (Hrsg.): Folienserie »Holzschutz«, CD-ROM Version. Frankfurt/Main: Selbstverlag März 1997

81 DIN EN 1745, Ausgabe: 2002-08: Mauerwerk und Mauerwerksprodukte – Verfahren zur Ermittlung von Wärmeschutzrechenwerten; Deutsche Fassung EN 1745:2002

82 Lutz, P.; Jenisch, R.; Klopfer, H.; Freymuth, H.; Petzold, K.; Stohrer, M.: Lehrbuch der Bauphysik. Schall, Wärme, Feuchte, Licht, Brand, Klima. 5., überarb. Aufl. Wiesbaden: Teubner 2002

83 Wissenschaftlich-Technische Arbeitsgemeinschaft für Bauwerkserhaltung und Denkmalpflege e. V. -WTA- , WTA-Publications (Hrsg.): Merkblatt 1-2. Der Echte Hausschwamm – Erkennung, Lebensbedingungen, vorbeugende Maßnahmen, bekämpfende chemische Maßnahmen, Leistungsverzeichnis. München 2005

84 Wießner, J.: Sanierung von Pilzbefall in Holz und Mauerwerk; Veröffentlichung im Download-Bereich der Internetseite www.jochenwiessner.de [Stand: 30.09.2011]

85 Wießner, J.: Fachwerksanierung aus der Sicht des Holzschutzsachverständigen, Veröffentlichung im Download-Bereich der Internetseite www.jochenwiessner.de [Stand: 30.09.2011]

86 DIN EN ISO 6946, Ausgabe: 2008-04: Bauteile - Wärmedurchlasswiderstand und Wärmedurchgangskoeffizient - Berechnungsverfahren

87 Wissenschaftlich-Technische Arbeitsgemeinschaft für Bauwerkserhaltung und Denkmalpflege e. V. -WTA-, WTA-Publications (Hrsg.): WTA-Merkblatt 6-1. Leitfaden für hygrothermische Simulationsberechnungen. München 2001

88 Wissenschaftlich-Technische Arbeitsgemeinschaft für Bauwerkserhaltung und Denkmalpflege e. V. -WTA- ,WTA-Publications (Hrsg.): WTA-Merkblatt 6-2. Simulation wärme- und feuchtetechnischer Prozesse. München 2001

89 DIN EN 15026, Ausgabe: 2007-07: Wärme- und feuchtetechnisches Verhalten von Bauteilen und Bauelementen - Bewertung der Feuchteübertragung durch numerische Simulation

90 Deutscher Wetterdienst DWD (Hrsg.): Testreferenzjahre von Deutschland für mittlere und extreme Witterungsverhältnisse TRY, Offenbach 2004; Neuausgabe April 2011

91 Meteotest (Hrsg.): Metonorm. Globale meteorologische Datenbank für Solarenergie und Angewandte Meteorologie, Version 6.1 . Bern: Selbstverlag 2011

92 DIN 4108, Beiblatt 2, Ausgabe: 2006-03: Wärmeschutz und Energie-Einsparung in Gebäuden - Wärmebrücken - Planungs- und Ausführungsbeispiele

93 DIN EN ISO 10211, Ausgabe: 2008-04: Wärmebrücken im Hochbau - Wärmeströme und Oberflächentemperaturen

94 Gertis, K.; Erhorn, H.; Reiß, J.: Klimawirkungen und Schimmelpilzbildung bei sanierten Gebäuden. In: Bauphysik der Außenwände. DFG-Forschungsschwerpunkt. Internationaler Bauphysikkongress 25. und 26. September 1997 TU Berlin. Stuttgart: Fraunhofer IRB Verlag 1997, S. 241-253

95 DIN-Fachbericht 4108-8, Ausgabe: 2010-09: Wärmeschutz und Energie-Einsparung in Gebäuden - Teil 8: Vermeidung von Schimmelpilz-Wachstum in Wohngebäuden

96 Sedlbauer, K.; Krus, M.: Schimmelpilze in Gebäuden - Biohygrothermische Berechnungen und Gegenmaßnahmen. In: Bauphysik-Kalender 2003. Berlin: Verlag Ernst & Sohn 2003, S. 435-530

97 Wissenschaftlich-Technische Arbeitsgemeinschaft für Bauwerkserhaltung und Denkmalpflege e. V. -WTA-, WTA-Publications (Hrsg.): WTA-Merkblatt 4-6. Nachträgliches Abdichten erdberührter Bauteile. München 2005 (1. Ausgabe 1998)

98 Venzmer, H.: Sanierung feuchter und versalzener Wände. Berlin: Verlag für Bauwesen 1991

99 Wissenschaftlich-Technische Arbeitsgemeinschaft für Bauwerkserhaltung und Denkmalpflege e. V. -WTA-, WTA-Publications (Hrsg.): WTA-Merkblatt 4-7. Nachträgliche mechanische Horizontalsperre. München 2002

100 Gänßmantel, J. (Hrsg.): Schimmelbildung in Gebäuden. Schnelle Ursachenermittlung, fachgerechte Nachbesserung, nachhaltige Vermeidung. Loseblattausgabe. Merching: Forum-Verlag Herkert 2003-2007

101 Hartmann, Th.; Reichel, D.; Richter, W.: Feuchteabgabe in Wohnungen – alles gesagt? In: gi – Gesundheitsingenieur, 122. Jahrgang (2001), Heft 4, S. 189–195

102 DIN V 18550, Ausgabe: 2005-04: Putz und Putzsysteme – Ausführung

103 DIN EN 13914-1, Ausgabe: 2005-06: Planung, Zubereitung und Ausführung von Innen- und Außenputzen – Teil 1: Außenputze; Deutsche Fassung EN 13914-1: 2005

104 DIN EN 998-1, Ausgabe: 2010-12: Festlegungen für Mörtel im Mauerwerksbau – Teil 1: Putzmörtel; Deutsche Fassung EN 998-1: 2010

105 Haacke Cellco GmbH (Hrsg.): CELLCO® Wärmedämmlehm. Technisches Merkblatt, im Internet unter www.haacke-cellco.info [Stand: 30.09.2011]

106 DIN EN ISO 10077. Wärmetechnisches Verhalten von Fenstern, Türen und Abschlüssen, Berechnung des Wärmedurchgangskoeffizienten. Teil 1. Vereinfachtes Verfahren, Ausgabe: 2010-05. Teil 2: Numerisches Verfahren für Rahmen, Ausgabe: 2008-08

107 (Altnorm) DIN EN ISO 10077. Wärmetechnisches Verhalten von Fenstern, Türen und Abschlüssen, Berechnung des Wärmedurchgangskoeffizienten. Teil 1: Vereinfachtes Verfahren, Ausgabe: 2000 (inzwischen zurückgezogen).

108 Künzel, H. M.: Trocknungsfördernde Dampfbremsen – Einsatzvoraussetzungen und feuchteschutztechnische Vorteile in der Praxis. wksb 46 (2001), Nr. 47, S. 15–23

109 Jagnow, K.; Wolff, D.: Technische Optimierung und Energieeinsparung, Teil 2 des Endberichts zum Forschungs- und Qualifizierungsprojekt OPTIMUS, Förderprogramm der DBU, 08.06.2005, www.optimus-online.de [Stand: 30.09.2011]

110 Landesregierung Baden-Württemberg (Hrsg.): Gesetz zur Nutzung erneuerbarer Wärmeenergie in Baden-Württemberg (EWärmeG) – Erneuerbare-Wärme-Gesetz. Vom 20. November 2007 (GBl. Nr. 19 S. 513, 2007)

111 Energieagentur NRW (Hrsg.): Mehr Wärme. Weniger Kosten. Rund ums Heizen. Wuppertal: Selbstverlag 2002

112 Vereinigung der Landesdenkmalpfleger der Bundesrepublik Deutschland, VDL: Solaranlagen und Denkmalschutz, Arbeitsblatt 37, 2010; Bezug unter www.denkmalforum.de [Stand 30.092011]

113 Dorß, W.: Grün gerechnete Zertifikate; Gebäudeenergieberater, Heft 05/2010, S. 12–17

114 Miara, M.; Russ, C.: Fraunhofer ISE, Freiburg: Wärmepumpen im Altbau – Feldtesterfahrungen; Symposium Wärmepumpen im Altbau, 30.06.2010

115 Auer, F; Schote, H.: Nicht jede Wärmepumpe trägt zum Klimaschutz bei; Schlussbericht eines Feldtests; Januar 2009; einzusehen unter www.agenda-energie-lahr.de [Stand: 30.09.2011]

116 Deutsches Fachwerkzentrum Quedlinburg; Stöckicht, B.; Eckermann, W.: Ökologisches Pilotprojekt unter wissenschaftlicher Begleitung; DBU-Forschungsprojekt AZ 21529; Abschlussbericht 22.12.2006

117 Bauer, A.; Gänßmantel, J.: Innendämmung und Wandflächenheizsysteme; WTA-Journal 1/06; S. 129–147

118 Österreichische Arbeitsgemeinschaft Putz: Verarbeitungsrichtlinien für das Verputzen von wasserführenden Wandheizungssystemen; RL WHS, 2. Auflage 06/2004

119 Deutscher Verein des Gas- und Wasserfachs (Hrsg.): Trinkwassererwärmungs- und Trinkwasserleitungsanlagen. Technische Maßnahmen zur Verminderung des Legionellenwachstums. Planung, Errichtung, Betrieb und Sanierung von Trinkwasser-Installationen Bonn: Selbstverlag 2004. (DVGW-Arbeitsblatt; W 551)

120 Recknagel, H.; Sprenger, E.; Schramek, E.-R.: Taschenbuch für Heizung + Klimatechnik. 2007/2008. München: Oldenbourg Industrieverlag 2007

121 DIN 1946-6, Ausgabe: 2009-05: Raumlufttechnik – Teil 6: Lüftung von Wohnungen – Allgemeine Anforderungen, Anforderungen zur Bemessung, Ausführung und Kennzeichnung, Übergabe/Übernahme (Abnahme) und Instandhaltung

122 Aigner, K.: Diagnostische Strategien in der Pneumologischen Umweltmedizin. In: Schultz., K.; Petro, W. (Hrsg.): Pneumologische Umweltmedizin – Atmungsorgane und Umwelt. Berlin: Springer-Verlag 1998, S. 149–163

123 Kramp, G.: Restaurierung, Optimierung des Schall- und Einbruchschutzes, Wärmedämmung. Vortrag im Rahmen der Veranstaltung »Erhaltung und Restaurierung historischer Fenster«, Detmold 02.09.2010

124 Brucker, G.: Ökologie und Umweltschutz – Ein Aktionsbuch. Wiebelsheim: Quelle & Meyer Verlag 1993

125 Workshop Ökologie und Bauinstandsetzen am 01.12.1999 im Rahmen des Kolloquiums »Werkstoffwissenschaften und Bauinstandsetzen (MSR 99)« der Technischen Akademie Esslingen vom 30.11.- 02.12.1999

126 Müller, A.: Aufbereitung von Baustoffen und Wiederverwertung (Vorlesungsskript Fakultät Bauingenieurwesen/Bauhaus-Universität Weimar)

127 Weizsäcker, E. U. von; Lovins, A. B.; Lovins, L. H.: Faktor Vier: doppelter Wohlstand – halbierter Naturverbrauch. Der neue Bericht an den Club of Rome. München: Droemer Knaur 1997

128 Thiel, D.; Gleißner, Th.: Das »gesunde« Bauen geht auch die Planer an. Deutsches Ingenieur Blatt 6(1999), Nr. 10, S. 37–43

129 DIN EN ISO 14040, Ausgabe: 2009-11: Umweltmanagement - Ökobilanz - Grundsätze und Rahmenbedingungen

130 Eyerer, P.; Reinhardt, H.-W.: Ökologische Bilanzierung von Baustoffen und Gebäuden. Wege zu einer ganzheitlichen Bilanzierung. Basel: Birkhäuser-Verlag 2000

131 Ifu Institut für Umweltinformatik Hamburg GmbH (Hrsg.): UMBERTO – Software für das Umweltmanagement. Hamburg: Selbstverlag. Siehe auch: http://www.umberto.de [Stand: 30.09.2011]

132 LEGEP Software GmbH, 85757 Karlsfeld (Hrsg.): LEGEP-Ökologie Software. siehe auch: www.legep.de [Stand: 30.09.2011]

133 Eidgenössische Materialprüfungs- und Forschungsanstalt -EMPA- (Hrsg.); Richter, K.; Sell, J.: Ökobilanzen von Baustoffen und Bauprodukten aus Holz. Zusammenfassung und erste Ergebnisse. Dübendorf/Schweiz: Selbstverlag 1992. (EMPA-Forschungs- u. Arbeitsberichte; 115/24)

134 Forschungsvereinigung Kalk-Sand e.V (Hrsg.): Agimus Umweltberatungsgesellschaft mbH, Braunschweig (Ausf.Stelle); Eden, W.; Kaczmarek, Th.; Meyer, G.; Waltermann, G.; Zapf, H.: Ökobilanz für den Baustoff Kalksandstein und Kalksandstein-Wandkonstruktionen. Hannover: Selbstverlag 1995. (Forschungsbericht – Forschungsvereinigung Kalk-Sand e. V.; 82)

135 Schweizerischer Ingenieur- und Architektenverein SIA (Hrsg.): Hochbaukonstruktionen unter ökologischen Gesichtspunkten. Zürich: Selbstverlag 1995 (SIA-Dokumentation; D 0123)

136 Ytong AG (Hrsg.): Öko-Daten – Zahlen und Fakten für den Planer. Schrobenhausen: Selbstverlag 1999

137 Industrieverband Werkmörtel e. V. (Hrsg.): Verbandsinterne Studie »Ökologische Aspekte von Werktrockenmörtel". Duisburg: Selbstverlag 2000

138 Verein Deutscher Zementwerke (Hrsg.): Zement-Taschenbuch 2000. Düsseldorf. Verlag Bau und Technik 2000. (Zement-Taschenbuch; 49)

139 Federation Europeenne des Fabricants de Tuiles et de Briques -TBE- (Hrsg.); Bruck, M.: Ökobilanz Ziegel. Ökologische Bewertung von Mauerziegeln sowie ökologische und betriebswirtschaftliche Bewertung von Ziegel-Außenwandkonstruktionen. D-A-CH Bericht Österreich. Zürich: Selbstverlag 1996

140 Schmidt-Bleek, F.: Das MIPS-Konzept: weniger Naturverbrauch – mehr Lebensqualität durch Faktor 10. München: Droemer Knaur 1998

141 Wuppertal Institut für Klima, Umwelt, Energie (Hrsg.). MIPS online. Download-Bereiche der Internetseite www.wupperinst.org [Stand: 30.09.2011]

142 Schmidt-Bleek, F.: Wieviel Umwelt braucht der Mensch? MIPS – das Maß für ökologisches Wirtschaften. Berlin-Basel-Boston: Birkhäuser Verlag 1993

143 Richter, K.: Ökologische Beurteilung von Bauinstandsetzungen. Internationale Zeitschrift für Bauinstandsetzen 2 (1996), Nr. 6, S. 505–518

144 Gänßmantel, J.: Ökologische Aspekte von Werktrockenmörtel – ein erster Ansatz zur ganzheitlichen Betrachtung. Das Mauerwerk 4 (2000), Nr.3, S. 125–129

145 Künzel, H.; Riedl, G.; Kießl, K.: Praxisbewährung von Wärmedämmverbundsystemen. IBP-Mitteilung 24 (1997), Nr. 316

146 Bundesministerium für Verkehr, Bau- und Wohnungswesen -BMVBW- (Hrsg.): Leitfaden Nachhaltiges Bauen. Berlin: Selbstverlag Januar 2001

147 Wirtschaftsministerium Baden-Württemberg (Hrsg.): Dämmstoffe im Hochbau. 1. Aufl. Stuttgart: Selbstverlag November 1999

148 Deutsche Gesellschaft für nachhaltiges Bauen e. V. (DGNB), Stuttgart; im Internet unter www.dgnb.de [Stand 30.092011]

149 Geburtig, G.: Aus dem Barock und in der EnEV. ausbau + fassade (2003), Nr. 11, 26–28

150 Eßmann, F.: Bauphysikalischer Untersuchungsbericht Gnoien, Scharfrichterstr. 5. Recklinghausen 2002 (unveröffentlicht)

151 Szymkowiack, G.: Foto des Warleberger Hofes 1909. Aus: Stadtarchiv Kiel; zur Verfügung gestellt durch Architekt Günter Szymkowiack, 29.06.2010

152 tha-Ingenieurbüro Eßmann: Bauphysikalische Untersuchung der Außenwandkonstruktion (Bericht 35609-1). Mölln 2009 (unveröffentlicht)

153 tha-Ingenieurbüro Eßmann: Nachweis nach EnEV (Bericht 35609-4). Mölln 2009; mit Änderung und Energieausweis (Bericht 35609-4a), 2011 (unveröffentlicht)

154 tha-Ingenieurbüro Eßmann: Gesamtenergetische Einstufung (Bericht 35609-2). Mölln 2009 (unveröffentlicht)

155 TU Dresden, Institut für Bauklimatik (Hrsg.); Plagge, R.: Ermittlung von Materialkennwerten für CELLCO® Wärmedämmlehm. Dresden 2005

156 Häupl, P.; Fechner, H.; Stopp, H.: Ein einfaches Verfahren zur feuchtetechnischen Bemessung von Außenbauteilen. Dresden 2001. (Dresdner Bauklimatische Hefte; 7)

157 Künzel, H. M.: Verfahren zur ein- und zweidimensionalen Berechnung des gekoppelten Wärme- und Feuchtetransports in Bauteilen mit einfachen Kennwerten; Dissertation Universität Stuttgart 1994

158 Grunewald, J.: Documentation of the numerical simulation program DIM 3.1 – Volume 1 Theoretical fundamentals, TU Dresden 2000

Stichwortregister

P

R

S

T

U

V

W

Energetische Sanierung von Altbauten

Josef Maier

2., erg. Aufl. 2011, 381 Seiten, zahlr. Abbildungen, Gebunden

ISBN 978-3-8167-8503-3

Um an Altbauten energetische Instandsetzungsmaßnahmen durchzuführen, bedarf es einer detaillierten Kenntnis sowohl der vorhandenen Baukonstruktion und Baumängel als auch der energetischen Größen und der Anlagentechnik des Gebäudes. Der Autor erläutert typische Bauschäden an Altbauten und deren Untersuchungsmethoden sowie die fachgerechte und in der Praxis erprobte Vorgehensweise einer altbauverträglichen Sanierung. Neben den bauphysikalischen Grundkenntnissen werden auch die Anforderungen und Neuerungen der EnEV 2009 dargestellt. Konkrete Praxisbeispiele und eine große Anzahl an Abbildungen ergänzen und veranschaulichen die Ausführungen.

Fachwerkhäuser restaurieren – sanieren – modernisieren

Materialien und Verfahren für eine dauerhafte Instandsetzung

Wolfgang Lenze

8., durchges. und erw. Aufl. 2011, 256 Seiten, zahlr. Zeichnungen u. Fotos, Gebunden

ISBN 978-3-8167-8530-9

Fachwerkhäuser sind mehr als nur Dekorationsstücke einer historischen Stadtkulisse. Bei sachgemäßer Sanierung erweisen sie sich als dauerhafte Gebäudekonstruktionen, die modernen Wohnkomfort in einem historischen Ambiente bieten. Dieses praxisgerechte Handbuch für Sanierer und Hausbesitzer zeigt detailliert alle erforderlichen Materialien, Techniken und Verfahren für eine dauerhafte Instandsetzung auf historischer Grundlage. Dabei werden Vorgehensweisen, Konstruktionsmerkmale, Materialien und Rezepturen genannt, die sich an traditionellen Handwerkstechniken orientieren.

Nachhaltigkeit und Prävention

Konzepte für die dauerhafte Bauwerkserhaltung

Tagungsband zur Veranstaltung 2010

Hrsg.: Frank Eßmann, Roswitha Kaiser

2011, 125 Seiten, zahlr. farb. Abbildungen, Kartoniert

ISBN 978-3-8167-8423-4

Langfristiges Denken und Handeln sind Grundsätze der Denkmalpflege und Komponenten der Nachhaltigkeit. In Grundsatzvorträgen und Praxisbeispielen wurden bei einem Kongress im Rahmen der Messe »denkmal« Methoden und Konzepte der Denkmalpflege als Voraussetzungen für Nachhaltigkeit auf verschiedenen Ebenen beleuchtet. Im Brennpunkt steht nach der Verabschiedung der EU-Gebäudeenergieeffizienz-Richtlinie auch das Verhältnis von Denkmalschutz und Klimaschutz.

Lehmausfachungen und Lehmputze
Untersuchungen historischer Strohlehme
Franz Volhard
2010, 120 Seiten, zahlr. Abbildungen, Tabellen, Kartoniert
ISBN 978-3-8167-8119-6

Neues Interesse am Baustoff Lehm lässt in der Praxis erhebliche Unsicherheiten auftreten, denn bei dem Versuch das historische Vorbild nachzuahmen stellt man fest, dass die lebendige Überlieferung der Lehmtechnik unterbrochen ist und man auf Angaben in der Literatur angewiesen ist. Anlässlich der Instandsetzung und des Umbaus des Gotischen Haus Römer 2-6 in Limburg konnten dessen Strohlehmgefache aus unterschiedlichen Epochen – vom 13. bis zum 18. Jahrhundert – systematisch untersucht werden, dabei sollten praktisch verwertbare Anhaltspunkte für Neuausfachungen gewonnen werden. Das vorliegende Fachbuch stellt den erstmaligen Versuch dar, das Thema möglichst umfassend zu behandeln. Erst das Aufeinanderbeziehen aller Einzelmerkmale wie z. B. Raumgewicht, Strohanteil, Auftragstechnik, Haftung, Beurteilung der Qualitäten usw. kann ein Gesamtbild ergeben.

Lehm im Innenraum
Eigenschaften, Systeme, Gestaltung
Hrsg.: Achim Pilz
2010, 247 Seiten, zahlr. farb. Abbildungen, Gebunden
ISBN 978-3-8167-8109-7

Lehm ist ein ebenso faszinierendes wie ökologisches Baumaterial. Wegen seiner gestalterischen und materialtypischen Potenziale wird Lehm heute auch in Deutschland wieder vermehrt eingesetzt. Ursprüngliche und neue Eigenschaften vom Stampflehm bis zum Leichtlehmstein, vom Unterputz bis zur Lehmfarbe werden erläutert. Produkte und ihre Eigenschaften hinsichtlich ihrer Bindung, Farbigkeit und Verarbeitung werden dargestellt ebenso wie ihre Grenzen. Im Zuge des nachhaltigen Bauens wird gefragt, ob alle Eigenschaften verändernden Additive auch zum Einsatz kommen sollten. Gebaute Beispiele runden das Thema ab.

Energieeffiziente Gebäude
Grundwissen und Arbeitsinstrumente für den Energieberater
Jörn Krimmling
3., akt. Aufl. 2010, 302 Seiten, zahlr. Grafiken, 180 Tabellen, Kartoniert
ISBN 978-3-8167-8150-9

Das Buch bietet alle wichtigen Informationen für die Praxis der Energieberatung, vom Inhalt der wichtigsten Normen und Richtlinien bis hin zur Kostenkalkulation und Struktur eines Beratungsberichts. Grundlagen der wirtschaftlichen Bewertung von Varianten und Sanierungsstrategien, ein aktueller Überblick über den Stand der Technik und die neu hinzugekommenen Gesetze, Verordnungen und Normen machen es zu einem Muss für jeden, der sich mit Energieberatung, energetischer Sanierung und Planung beschäftigt.